教育部高等学校电子信息类专业教学指导委员会规划教材

高等学校电子信息类专业系列教材·新形态教材

现代成像
原理与技术

（微课视频版）

白培瑞　　主编

任延德　刘庆一　　副主编

闵晓琳　韩超　王成健　傅颖霞　　参编

清华大学出版社

北京

内 容 简 介

本书系统介绍现代成像原理与技术，涉及常见的采用光、声、电、核等手段进行模拟和数字成像的原理与技术。

全书分为4部分。第一部分为绪论(第1章)，概括性地介绍现代成像原理与技术的发展过程和趋势；第二部分讲解光学基础和人眼视觉(第2章和第3章)，从几何光学成像原理、物像关系以及光学像差、人眼视觉和色觉等方面回顾经典光学基础知识；第三部分讲解各类现代成像原理与技术(第4～9章)，分别介绍照相机成像、电视成像、红外成像、X射线成像、核磁共振成像和超声成像的原理与技术；第四部分讲解新兴成像技术(第10章)，简要介绍几种典型的新兴成像技术，包括太赫兹成像技术、量子成像技术、光场成像技术和光声成像技术，在一定程度上可以反映现代成像原理与技术的发展趋势。

本书配有完整版教学课件和丰富的微课视频，适合作为广大高校电子信息类专业成像原理与技术课程教材，也可供相关研究人员、工程技术人员阅读参考。

图书在版编目(CIP)数据

现代成像原理与技术：微课视频版/白培瑞主编. —北京：清华大学出版社，2023.1
高等学校电子信息类专业系列教材·新形态教材
ISBN 978-7-302-61957-4

Ⅰ．①现… Ⅱ．①白… Ⅲ．①数字图像处理－高等学校－教材 Ⅳ．①TP391.413

中国版本图书馆 CIP 数据核字(2022)第 180110 号

责任编辑：曾 珊 李 晔
封面设计：李召霞
责任校对：李建庄
责任印制：丛怀宇

出版发行：清华大学出版社
   网   址：http://www.tup.com.cn，http://www.wqbook.com
   地   址：北京清华大学学研大厦 A 座 邮 编：100084
   社 总 机：010-83470000   邮 购：010-62786544
   投稿与读者服务：010-62776969，c-service@tup.tsinghua.edu.cn
   质量反馈：010-62772015，zhiliang@tup.tsinghua.edu.cn
   课件下载：http://www.tup.com.cn，010-83470236
印 装 者：三河市人民印务有限公司
经 销：全国新华书店
开 本：185mm×260mm 印 张：17.5   字 数：427 千字
版 次：2023 年 2 月第 1 版   印 次：2023 年 2 月第 1 次印刷
印 数：1～1500
定 价：69.00 元

产品编号：088548-01

序
FOREWORD

我国电子信息产业占工业总体比重已经超过 10%。电子信息产业在工业经济中的支撑作用凸显,更加促进了信息化和工业化的高层次深度融合。随着移动互联网、云计算、物联网、大数据和石墨烯等新兴产业的爆发式增长,电子信息产业的发展呈现了新的特点,电子信息产业的人才培养面临着新的挑战。

(1) 随着控制、通信、人机交互和网络互联等新兴电子信息技术的不断发展,传统工业设备融合了大量最新的电子信息技术,它们一起构成了庞大而复杂的系统,派生出大量新兴的电子信息技术应用需求。这些"系统级"的应用需求,迫切要求具有系统级设计能力的电子信息技术人才。

(2) 电子信息系统设备的功能越来越复杂,系统的集成度越来越高。因此,要求未来的设计者应该具备更扎实的理论基础知识和更宽广的专业视野。未来电子信息系统的设计越来越要求软件和硬件的协同规划、协同设计和协同调试。

(3) 新兴电子信息技术的发展依赖于半导体产业的不断推动,半导体厂商为设计者提供了越来越丰富的生态资源,系统集成厂商的全方位配合又加速了这种生态资源的进一步完善。半导体厂商和系统集成厂商所建立的这种生态系统,为未来的设计者提供了更加便捷却又必须依赖的设计资源。

教育部 2020 年颁布了新版《高等学校本科专业目录》,将电子信息类专业进行了整合,为各高校建立系统化的人才培养体系,培养具有扎实理论基础和宽广专业技能的、兼顾"基础"和"系统"的高层次电子信息人才给出了指引。

传统的电子信息学科专业课程体系呈现"自底向上"的特点,这种课程体系偏重对底层元器件的分析与设计,较少涉及系统级的集成与设计。近年来,国内很多高校对电子信息类专业课程体系进行了大力度的改革,这些改革顺应时代潮流,从系统集成的角度,更加科学合理地构建了课程体系。

为了进一步提高普通高校电子信息类专业教育与教学质量,推动教育与教学高质量发展,教育部高等学校电子信息类专业教学指导委员会开展了"高等学校电子信息类专业课程体系"的立项研究工作,并启动了《高等学校电子信息类专业系列教材》(教育部高等学校电子信息类专业教学指导委员会规划教材)的建设工作。其目的是为推进高等教育内涵式发展,提高教学水平,满足高等学校对电子信息类专业人才培养、教学改革与课程改革的需要。

本系列教材定位于高等学校电子信息类专业的专业课程,适用于电子信息类的电子信息工程、电子科学与技术、通信工程、微电子科学与工程、光电信息科学与工程、信息工程及其相近专业。经过编审委员会与众多高校多次沟通,初步拟定分批次建设约 100 门核心课程教材。本系列教材将力求在保证基础的前提下,突出技术的先进性和科学的前沿性,体现创新教学和工程实践教学;将重视系统集成思想在教学中的体现,鼓励推陈出新,采用"自顶向下"的方法编写教材;将注重反映优秀的教学改革成果,推广优秀的教学经验与理念。

　　为了保证本系列教材的科学性、系统性及编写质量,本系列教材设立顾问委员会及编审委员会。顾问委员会由教指委高级顾问、特约高级顾问和国家级教学名师担任,编审委员会由教育部高等学校电子信息类专业教学指导委员会委员和一线教学名师组成。同时,清华大学出版社为本系列教材配置优秀的编辑团队,力求高水准出版。本系列教材的建设,不仅有众多高校教师参与,也有大量知名的电子信息类企业支持。在此,谨向参与本系列教材策划、组织、编写与出版的广大教师、企业代表及出版人员致以诚挚的感谢,并殷切希望本系列教材在我国高等学校电子信息类专业人才培养与课程体系建设中发挥切实的作用。

吕志伟 教授

前 言
PREFACE

现代成像原理与技术讨论关于如何获取模拟和数字影像的理论与方法。从信号的角度讲,成像(Imaging)涵盖二维、三维甚至高维信号的采集、存储、传输、处理与显示等范畴。随着物理、数学、新材料、计算机、微电子等学科的快速发展,以及互联网＋、物联网、云计算、嵌入式系统等新一代信息技术的不断成熟和普及,成像领域呈现出不断向高、精、尖方向飞速发展的势头,新的成像理论和技术层出不穷。但是,能够反映这种发展趋势的教材建设却相对滞后。究其原因,主要有以下几点。

第一,基于不同物理现象的成像手段众多,可以利用的成像手段有光、声、电、磁、核等。全面介绍各种成像理论、方法和技术,需要体量巨大的学科领域知识和交叉学科知识,难度较大。

第二,影像信息是信息科学中非常重要的组成部分,成像原理与技术在民用、军事、航空航天、导航、测绘、监控、安全、医学等众多领域都有着重要的应用。但是,现有的大部分图书侧重于某一应用领域,例如光学成像原理、医学成像原理等。由于早期相关专著和教材逐渐退出人们视野,导致综合介绍现代成像原理与技术的专著和教材非常缺乏。

第三,成像领域的新思想和新技术发展迅猛,从太赫兹成像到量子成像、从光声耦合成像到计算摄影成像,如何将前沿的成像理论和技术及时地介绍给学生,建设教材和科普书籍是较为有效的手段。

为了适应成像领域的快速发展,编者在"现代成像技术"课程讲义的基础上,调整与编排讲授内容,形成了本书。从电子信息类专业本科教学的知识体系看,成像原理与技术属于专业基础课程内容。通过该课程的学习,学生不仅可以巩固低维数字信号处理的相关知识,也有助于掌握关于高维信号采集、传输与显示的知识和方法。

全书共分 10 章:

第 1 章绪论,介绍现代成像原理与技术的发展过程和趋势。

第 2 章光学成像基础,主要介绍几何光学成像原理、物像关系以及光学像差。

第 3 章人眼视觉系统,主要介绍人眼视觉的形成机理与特性,以及彩色视觉和彩色模型。

第 4 章照相机成像原理与技术,主要介绍传统照相机与数码照相机的成像原理、系统结构、成像特点及技术分类。

第 5 章电视成像原理与技术,主要介绍视频信号的概念与特点、视频信号的传输与电视制式、视频显示技术和数字电视的发展趋势。

第 6 章红外成像原理与技术,主要介绍红外线的物理属性与成像特点、主动式红外成像系统、被动式红外成像系统及微光成像系统。

第7章 X射线成像原理与技术,主要介绍 X射线的物理属性与成像特点、常规的 X射线成像技术如 X射线透视、X射线摄影、数字减影血管造影(DSA)等,重点介绍 X射线计算机断层成像(X-CT)。

第8章核磁共振成像原理与技术,主要介绍核磁共振现象的物理原理、核磁共振的信号提取、核磁共振系统设备的结构组成、脉冲序列设计、图像重建方法以及一些核磁共振成像的新技术。

第9章超声成像原理与技术,主要介绍超声波的物理特性、超声波声场的分布、基于回波检测的超声成像模式(A超、B超、M超),以及基于多普勒效应的超声血流成像方法。

第10章其他现代成像技术,主要包括太赫兹成像技术、量子成像技术、光场成像技术和光声成像技术,一定程度上可以反映现代成像原理与技术的发展趋势。

本书具有以下特点:

第一,注重成像基本原理和系统结构的介绍,使读者在掌握基本物理概念的基础上,能够了解各种现代成像仪器的系统设计和工程考虑。同时,对基于不同物理现象的成像系统加以比较,使读者对相关知识能够融会贯通。

第二,主要从各种成像系统的成像机理和光、机、电系统结构进行较为详细的阐述,同时简单介绍了一些有代表性的新的成像原理与技术。

限于编者的知识背景和学术水平,书中仅涉及部分常见的成像原理与技术,很多其他重要的成像技术(如雷达成像、激光成像、分子成像等)均无涉及,希望在后续的再版工作中能够补充相关内容。

本书由山东科技大学白培瑞任主编,刘庆一和青岛大学任延德任副主编。编写组成员有山东科技大学的闵晓琳、韩超、傅颖霞老师,以及青岛大学附属医院的王成健医师。具体撰写任务的分工如下:第1、5、10章由白培瑞编写,第8章由任延德编写,第3、9章由刘庆一编写,第2、6章由闵晓琳编写,第4章由韩超编写,第7章由王成健编写。傅颖霞老师负责全书的统稿和文字校对。

在本书的编写过程中,得到了山东科技大学图像处理与模式识别研究所全体教师和研究生的大力支持。在此感谢孙农亮、范迪、滕升华、赵增顺、赵猛、毕丽君和李晶老师的帮助,同时感谢硕士研究生蒋炜宏、李易轩、汤同宵、杜红萱在插图和文字编排方面的帮助。

清华大学出版社的曾珊编辑为本书的出版付出了辛勤的劳动,在此表示衷心的感谢。

本书的出版得到了国家自然科学基金面上项目(No.61471225)、山东科技大学"优秀教学团队"项目和山东科技大学电子信息工程学院"优秀教学团队"项目的部分资助,在此表示感谢。

由于编者水平有限,本书难免存在不足和错误,欢迎同行专家和读者批评指正。

编 者

2022 年 10 月

学习建议
LEARNING SUGGESTIONS

- **本书定位**

本书可作为电子信息类相关专业本科生、研究生及工程硕士的成像原理与技术课程教材，也可供相关研究人员、工程技术人员阅读参考。

- **建议授课学时**

如果将本书作为教材使用，建议课堂讲授 40 学时左右。教师可以根据不同的教学对象或教学大纲要求安排学时数和教学内容。

- **教学内容、重点和难点提示、课时分配**

序号	教学内容	教学重点	教学难点	课时分配
第 1 章	绪论	成像技术的发展过程、成像质量评价指标、现代成像技术的发展趋势	成像质量评价指标	2 学时
第 2 章	光学成像基础	几何光学基本定律、几何光学成像基础、理想光学系统、光学像差、典型光学成像系统	物像关系、图解法求像、解析法求像、光学像差	4 学时
第 3 章	人眼视觉系统	人眼的构造、人眼视觉机理、人眼视觉特性、彩色视觉、彩色模型	人眼视觉机理、配色方程	2 学时
第 4 章	照相机成像原理与技术	传统照相机的发展、传统照相机的现代结构、数码照相机成像原理与技术、数码照相机的系统结构、全息成像技术	传统照相机的曝光控制、数码照相机的光电成像器件、全息成像技术	4 学时
第 5 章	电视成像原理与技术	电视基础、模拟电视信号、模拟电视制式、模拟电视广播系统、数字电视系统、电视显示技术、高清晰度电视	电子扫描技术、电视信号分析、彩色电视信号传输、数字电视处理技术	4 学时
第 6 章	红外成像原理与技术	红外辐射的物理性质、主动式红外成像系统、红外热成像系统、微光成像系统	红外光学系统匹配、红外检测器、窗口选通技术	2 学时
第 7 章	X 射线成像原理与技术	X 射线成像的物理基础、模拟 X 射线成像、数字化 X 射线成像、X 射线计算机断层成像技术	X 射线与人体的作用机制、DSA 成像、X-CT 图像重建算法	8 学时

续表

序号	教学内容	教 学 重 点	教 学 难 点	课时分配
第8章	核磁共振成像原理与技术	核磁共振原理、核磁共振成像设备结构、脉冲序列设计、磁共振图像重建、磁共振图像质量评估、磁共振成像新技术	核磁共振的物理解释、自由感应衰减过程、脉冲序列设计、磁共振图像重建	6学时
第9章	超声成像原理与技术	超声成像的物理基础、超声换能器与辐射声场、B型超声、多普勒超声、超声成像新技术	超声波的传播、薄层匹配原理、数字扫描变换器、多普勒血流信息提取	6学时
第10章	其他现代成像技术	太赫兹成像技术、量子成像技术、光场成像技术、光声成像技术	光场信息提取、光声成像的分辨率	2学时

• **网上资源**

本书的教学资源可以从"山东科技大学课程"校内平台获取。如果课时宽裕,教师可选取一些专家讲座或公开课视频在课上播放,以扩大学生的眼界。

微课视频清单

视 频 名 称	时长/min	位　　置
视频 1　成像技术简介	18	1.1 节节首
视频 2　成像质量评价指标	17	1.2 节节首
视频 3　光学基本定律	9	2.1 节节首
视频 4　几何成像的概念	10	2.2 节节首
视频 5　理想光学系统	8	2.3 节节首
视频 6　光学像差	9	2.4 节节首
视频 7　人眼的视觉特性	8	3.3.3 节节首
视频 8　人眼的彩色视觉	9	3.4 节节首
视频 9　传统照相机的发展与分类	9	4.1 节节首
视频 10　传统照相机的基本结构	9	4.2.2 节节首
视频 11　镜头的参数	12	4.2.2 节
视频 12　数码照相机的特点与分类	10	4.3.1 节节首
视频 13　数码照相机的技术指标	12	4.3.3 节节首
视频 14　数码照相机的系统结构	14	4.3.4 节节首
视频 15　电视基础	11	5.1 节节首
视频 16　模拟电视信号	13	5.2 节节首
视频 17　模拟电视制式	11	5.3 节节首
视频 18　模拟电视广播系统	14	5.4 节节首
视频 19　数字电视系统	11	5.5 节节首
视频 20　电视显示技术	13	5.6 节节首
视频 21　红外成像技术的应用	6	6.1 节节首
视频 22　红外辐射的物理性质	9	6.2 节节首
视频 23　主动式红外成像系统	8	6.3 节节首
视频 24　被动式红外成像系统-1	12	6.4 节节首
视频 25　被动式红外成像系统-2	14	6.5 节节首
视频 26　X 射线成像的物理基础	15	7.1 节节首
视频 27　模拟 X 射线成像	11	7.2 节节首
视频 28　X 射线数字成像——DSA	13	7.3.1 节节首
视频 29　X 射线数字成像——CR 和 DR	13	7.3.2 节节首
视频 30　X 射线断层成像	10	7.4 节节首
视频 31　核磁共振原理	8	8.1 节节首
视频 32　核磁共振现象	16	8.1.1 节节首
视频 33　静磁场、RF 和 FID	10	8.1.2 节节首

视 频 名 称	时长/min	位　置
视频 34　弛豫时间	11	8.1.4 节节首
视频 35　MRI 设备结构	8	8.2 节节首
视频 36　磁共振成像脉冲序列设计	16	8.3 节节首
视频 37　磁共振图像重建	12	8.4 节节首
视频 38　磁共振图像质量	17	8.5 节节首
视频 39　超声成像的物理基础	14	9.1 节节首
视频 40　超声换能器及辐射声场	9	9.2 节节首
视频 41　基于回波检测的超声成像技术	10	9.3 节节首
视频 42　多普勒型超声检测仪	9	9.4 节节首
视频 43　超声成像新技术	5	9.5 节节首

目 录
CONTENTS

第1章

CHAPTER 1

绪　　论

视频讲解

1.1　成像技术发展回顾

图像信息(视觉信息)是人类获取外界信息的主要来源,内容丰富,信息量大,显示直观。据统计,视觉信息占人一生所获取知识和信息的 80% 左右。图像可以直接或间接作用于人眼并产生视知觉。人眼视觉系统(Human Vision System,HVS)是最常见、最自然的获取图像信息的成像系统,获取外界事物的感官影像需要通过复杂的光化学过程和神经处理过程。但是,受人眼器官的客观限制,直接通过人类视觉系统成像只能获得可见光范围的光学影像,而且难以长久保存。出于探索客观世界和解决实际问题的需要,人类不断发明各种各样的成像系统以不同形式和手段获取图像。所以,成像技术可以泛指获取图像的形式或手段。维基百科将其定义为"成像是对一个物体形式的表示或复制"。人们经过长期探索和不断创新成像理论、方法、工程技术,逐步形成了以光、声、电、磁、核等物理现象为激励手段或信号载体的现代成像技术体系,不仅可以记录和长期保存影像,而且可以获取可见光谱之外的物体图像。

如图 1-1 所示,一个成像系统通常包括图像采集、存储与处理、传输、接收与显示等模块,其中虚线框标注的图像编码与压缩模块是可选模块,随具体成像系统的应用场合不同而有所区别。

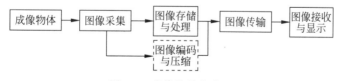

图 1-1　成像的基本流程

人类对图像的记录始于绘画艺术,但是绘画成本高,实时性差,易失真,不易保存。19 世纪初,随着人们对针孔成像理论的认知发展,以及精密光学仪器的出现,逐渐开始利用机械手段和光学技术客观地记录图像信息。1826 年,法国发明家涅普斯(J. N. Niepce)采用日光蚀刻法(Heliography),经沥青曝光耗时约 8 小时得到人类历史上第一张自然景观照片,如图 1-2(a)所示,图中建筑物两侧都有阳光照射的影像,图 1-2(b)为纪念涅普斯发行的邮票。

1839 年,法国人路易·达盖尔(Louis Daguerre)发明了世界上第一台实用照相机,如

(a) 涅普斯采用沥青曝光获得的自然景观影像　　　(b) 为纪念涅普斯发行的邮票

图 1-2　早期记录的图像信息

图 1-3 所示。该相机的感光材料采用银盐,曝光时间需要 15min。但是,可以记录下清晰可认的实物图像。

(a) 相机实物图　　　(b) 路易·达盖尔

图 1-3　世界上第一台实用照相机及其发明者

在随后的 100 多年里,人们不断对照相机的光学系统、机械传动系统、电子系统以及外壳设计进行改进,使之成为人们记录日常生活、新闻和旅游摄影的重要方式之一。传统照相机从成型期到成熟期的发展过程见表 1-1。

表 1-1　传统照相机的发展阶段

时　　间	阶　　段	技 术 发 展
1839—1954 年	成型阶段	从雏形走向光学(部件)、精密机械(部件)成熟和完善的阶段
1954—1975 年	光、机、电发展阶段	实现电测光的手控与自动曝光控制,将照相机技术的主要领域从光、机结合推向光、机、电相结合的新阶段
1975—1989 年	全面自动化阶段	实现照相机自动曝光控制的基础上,扩大自动化功能
1990 年—	成熟阶段	一次性照相机的全球风靡;平视取景技术进步;单镜头反光相机的发展;APS 相机

1946 年,世界上第一台通用电子计算机 ENIAC 诞生于美国宾夕法尼亚大学,促使成像技术进入数字时代。1957 年,美国人基尔希(Russell Kirsch)使用滚筒式扫描机构(Rotating Drum Image Scanner)和光电倍增管(Photomultiplier Tubes,PMT),发明了能够将数字数据存储在计算机中的设备。20 世纪 60 年代早期,美国自动化公司(Automation Industries,Inc)发明了第一个能够产生荧光数字 X 光照片的装置,用于海军舰载机上的无损测试。该装置小巧紧凑,便于携带,可以实时成像,其扫描成像原理成为设计第一台数码

相机的基础。1965年,数字信号处理技术开始广泛应用。1969年,美国科学家威拉德·博伊尔(Willard Sterling Boyle)和乔治·史密斯(George Elwood Smith)发明了CCD(Charge-Coupled Device)图像传感器,并因此获得2009年诺贝尔物理学奖。CCD开始成为数字望远镜等成像设备里的关键部件。第一台黑白数码相机诞生于20世纪80年代。随后,彩色CCD开始出现并应用于数码相机、数码显微镜、数码摄像机等成像设备。

对于活动影像的记录,人类也较早开始了探索。1924年,英国人贝尔德(John Logie Baird)发明的早期电视机如图1-4所示。该装置的设计原理是把要发送的场景分成许多暗的或明的小点儿,以电信号的形式发送出去,在接收端让它重现出来。该装置使用大量电子管放大器,可以每秒扫描5幅很小的图像,每幅图像80条扫描线,虽然影像暗淡且摇晃不定,但是能看出人的面貌。随后的电视技术经历了从模拟电视到数字电视,再到高清电视的飞跃式发展,视频信号处理技术、视频信号的通信技术,以及显示技术层出不穷,不断更新,形成了不同的电视广播制式。

(a) 第一台电视机　　　　(b) 实验中的贝尔德

图1-4 早期电视机及其发明者

X射线简称X光或X线,作为一种穿透能力极强的电磁波,从发现伊始就展示出在成像领域独具特色的优势。1895年,德国科学家伦琴(Roentgen)发现了X射线,并很快将其应用于检测人体内部的骨骼结构。如图1-5(a)所示为1895年拍摄的利用X射线检查指节中异物的X光片。随后,开始使用X射线透视技术在荧光屏上连续移动成像,进行胸部疾病的检查。如图1-5(b)所示为1940年拍摄胸透检查照片的场景。之后,X射线成像经历了X射线摄影(X-ray Radiograph)、数字透视(Digital Fluoroscopy,DF)、数字减影血管造影(Digital Subtraction Angiography,DSA)、X射线计算机断层扫描术(Computer Tomography,CT)等发展阶段,成为临床辅助诊断的一种重要手段。此外,X射线在无损检测(NonDestructive Testing,NDT)领域也应用广泛,在金属和建材探伤、货物通关等方面发挥着重要的作用。目前,X射线成像设备的发展趋势为小型化、便携式、智能化、多源高清晰成像。

(a) 早期X射线荧光成像用于检测手指异物　　　　(b) X射线透视技术检查胸部病变

图1-5 X射线成像技术的早期应用

红外线(Infrared Light)是处于另一个适合成像波段的电磁波,波长范围为 0.7~1000μm。由于成像模式与红外光的波长范围密切相关,所以一般根据红外光的波长将其大致分为 3 个波段:0.7~1.4μm 的范围称为近红外波段,3.0~8.0μm 的范围称为中红外波段,15.0~1000μm 的范围称为远红外波段。1929 年,苟勒发明了银氧铯(Ag-O-Cs)光阴极,开创了红外成像器件的先河,促进了微光成像的发展。由于红外光学材料价格低廉,红外成像技术得到快速发展,在通信、军事、医学领域具有不可替代的作用。图 1-6 所示为常见的便携式红外测温仪和人体头部红外检测影像。

(a) 便携式红外测温仪　　　　　　(b) 人体头部红外检测影像

图 1-6　便携式红外测温仪和人体头部红外检测影像

超声波(Ultrasound)是一种机械波,也称弹性波,指声波的振动频率大于 20 000Hz,人耳听不到的声波。与电磁波不同,超声波的传播需要有传输介质,而且在不同的介质中传播形式也不同(纵波或横波)。自然界中,蝙蝠发出超声波后,靠返回的回波确定物体的距离、大小、形状和运动方式。人为发射或接收可控超声波要依赖超声换能器或超声探头(Ultrasound Transducer)。1917 年,法国科学家保罗-朗之万发现逆压电效应,首次使用石英晶体制作了超声换能器,并发明了探测水下目标的"水下定位法"。1935 年,苏联的 Sokolv 应用超声波探测金属物体。

医用超声最常用的频率范围是 2~10MHz。1942 年,奥地利的 Dussik 和 Firestone 首先把工业超声探伤原理应用于医学诊断,用连续超声波透射诊断颅脑疾病。1946 年,Firestone 等基于反射波方法提出 A 型超声诊断技术原理。1951 年,美国人 Widl 和 Reid 研制成功手动接触式 B 型扫描仪观察离体组织中肿瘤和活体中的脏器。1956 年,日本首先将多普勒效应用于超声诊断,检测血流与运动器官。1958 年,赫兹等利用脉冲回声发明"超声心动图描记法",也称"M 型超声心动图"。1959 年,Fram Kein 研制出脉冲多普勒超声。1972 年,Bom N 研制成功电子线性扫描 B 型成像仪,超声图像诊断从此进入新的阶段。1983 年,日本的 Aloka 公司首先研制成功彩色血流图(CFM)。随后,医学超声成像设备向两极发展:一方面是发展价格低廉的便携式超声诊断仪,另一方面是发展综合化、自动化、定量化、高维化和多功能化的超声检测设备。1990 年,奥地利研制成功三维(Three-Dimensional,3D)超声扫描器,并使之商品化。三维超声成像技术经历了自由臂超声、微型马达驱动和二维阵列换能器的发展阶段。图 1-7 所示为飞利浦公司推出的应用于临床的实时三维商用机 SONOS 7500。随着无线通信技术和物联网技术的快速发展,2015 年,西门子公司推出世界上首个配备无线探头的超声系统。同年,飞利浦公司推出可插入智能手机的手持超声设备。

核磁共振成像(Magnetic Resonance Imaging,MRI)是 20 世纪 80 年代发展起来的一种

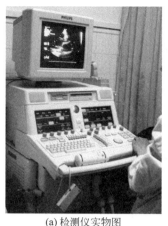

(b) 不同类型的超声探头

(a) 检测仪实物图

(c) 二维阵列探头

图 1-7 SONOS 7500 实时三维超声检测仪

全新的影像检查技术。与单纯检查解剖结构的成像技术不同,MRI 可以同时揭示人体内部组织器官的解剖结构和生理功能,具有多功能多参数成像的特点。MRI 的成像机理是基于质子在磁场中的核磁共振现象,利用射频脉冲激发质子在外加磁场中实现能量状态转换,将能级跃迁发射出来的能量用射频线圈接收后编码成像。1946 年,斯坦福大学的 Felix Bloch 教授和麻省理工大学的 Edward Mills Purcell 教授分别报道了核磁共振现象并将其应用于研究物质的分子结构。

1973 年,纽约州立大学的 Paul Lauterbur 教授利用两个磁场来解决波长对成像分辨率的制约问题,其中一个磁场作用于成像目标,另一个磁场将这种相互作用限制在一个小的范围。磁场围绕成像目标旋转会对交互作用的区域产生一系列一维投影,利用这些投影就可以重建出检测目标的二维或三维空间分布信息。如图 1-8 所示,美国工程师 Raymond Damadian 于 1977 年研制成功第一台 MRI 装置,并于 7 月 3 日拍摄了第一张人体 MRI 扫描图像。随后,MRI 成像技术在血管造影成像、功能成像、磁共振弥散张量成像等方面不断取得突破,对体内代谢物含量改变所致疾病的诊断具有重要意义。

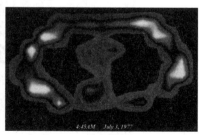
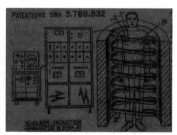

(a) MRI装置

(b) 脑部图像

(c) 设备专利

图 1-8 世界上第一台 MRI 装置及其获取的脑部影像

除了以上介绍的成像技术之外,其他成像技术也层出不穷,例如全息成像技术、量子成像技术、太赫兹成像技术、荧光显微成像技术、光学相干层析成像技术、正电子发射成像技术等。

视频讲解

1.2　成像质量评价指标

常见的成像质量评价指标有空间分辨率、对比度、均匀度、信噪比、伪影和畸变。

1. 空间分辨率

空间分辨率(Spatial Resolution)指单个体素的大小,它反映成像系统区分相互靠近的物体的能力,通常用图像中可辨认的微小细节的最小极限来表示,即对影像中细微结构的分辨能力,单位为 LP/mm(指 1mm 内有多少线对)。如图 1-9 所示,一定数量具有一定层厚的体素叠加在一起形成视野。视野(Field Of View,FOV)是立体空间,所以有些成像技术中将空间分辨率分成横向(侧向)分辨率和纵向分辨率。不同的成像方式,其横向分辨率和纵向分辨率的决定因素可能会不一样,例如光声成像技术,在有些情况下横向分辨率由光波波长决定,有些情况下则由声波波长决定。

2. 对比度

对比度(Contrast)是衡量影像质量的主要参数,指感兴趣区(Region Of Interesting,ROI)相对信号强度的差异。通常用能分辨的最小对比度的数值表示。客观对比度指物体本身物理属性的对比度,例如 X 射线成像,主要指被检者组织器官的密度、原子序数和厚度的差异。图像对比度指可见图像中出现的对比度,可以表现为不同灰阶梯度、光强度或颜色。对于数字图像来说,灰阶越多,图像的层次越丰富,包含的信息量越多,对比度越好。图像的最大对比度通常用对比率(Contrast Ratio)或动态范围(Dynamic Range)表示。如图 1-10所示,一幅自然风景图像的左半部分对比度低,右半部分对比度高。

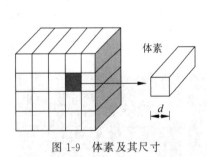

图 1-9　体素及其尺寸

图 1-10　图像的不同对比度示例

图片来源: https://en.wikipedia.org/wiki/Contrast_(vision)

图像对比度的计算公式有不同的定义,常见的有韦伯对比度、迈克尔逊对比度和均方根对比度 3 种。

1) 韦伯对比度

韦伯对比度(Weber Contrast)常用于描述背景大而均匀,目标或特征小的图像。假设用 I 和 I_b 分别表示目标和背景的亮度,则韦伯对比度的计算公式为:

$$C_{\text{Weber}} = \frac{I - I_b}{I_b} \tag{1-1}$$

2）迈克尔逊对比度

迈克尔逊对比度[Michelson Contrast，也称为可视度（Visibility）]常用于亮部区域与灰暗区域大小比例相近的图像，例如黑白相间的条纹图像。假设用 I_{max} 表示图像的最大亮度，I_{min} 表示图像的最小亮度，则迈克尔逊对比度的计算公式为：

$$C_{Michelson} = \frac{I_{max} - I_{min}}{I_{max} + I_{min}} \tag{1-2}$$

3）均方根对比度

均方根对比度（Root Mean Square Contrast，RMSC）根据图像像素的标准差来定义。假设图像 I 的像素灰度归一化到 $[0,1]$ 区间，图像的大小为 $N \times M$（N 行 M 列），则其均方根对比度的计算公式为：

$$C_{RMS} = \sqrt{\frac{1}{MN} \sum_{i=0}^{N-1} \sum_{j=0}^{M-1} (I_{ij} - \bar{I})^2} \tag{1-3}$$

均方根对比度不受角频率或对比度空间分布的影响。

3．均匀度

均匀度（Homogeneity）指均匀物体通过不同成像手段所产生影像密度的均匀程度。也就是说，在整个显示画面内提供均匀分布的分辨率和清晰度的能力。从直观上看，就是图像的亮度光点尽量连续。有些成像方式受成像机理限制，会产生明显的灰度非均匀性（Inhomogeneity）。例如，在 MRI 成像中，由于运动磁场的偏差会造成影像灰度不均匀，所以，磁场偏差（Bias）校正是 MRI 影像分析中的重要研究方向。

4．信噪比

任何成像系统都不可避免地存在噪声干扰，一般表现为亮度或彩色的随机变化。图像中常见的噪声有高斯噪声、椒盐噪声、冲击噪声、量化噪声、散斑噪声等。信噪比（Signal-to-Noise Ratio，SNR）是科学和工程技术中用于衡量信号强度（能量）P_{signal} 与背景噪声强度（能量）P_{noise} 的常见指标，一般定义为如下式表示的信号功率与噪声功率的比值：

$$SNR = \frac{P_{signal}}{P_{noise}} \tag{1-4}$$

信噪比也常常用对数形式表示，单位为分贝（decibel）：

$$SNR = 10\lg \frac{P_{signal}}{P_{noise}} \tag{1-5}$$

5．伪影

伪影（Artifact）也称为伪像，指图像中出现成像物体本身不存在的虚假信息，属于系统误差。伪像的存在并不影响结构可见度，但是会使一幅图像模糊。不同的成像方法中会有不同因素引起的图像伪影。

6．畸变

畸变（Distortion）也称为失真，指各种成像方法都有可能引起成像目标的大小、形状和相对位置不同程度的改变。例如，在光学成像系统中，由于光学透镜引起光路变化而导致畸变像差。在 X 射线计算机扫描断层成像（X-CT）中，由于病人呼吸或体位移动也会造成畸变。

上述指标是比较常见的成像质量评价指标，对于某一种具体的成像方法，还会有其他评价指标，后续章节中会针对具体成像系统介绍其独特的成像质量评价指标。

1.3　现代成像技术的发展趋势

现代成像系统与成像技术涉及跨学科的工程设计,其发展离不开物理、传感、材料等领域新技术的推动,同时与信号处理、通信技术、自动控制、计算机领域的发展也密切相关。所以,成像理论与技术的发展本身体现了人类认识客观世界能力的不断提高。20世纪末,成像技术的发展主流方向是数字化、网络化、多功能化。进入21世纪,随着物联网、云计算、大数据等新一代信息技术的发展与成熟,成像技术开始向智能化、远程服务、可穿戴设备等方向发展。

(1) **数字化成像技术将进一步发展与完善**。图像信息技术的数字化革命将进一步深入。万物互联、人工智能的概念将逐步与成像技术深度融合,促进远程监控、远程手术、智能家居等新一代信息技术的应用与发展。

(2) **成像技术将向高分辨率、高清晰度的方向进一步发展**。无论是通用的数码成像设备、电视成像系统还是专用的红外成像、医学成像系统,都需要通过提高成像分辨率以最大限度地获取被摄目标的图像信息。发展高像素密度的成像器件和显示器件,成像光学系统与光电成像器件之间更好地匹配与融合,成为提高成像系统综合分辨能力的有效途径。

(3) **现代成像技术的功能越来越多元化**。例如,光声融合成像、量子成像、荧光光谱成像、计算摄影成像、全息成像等新成像技术的发明,给人们带来越来越丰富的感知世界的手段,以及对世界全新的认识。

(4) **现代成像技术的应用范围越来越广**。微观世界如基因测序与编辑、分子成像、高清晰显微成像,宏观世界从航空航天、海洋测绘、军事、遥感、交通管理,到家庭娱乐、医疗保健,现代成像技术将渗透人类生活的方方面面。

1.4　本书内容安排

第1章绪论介绍现代成像技术的发展过程和趋势,以及通用的成像质量评价参数。

第2章介绍光学成像基础,内容主要包括光的特性、几何光学成像原理、光学物像关系、透镜成像和光学像差等。

第3章介绍人眼视觉系统,内容包括人眼构造、人眼视觉形成机理、人眼视觉特性以及为有效利用彩色而建立的各种彩色模型。其中,三基色原理和混色方法是成像系统中常见的处理彩色的基础。

第4章介绍照相机成像原理与技术,内容包括传统照相机与数码相机的成像原理、结构、特点及分类。重点介绍数码照相机与传统照相机在结构设计、信号处理技术方面的区别。本章内容也是理解其他数码成像系统的基础。

第5章介绍电视成像原理与技术。首先,介绍视频信号的特点和电视系统分解合成图像的原理。其次,从信号分析的角度介绍黑白和彩色电视信号以及彩色电视制式,有助于理解兼容制彩色电视系统的设计原理。接着,根据电视信号的处理流程介绍广播电视系统的基本内容。在此基础上,对有线电视系统的特性和构成进行讲解。数字电视系统代表了电视系统的发展趋势,成为推动高清晰度电视的技术基础,重点介绍数字电视系统的频带压缩和信号接收方式。最后,介绍几种代表性的电视显示技术。

第6章介绍红外成像原理与技术。首先,介绍红外线的物理属性和光学性质,然后分别介绍主动式红外成像系统和被动式成像系统(也称为热成像系统),最后介绍微光成像系统。

第7章介绍 X 射线成像原理与技术。首先,介绍 X 射线成像技术的物理基础,包括 X 射线的特性、产生、衰减规律、采集和显示的方法。其次,介绍以传统 X 射线透视和屏片系统摄影为代表的模拟 X 射线成像技术。然后,介绍数字 X 射线成像,包括数字减影血管造影(DSA)、计算机 X 射线摄影和直接数字化 X 射线摄影的原理与成像方法,并对各种数字 X 射线成像技术的优缺点进行比较。最后,介绍 X 射线计算机断层成像(X-CT)的原理与技术,包括扫描方式的发展过程,图像重建算法以及后处理手段。另外,简单介绍螺旋 CT 和双源 CT 的工作原理。

第8章核磁共振成像原理与技术。首先,介绍核磁共振原理和自由感应衰减过程,以及如何从自由感应衰减过程中提取核磁共振信号。接着,介绍核磁共振成像设备的结构组成、脉冲序列设计、图像重建方法和图像质量影响因素,最后介绍常见的核磁共振成像新技术。

第9章介绍超声成像原理与技术。首先,介绍超声成像的物理基础,包括超声波的产生、物理特性以及超声场的分布规律。接着,介绍基于回波检测的几种超声成像模式,包括 A 超、B 超和 M 超,分析几种超声成像模式之间的区别、临床应用价值和局限性。然后,介绍基于多普勒效应的几种超声成像方法,包括连续多普勒、脉冲多普勒、彩色多普勒血流成像。最后,简单介绍三维超声成像、超声弹性成像等新技术。

第10章介绍太赫兹成像技术、量子成像技术、光场成像技术和光声成像技术等几种新的技术,有助于读者了解现代成像技术的发展思路和趋势。

本章小结

本章对现代成像原理与技术的基本概念进行了介绍,并对常见的成像技术的发展过程进行了简单回顾。此外,本章对常用的成像质量评价指标进行了介绍,并对本书的章节内容以及现代成像技术的发展趋势进行了介绍。

思考题

(1) 写出图像的定义,以及图像的模拟与数字表示方法。

(2) 写出从三维世界坐标向二维图像平面投影成像的变换公式并加以解释。

第 2 章

光学成像基础

光学是研究光的行为和性质的物理学科,通常将其分为几何光学、物理光学和量子光学。其中,几何光学是以光线作为基础概念,用几何的方法研究光在介质中的传播规律和光学系统的成像特性的一门学科。光学成像技术和我们的生活密不可分,如各种照相机、摄像机、望远镜等。本章主要介绍可见光范围几何光学的基本定律、成像原理、光学像差等基本概念,便于读者理解光学成像系统设计的基础。

视频讲解

2.1 几何光学基本定律

几何光学也称为光线光学,主要讨论每个物点发出的球面波经光学系统后波面的变化,这些物点发出的球面波经光学系统后的总和,就是物所成的像。

2.1.1 光波、光线与光束

光是一种电磁波,具有波粒二象性。与机械波不同,光是一种客观存在的物质,在真空中也可以每秒 30 万千米的速度传播,其波长和频率与颜色有关。电磁波按照波长或频率的顺序排列起来,形成电磁波谱。电磁波谱的频率范围很宽,涵盖了从无线电波、红外线、紫外线、X 射线和宇宙射线的宽阔范围,频率范围为 $10^2 \sim 10^{25}$ Hz,对应的波长范围为 10nm ~ 1mm(1nm $= 10^{-9}$ m)。如图 2-1 所示,可见光的波长分布在 380 ~ 780nm 的较窄范围,波长从长到短排列依次为红、橙、黄、绿、蓝、紫。

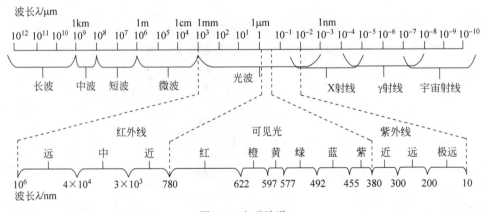

图 2-1 电磁波谱

为方便讨论,在几何光学中,将发光点发出的光抽象为许许多多携带能量并带有方向的几何线,即光线。光线的方向代表光的传播方向。能够辐射光能量的物体称为发光体或光源。光源的光波向四周扩散时,某一时刻振动位相相同的点所构成的等相位面称为波阵面,简称波面。在各向同性介质中,光线即为波面法线。与波面对应的所有光线的集合称为光束。

如图 2-2 所示,光波通常分为平面光波、球面光波和非球面光波 3 类。如图 2-2(a)所示,对应于平面波的光束称为平行光束。类似地,与球面波对应的光束称为同心光束。其中,如图 2-2(b)所示,为同心光束的汇聚光束,而如图 2-2(c)所示,为同心光束的发散光束。一般来说,同心光束或者平行光束经过实际光学系统后,由于像差的存在,形成的波面已不是球面,而是如图 2-2(d)所示的非球面光波。

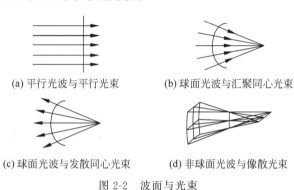

(a) 平行光波与平行光束　　　　　(b) 球面光波与汇聚同心光束

(c) 球面光波与发散同心光束　　　(d) 非球面光波与像散光束

图 2-2　波面与光束

2.1.2　几何光学的基本定律

通常,几何光学把光能的传播和光学成像问题归结为光经过介质的传播问题。光的传播主要依从直线传播定律、独立传播定律、折射定律和反射定律,这些定律是研究光的传播现象、规律以及成像的基础。

1. 光的直线传播定律

在各向同性的均匀介质中,光沿直线传播,这就是直线传播定律,它是几何光学的重要基础,“小孔成像”和“日食与月食”等都是该定律的实例。

严格来说,除“各向同性的均匀介质”的前提条件外,直线传播定律需要一定的条件,即不能遇到小孔、狭缝等阻挡,否则将发生光的衍射,光将不再沿直线传播。同样地,光在非均匀介质中传播时,也是沿曲线传播的。

2. 光的独立传播定律

光的独立传播是指对于非相干光,在传播过程中与其他光束相遇时各自独立传播,不改变传播方向,彼此互不影响。在各光束的同一交会点上,光的强度是各光束强度的简单叠加,即总是增强的。离开交会点后,各光束仍按照原来的方向传播。利用这一定律,在研究某一光线传播时,可以不考虑其他光线的影响,这大大简化了一些实际应用问题。

与直线传播定律相同,独立传播定律同样是建立在一些条件之上,只有在不考虑光的波动性质时才成立。由同一光源发出的两束光,经不同途径传播后再相会于某一点时,交会点处光的强度将不再是两束光强度的简单相加,而是根据两束光所走路程的不同,其光强有可能增强,也有可能减弱,这就是光的干涉现象。

3. 光的反射定律与折射定律

光的直线传播定律与光的独立传播定律描述的是光在同一介质中的传播规律,而光的反射定律和光的折射定律则是描述研究光传播到两种介质分界面时发生的现象和规律。

当一束光传播到两种介质的光滑分界面时,依照界面性质的不同,一部分光从分界表面回到原介质,一部分光透过界面进入另一介质,前者称为光的反射,反射回原介质的光称为反射光。后者称为光的折射,透过界面进入另一介质的光称为折射光。

如图 2-3 所示,NN' 为光滑界面 PQ 上入射点 O 处的法线,光线 AO 入射到两种介质的分界面 PQ 上,发生反射和折射。其中,反射光线为 OB,折射光线为 OC。入射光线与法线的夹角 I 称为入射角,反射法线与法线的夹角 I'' 称为反射角,折射光线与法线的夹角 I' 称为折射角。

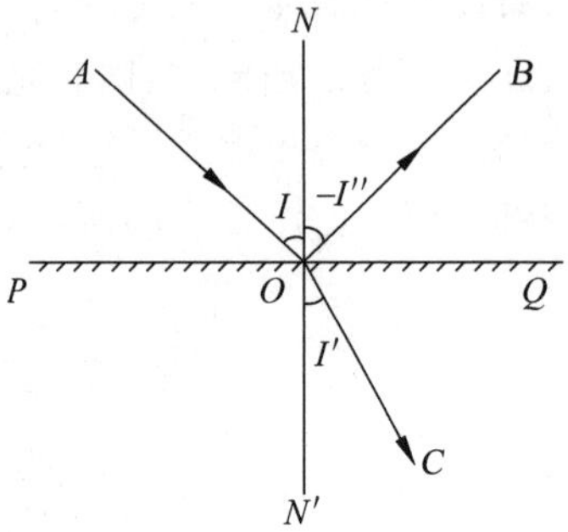

图 2-3 光的反射与折射

光的反射定律表述为:

(1) 反射光线与入射光线、法线在同一平面上;

(2) 反射光线和入射光线分居在法线的两侧;

(3) 反射角等于入射角:

$$I'' = -I \tag{2-1}$$

其中,"—"表示光线方向相反。反射定律亦可归纳为"三线共面,两线分居,两角相等"。

光的折射定律表述为:

(1) 折射光线与入射光线、法线在同一平面上;

(2) 折射光线和入射光线分居在法线的两侧;

(3) 折射角的正弦值与入射角的正弦值的比与入射角的大小无关,由两种介质的性质决定。

当温度、压力和光线的波长一定时,该比值等于入射光所在介质的折射率 n 与折射光所在介质的折射率 n' 之比:

$$\frac{\sin I'}{\sin I} = \frac{n}{n'} \tag{2-2}$$

折射率是表征透明介质光学性质的重要参数之一。通常将其定义为光在真空中的传播速度 c 与光在该介质中的传播速度 v 之比:

$$n = c/v \tag{2-3}$$

显然,真空的折射率为1。因此,我们把介质相对于真空的折射率称为绝对折射率。空气在 101.325kPa(1 个标准大气压)、标准温度 20℃(293K)下的折射率为 1.000 273,与真空的折射率非常接近。所以,通常把介质相对于空气的相对折射率作为该介质的绝对折射率,简称折射率。此外,在折射定律中,若令 $n' = -n$,则折射定律与反射定律一致,即反射定律可以看作折射定律的特例。

4. 光的全反射现象

通常情况下,光线入射到透明介质的分界面时将同时发生反射和折射现象。但是在一定条件下,入射到介质上的光会被全部反射回原来的介质中,而没有折射发生,这种现象称为光的全反射现象。

什么情况下会发生全反射现象呢？全反射现象发生的条件可以归纳为：

（1）光线从光密介质进入光疏介质（习惯上将界面两边折射率相对较大的介质称为光密介质，折射率较小的介质称为光疏介质）；

（2）入射角大于或等于临界角。

根据全反射现象的描述，在全反射发生之前，随着入射角的增大，折射角和反射角都增大，但折射角增大得快，在入射光强度一定的情况下，折射光越来越弱，反射光越来越强，发生全反射时，折射光消失，反射光的强度等于入射光的强度。也就是说，此时折射角 I' 达到 $90°$ 时，折射光线沿界面掠射出去，这时的入射角称为临界角，记为 I_m。将 $I'=90°$ 代入式（2-2）可以得到：

$$\sin I_m = \frac{n'}{n} \tag{2-4}$$

全反射现象在实际中有着十分广泛的应用，例如利用各种全反射棱镜代替平面镜，以减少光能损失。理论上讲，全反射棱镜可将入射光全部反射。实际中，镀有反射膜层的平面镜只能反射 90% 左右的入射光能。此外，广泛应用于光纤通信技术和各种光线传感器的光学纤维，也是利用全反射原理来传输光。如图 2-4 所示为光纤的结构及光纤传光的基本原理。

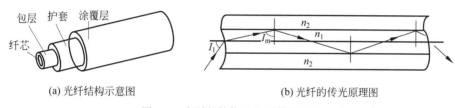

(a) 光纤结构示意图　　　　　　　　(b) 光纤的传光原理图

图 2-4　光纤的结构及光纤传光原理

纤芯的折射率比包层的折射率稍大，当满足一定条件时，光就被"束缚"在光纤里面传播。根据全反射原理结合折射定律，只要使光线射入光纤端面的光与光轴的夹角 I_1 小于一定值，则入射到光纤纤芯和包层界面的角就满足大于临界角的条件，光线就射不出光纤的纤芯。光线在纤芯和包层的界面上不断地产生全反射而向前传播，光就能从光纤的一端以光速传播到另一端。光纤内全反射传播的入射角正弦值为：

$$\sin I_1 = \frac{1}{n_0}\sqrt{n_1^2 - n_2^2} \tag{2-5}$$

式中，n_0 为空气的折射率，n_1 为纤芯的折射率，n_2 为包层的折射率。通常将入射角的正弦值 $\sin I_1$ 定义为光纤的数值孔径，用来表示光纤端面接收光的能力。

2.1.3　费马原理

费马原理（Fermat's Principle）可以表述为：光从一点传播到另一点，其间无论经过多少次折射和反射，其光程为极值。通俗地讲，光是沿着光程为极小、极大或者常量的路径传播。因此，费马原理也叫光程极端定律。费马原理不是从数学上导出的定律，也不是建立在试验基础上的定律，而是一个最基本的假设，它是几何光学光传播的理论基础。

光程是指光在介质中传播的几何路程 l 与所在介质折射率 n 的乘积：

$$s = nl \tag{2-6}$$

由于折射率 $n=c/v$，路程 $l=v \times t$ (t 为时间)，代入式(2-6)可以得到：

$$s = ct \tag{2-7}$$

由此，光在介质中的光程等于同一时间 t 内光在真空中所走过的几何路程。

如图 2-5 所示，在非均匀介质中，光线将不再沿直线方向传播，其轨迹是一条空间曲线。

图 2-5 中光线由 A 点传播到 B 点，光程可用曲线积分表示为：

$$s = \int_A^B n \, \mathrm{d}l \tag{2-8}$$

根据费马原理，光程 s 应具有极值：

$$\delta s = \delta \int_A^B n(s) \mathrm{d}l = 0 \tag{2-9}$$

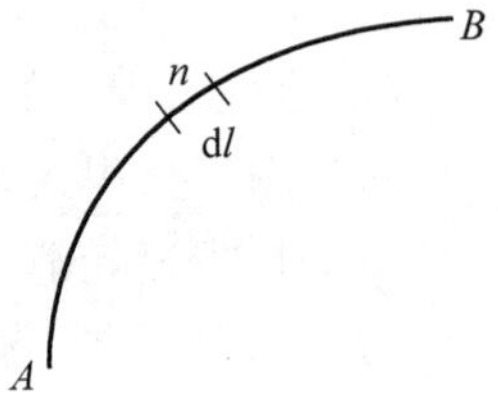

这就是费马原理的数学表达式。费马原理是描述光线传播的基本规律，不论是光的直线传播定律，还是光的反射定律与折射定律，均可以由费马原理直接导出。对于均匀介质，根据两点间直线最短这一公理，可以直接证明光沿直线传播定律。

图 2-5 非均匀介质中的光线传播路径

2.1.4 马吕斯定律

马吕斯定律(Malus' Law)指出，光线束在各向同性的均匀介质中传播时，始终保持着与波面的正交性，并且入射波面与出射波面对应点之间的光程均为定值。这种正交性表明，垂直于波面的光线束经过任意多次折反射后，不论折射、反射面形状如何，出射光束始终垂直于出射波面。

视频讲解

2.2 几何光学成像基础

2.2.1 光学系统

光学系统是指由一系列光学元件如透镜、反射镜、棱镜和光阑等按照一定方式组合构成的系统。每个光学元件可以是具有一定折射率的球面、平面或者非球面介质。如果光学系统中的各个光学元件的表面曲率中心都在同一直线上，则称为共轴光学系统，这条直线叫作光轴；反之，称为非共轴系统，它没有对称轴线。光学系统中大部分为共轴光学系统。一些特殊需求如航天相机，会用到非共轴光学系统。此外，光学系统根据光学元件介质分界面的形状亦可分为球面系统和非球面系统，前者中的光学元件均由球面构成，后者则包含非球面元件。光学系统的主要作用是对物体成像。

2.2.2 光学成像的基本概念

在几何光学中，物和像是两个重要的概念。物是指一个本身发光或受到光照的物体，物表面可视为由许多发光点构成，每个发光点称为一个物点。每个物点发出的球面波经光学元件或光学系统后波面会发生变化，这些球面波的总和就是物所成的像。如图 2-6 所示为物点 Q 和像点 Q' 的示意，如果一个以 Q 点为中心的同心光束经光学系统的反射或折射后转化为另

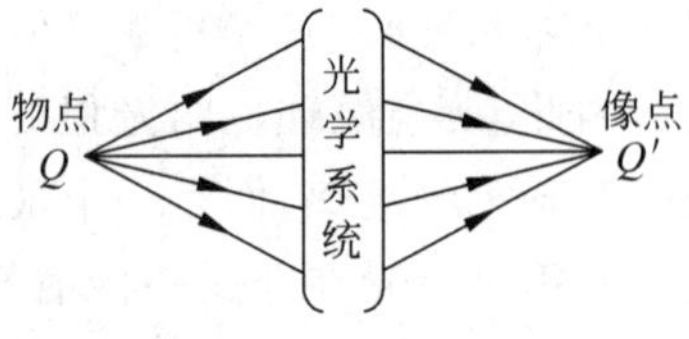

图 2-6 物点和像点

一个以 Q' 点为中心的同心光束,那么光学系统使 Q 成像于 Q'。由物点组成的空间叫作物空间,由像点组成的空间叫作像空间。物像空间可以在 $-\infty$ 到 $+\infty$ 的整个空间内。

根据物、像方同心光束的汇聚与发散情况,物和像都有虚实之分。由实际光线相交所形成的点为实物点或实像点,而由光线的延长线相交所形成的点为虚物点或虚像点。如图 2-7 所示为物像的虚实对应关系。如果入射的是发散同心光束,则相应的发散中心 Q 称为实物;如果入射的是汇聚同心光束,则相应的汇聚中心 Q 称为虚物。若经过光学系统出射的光束是汇聚的,称像点 Q' 为实像;若出射同心光束是发散的,称像点 Q' 为虚像。

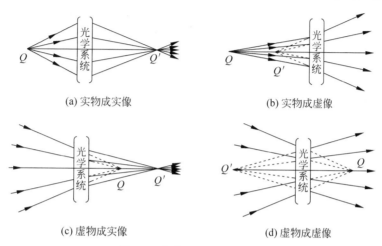

(a) 实物成实像　　　　　　　　　　(b) 实物成虚像

(c) 虚物成实像　　　　　　　　　　(d) 虚物成虚像

图 2-7　物像的虚实对应关系

需要说明的是,虚像不能人为设定,它是前一光学系统所成的实像被当前系统所截得到的。实像不仅能为人眼所观察,而且还能使用屏幕、胶片或者其他成像器件记录,而虚像只能为人眼所观察,不能被记录。

2.2.3　单个折射球面成像

折射球面系统具有普遍意义,大多数光学系统都是由折、反射球面或平面组成的共轴球面系统。本节讨论光线经过单个折射球面折射的光路问题。

如图 2-8 所示,假设 Σ 为折射球面,其中心点 O 称为顶点,曲率中心为 C,OC 为球面曲率半径,以 r 表示。顶点 O 与曲率中心 C 的连线称为球面的主轴,折射球面两侧分别为均匀透明介质,其折射率分别为 n 和 n',光线的入射角和折射角分别由 i 和 i' 表示。Q 为光轴上的物点,从 Q 发出两条光线,一条沿主轴传播,另一条以物方孔径角(入射光线与光轴的

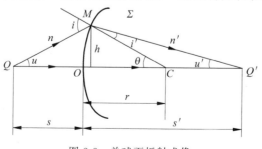

图 2-8　单球面折射成像

夹角)u 与球面交于 M 点,经球面折射后,以像方孔径角 u' 与第一条光线交于 Q' 点。h 为 M 点距离光轴的高度。

　　下面将讨论在给定球面曲率半径 r 和折射球面两侧介质的折射率 n 和 n' 时,如何由已知的物距 s(指物方截距,即顶点 O 到光线与光轴的交点 Q 的距离)和物方孔径角 u 来确定出射光线的像距 s'(指像方截距,即顶点 O 到折射光线与光轴的交点的距离 Q')和像方孔径角 u'。

　　物像关系中物距、像距以及光线孔径角的正负有统一规定。一般从顶点算起,向顶点右方延伸的距离为正,主轴上方的距离为正,主轴顺时针转向光线孔径角为正($<90°$)。因此,在图 2-8 中,s 为负,s' 和 r 为正,角度 u 为负。根据图 2-8 中的几何关系,并考虑各个参量的正负,在 $\triangle QMC$ 和 $\triangle Q'MC$ 中分别应用正弦定律和折射定律,可以得到:

$$\begin{cases} \sin i = \dfrac{s-r}{r}\sin u \\[2mm] \sin i' = \dfrac{n}{n'}\sin i \\[2mm] u' = u + i - i' \\[2mm] s' = r + r\,\dfrac{\sin i'}{\sin u'} \end{cases} \tag{2-10}$$

　　当孔径角 u 很小时,i、i' 和 u' 都会很小。此时,光线在光轴附近很小的区域内,这个区域称为近轴区,近轴区内的光线称为近轴光线。在近轴区内,光线的有关角度量都很小。将式(2-10)中各角度的正弦值用其相应的弧度值来代替,可以得到:

$$\begin{cases} i = \dfrac{s-r}{r}u \\[2mm] i' = \dfrac{n}{n'}i \\[2mm] u' = u + i - i' \\[2mm] s' = r\left(1 + \dfrac{i'}{u'}\right) \end{cases} \tag{2-11}$$

整理式(2-11)后,可以得到单个球面的近轴成像公式:

$$\frac{n'}{s'} - \frac{n}{s} = \frac{n'-n}{r} \tag{2-12}$$

式(2-12)称为高斯公式,对凸球面和凹球面折射成像都适用,且在近轴条件下对任意物距 S 都成立。对单折射球面而言,高斯公式是以光学系统的主点(即顶点 O)来确定物像位置,如果以光学系统的焦点来确定物像位置关系,则得到的物像距公式称为牛顿公式。

2.2.4　透镜成像

　　透镜是构成光学系统的最基本单元,它是由两个折射面包围一种透明介质(通常是玻璃)所形成的光学元件。透镜按照其对光线的作用可分为两类:对光线有汇聚作用的称为汇聚透镜,它的光焦度(指物方或像方的折射率与焦距的比值)为正值,也称为正透镜或凸透镜;反之,对光线有发散作用的称为发散透镜,它的光焦度为负值,也可称为负透镜或凹镜。如图 2-9 所示为不同类型的透镜,从左边起依次为双凸、平凸、正弯月、弯月、平凹、双凹透镜。其中,双凸、平凸、正弯月透镜为正透镜,特点是中心厚度大于边缘厚度,负弯月、平凹、双凹透镜为负透镜,特点是中心厚度小于边缘厚度。当构成透镜的折射面为非球面时,在改善光学系统成像质量和简化结构方面具有优势,但是设计和加工比较困难,成本较高。

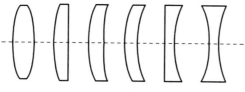

图 2-9　透镜的类型

本节只讨论球面透镜。如图 2-10 所示,设透镜两个折射面的曲率半径分别为 r_1 和 r_2,透镜的厚度为 d,透镜折射率为 n,透镜前后介质的折射率(物方折射率和像方折射率)记为 n_1 和 n_2。

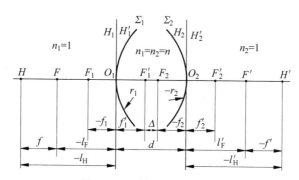

图 2-10　透镜的焦点与主点

在高斯光学中,为了简化物像关系,引入了基点法则,即在理想光学系统中建立一些特殊的点和面,例如焦点和焦平面、主点和主平面等,统称为系统的基点和基面。对于一个光学系统,焦点有物方焦点、焦距和像方焦点、焦距之分。光轴上无穷远像点的共轭点称为物方焦点(亦称第一焦点或前焦点),它到顶点的距离是物方焦距(亦称第一焦距或前焦距)。相应地,轴上无穷远物点的共轭点称为像方焦点(亦称第二焦点或后焦点),它到顶点的距离是像方焦距(亦称第二焦距或后焦距)。

在如图 2-10 所示的透镜系统中,包括 3 组相互对应的物像焦点和焦距:折射球面 Σ_1 的物方焦点 F_1 和像方焦点 F'_1,物方焦距 f_1 和像方焦距 f'_1,折射球面 Σ_2 的物方焦点 F_2 和像方焦点 F'_2,物方焦距 f_2 和像方焦距 f'_2,以及由二者构成的透镜系统的物方焦点 F 和像方焦点 F',物方焦距 f 和像方焦距 f'。图 2-10 中的 H 和 H' 是放大率为 +1 的光学系统的共轭平面与光轴的交点,H 称为物方主点,H' 称为像方主点,二者是一对共轭点。

根据单球面近轴成像公式即式(2-12),经推导可得透镜的焦距为:

$$f' = -f = -\frac{f'_1 f'_2}{\Delta} = \frac{n r_1 r_2}{(n-1)[n(r_2 - r_1) + (n-1)d]} \tag{2-13}$$

式中,Δ 为透镜两个光学界面之间的光学间隔。

透镜的焦点位置为:

$$\begin{cases} l'_{\mathrm{F}} = f'\left(1 - \dfrac{d}{f'_1}\right) = f'\left(1 - \dfrac{n-1}{n} \cdot \dfrac{d}{r_1}\right) \\[3mm] l_{\mathrm{F}} = -f'\left(1 - \dfrac{d}{f'_2}\right) = -f'\left(1 + \dfrac{n-1}{n} \cdot \dfrac{d}{r_2}\right) \end{cases} \tag{2-14}$$

透镜的主点位置为：

$$\begin{cases} l'_{\mathrm{H}} = -f'\dfrac{d}{f'_1} = -f'\dfrac{n-1}{n} \cdot \dfrac{d}{r_1} \\[3mm] l_{\mathrm{H}} = -f'\dfrac{d}{f'_2} = -f'\dfrac{n-1}{n} \cdot \dfrac{d}{r_2} \end{cases} \tag{2-15}$$

由式(2-15)可见，折射率 n、两个球面的曲率半径 r_1 和 r_2 及透镜厚度 d 决定了透镜的性质。大部分实际应用中的透镜，其厚度 d 与球面半径或焦距相比很小，称为薄透镜。在薄透镜中，可以近似认为 $d=0$，此时顶点 O_1 和 O_2 几乎重合为一点，叫作透镜的光心。薄透镜的物距和像距都是从光心算起的。

2.3　理想光学系统

理想光学系统是实际光学系统的近似原理模型，便于使用一些简单的几何关系来表述和推演复杂光学系统的基本特性、工作原理和组合关系。本节主要介绍理想光学系统及其物、像关系。

2.3.1　理想光学系统的定义

关于理想光学系统的理论，最早由高斯建立，因此也称为高斯光学理论。但在实际应用中，只有物体发出的光线很靠近光轴时，高斯光学理论引起的误差才能被忽略。在几何光学中，理想成像要求物空间中的每一点都能严格成像，即物方的每个同心光束转化为像方的一个同心光束。这里，同心光束指各光线本身或其延长线交于同一点的光束。一个能够使任何同心光束保持同心性的光学系统就是理想光学系统，也就是满足理想成像要求的光学系统。理想光学系统的定义如下：

（1）物方每个点对应像方一个点，称为物像共轭点；

（2）物方每条直线对应像方一条直线，称为物像共轭线；

（3）物方每个平面对应像方一个平面，称为物像共轭面。

物方和像方之间的这种点点、线线、面面的一一对应关系，称为共线变换。如果理想光学系统是轴对称的，则除上述3点外，还具有以下性质：

（1）光轴上任何一点的共轭点仍在光轴上；

（2）任何垂直于光轴的平面，共轭面仍与光轴垂直；

（3）在垂直于光轴的同一平面内横向放大率相同；

（4）在垂直于光轴的不同平面内，横向放大率一般不等。

2.3.2　理想光学系统的物像关系

几何光学中的一个基本内容是求像，也就是对于确定的光学系统，在给定物体的位置、大小、方向后,求其像的位置、大小、正倒及虚实。对于理想光学系统,已知物求其像的方法主要有图解法和解析法两种。

1. 图解法求像

已知一个光学系统的主点(主面)和焦点的位置,根据共线成像理论,利用特殊光线通过基点和基面后的性质,画出对应于物空间给定点、线、面的共轭点、线、面。这种通过画图追踪典型光线的求像方法就是图解法求像。

求解中,可选择的典型光线和可利用的性质有:

(1) 如图 2-11(a)所示,平行于光轴入射的光线,经过系统后过像方焦点;

(2) 如图 2-11(b)所示,过物方焦点的光线,经过系统后平行于光轴;

(3) 如图 2-11(c)所示,倾斜于光轴的平行光线经过系统后交于像方焦平面上某一点;

(4) 如图 2-11(d)所示,自物方焦平面上一点发出的光束经过系统后成倾斜于光轴的平行光束;

(5) 共轭光线在主平面上的投射高度相等。

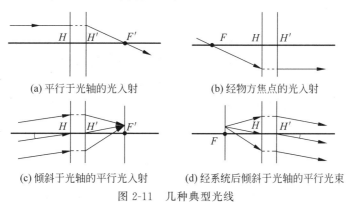

(a) 平行于光轴的光入射   (b) 经物方焦点的光入射

(c) 倾斜于光轴的平行光入射   (d) 经系统后倾斜于光轴的平行光束

图 2-11 几种典型光线

1)轴外物点或垂轴线段的图解法求像

如图 2-12 所示,垂轴物体 AB 被光学系统成像。可选取由轴外点 B 发出的两条典型光线:一条是由 B 发出通过物方焦点 F 的光线,它经光学系统后的共轭光线平行于光轴;另一条是由 B 点发出平行于光轴的光线,经光学系统后共轭光线过像方焦点 F'。在像空间中,这两条光线的交点 B' 即是 B 的像点。过 B' 点作光轴的垂线 $A'B'$ 即为物 AB 的像。

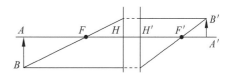

图 2-12 图解法求垂轴线段 AB 的像

2)轴上点的图解法求像

已知物方焦点 F 和像方焦点 F',求轴上点 A 的像。

方法 1:如图 2-13 所示,过 F 点作物方焦平面,与 A 点发出的光线交于 N,以 N 为辅助点,从 N 点作平行于光轴的直线,经过光学系统后交于像方焦点 F',则 AN 光线过光学系统后与辅助光线平行,与光轴的交点即是 A'。

方法 2:如图 2-14 所示,过 F 点作辅助线,过光学系统后与光轴平行,交像方焦平面于 N',则 A 点射出的与辅助光线平行的光线过光学系统后过 N' 点,与光轴交点即是 A'。

方法 3:如图 2-15 所示,过 A 点作垂直于光轴的辅助物 AB,按照前面的方法求出 B',

由 B' 作光轴的垂线,则交点 A' 就是 A 的像。

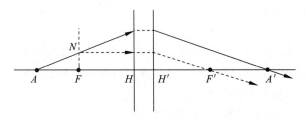

图 2-13　图解法求轴上点 A 的像(解法 1)

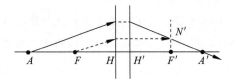

图 2-14　图解法求轴上点 A 的像(解法 2)

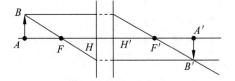

图 2-15　图解法求轴上点 A 的像(解法 3)

2. 解析法求像

对于一个比较复杂的实际光学系统,在确定它的基点和基面后,便可将其视为一个整体,不必考虑每个球面的折射情况,整个系统的物像关系都类似于单球面情况。如图 2-16 所示,一个垂轴物体 AB(高度为 y)通过理想光学系统成像于 $A'B'$(高度为 y')。

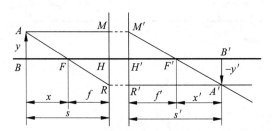

图 2-16　解析法求垂轴物体 AB 的像

在图 2-16 中,轴上物点 B 沿光轴成像于 B',轴外经物点 A 平行于光轴的光线,遇物方主面于 M 点,其共轭光线通过像方主面上的等高点 M' 和焦点 F'。再由 A 点作通过物方焦点 F 的光线,交物方主面于 R 点,其共轭光线通过像方主面上的等高点 R' 与光轴平行,这两条共轭线在像方的交点即为像点 A'。这里,物距 s 和物方焦距 f 从物方主点 H 算起,物距 s 是点 H 到点 B 的距离,物方焦距 f 是点 H 到点 F 的距离。像距 s' 和像方焦距 f' 从像方主点 H' 算起,像距 s' 是点 H' 到点 B' 的距离,像方焦距 f' 是点 H' 到点 F' 的距离。

按照物(像)位置表示中坐标原点选取的不同,解析法求像的公式有两种:一种是以焦点为原点建立物像位置的公式,称为牛顿公式;另一种是以主点为原点建立物像位置的公式,称为高斯公式。

1) 牛顿公式

以系统的焦点为基点,即物像位置由相对于光学系统的焦点确定。由图 2-16 中的几何关系,容易得到 $\dfrac{-y'}{y}=\dfrac{-f}{-x}$ 和 $\dfrac{-y'}{y}=\dfrac{x'}{f'}$,由此可得:

$$xx' = ff' \tag{2-16}$$

式(2-16)是以焦点为原点的物像位置公式,称为牛顿公式。相应的垂轴放大率(指像高与物高之比),也就是像与物沿垂轴方向的长度之比可以用 β 表示为:

$$\beta = \frac{y'}{y} = -\frac{f}{x} = -\frac{x'}{f'} \tag{2-17}$$

2) 高斯公式

以系统的主点为基点,即物像位置由相对于光学系统的主点确定。由图 2-16 中的几何关系,$x = s - f$,$x' = s' - f'$,将该式代入牛顿公式,可得 $sf' + s'f = ss'$:

$$\frac{f'}{s'} + \frac{f}{s} = 1 \tag{2-18}$$

式(2-18)称为高斯公式,是以主点为原点的物像关系的一般形式,适用于单折射球面和透镜等,只是其中的物方焦距和像方焦距的确定方式不同。相应的放大率公式可由牛顿公式转化得到:

$$\beta = \frac{y'}{y} = -\frac{f}{f'}\frac{s'}{s} \tag{2-19}$$

可见,放大率随物体的位置不同而不同,某一放大率只对应一个物体位置,不同共轭面上有不同的放大率。

大多数光学仪器是由球心在同一直线上的一系列折射或反射球面组成的,这种光学系统叫作共轴球面光学系统。当然,也有实际光学系统中包含有平面或非球面的光学元件。掌握了单个球面的成像公式,就可以根据逐次成像法,将单个球面的成像规律推广到共轴球面组。对于多个球面的组合,可以利用球面的物像距公式和横向放大率公式进行逐次迭代,便可计算出像平面的位置和总的放大率。

2.4 光学像差

视频讲解

对于实际光学系统,除了平面反射镜能够理想成像外,其他光学系统所成的像均会有偏离理想成像的现象,称为像差。通俗来讲,这种情况下物体上任意一点发出的同心光束通过光学系统后不能汇聚到一点,而是形成一个弥散斑。认识各种像差的产生规律并设法把它们减小到最低限度,是设计光学成像系统时需要特别注意的问题。光学像差分单色像差和色像差两类,其中单色像差有球面像差(简称球差)、彗形像差(简称彗差)、像散差(简称像散)、像面弯曲(简称场曲)、畸变 5 种。色像差有位置色差和倍率色差两种。

2.4.1 球差

球差是光轴上点的单色像差,是所有光学像差中最简单和最基本的像差,它是由成像光束的孔径角增大引起的。通俗来说,是由于透镜的中心与边缘对光的汇聚能力不同而造成的。当光学系统成像孔径较大时,光轴上一物点发出的光束经球面折射后不再交于一点。实际像点与理想像点之间的位置差,就是球差。如图 2-17 所示,一个点经光学器件或光学系统成像后,不再是个亮点,而是一个中间亮、边缘逐渐模糊的亮斑。

理论计算表明,凸透镜的球差是负的,凹透镜的球差是正的。因此,可以适当地将凸透

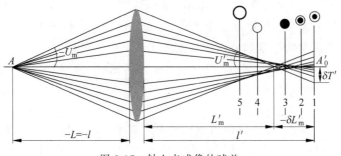

图 2-17 轴上点成像的球差

镜和凹透镜黏合起来,组成复合透镜进行球差矫正,也可以采用配曲法进行矫正。

2.4.2 彗差

如图 2-18 所示,对于即使是离光轴很近的轴外物点,其发出的宽阔光束经光学系统后,光束会失去对称性,在像平面上不再交于一点,而是形成拖着明亮尾巴状如彗星的亮斑,这种像差称为彗差。彗差的形状主要有两种:一种彗星像斑的尖端指向视场中心的称为正彗差,另一种彗星像斑的尖端指向视场边缘的称为负彗差。由于彗差没有对称轴,只能垂直度量,所以它是垂轴像差的一种。

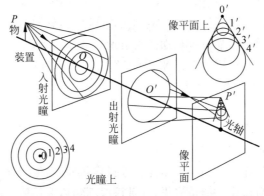

图 2-18 轴外点成像的彗差

由于彗差的存在,入瞳的同心圆变成不同心的圆,半径越大,离理想像点 P' 越远。彗差会严重破坏像的清晰度,从而使成像质量降低。彗差的大小受光束宽度、物体的大小、光阑位置以及光组内部结构(折射率、曲率、孔径)等多种因素影响,矫正方法类似于球差矫正,但是不容易同时消除二者。

2.4.3 像散

由于发光物点不在光学系统的光轴上,因此它所发出的光束与光轴有一个倾斜角。该光束经透镜折射后,不能聚焦于一点,成像不清晰,故会产生像散。像散也是轴外像差的一种。

如图 2-19 所示,为轴外点 B 成像的像散现象。出射光束的截面一般呈椭圆形,但汇聚的像在两处退化为直线,称为散焦线,如图中的子午焦线和弧矢焦线。两条散焦线互相垂直,在两散焦线之间的某个地方光束的截面呈圆形,称为明晰圆,这里是光束聚焦最清晰的地方,也是放置照相底片或屏幕的最佳位置。像散现象需要通过复杂的透镜组合来消除。

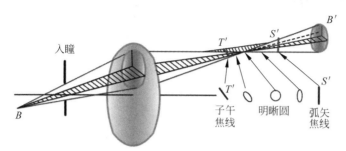

图 2-19　轴外点成像的像散现象

2.4.4　场曲

如图 2-20 所示,对于物平面上所有的点,散焦线和明晰圆的轨迹一般是一个曲面,这种现象称为场曲。图 2-20 中的 Σ_M、Σ_S、Σ_C 分别代表子午焦线、弧矢焦线和明晰圆的轨迹。当透镜存在场曲时,整个光束的交点不再与理想像点重合,尽管在每个特定点都能得到清晰的像点,但整个像平面则是一个曲面。对于单个透镜,场曲可通过在透镜前的适当位置放置光阑矫正。

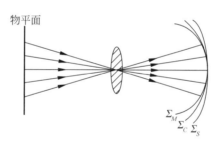

图 2-20　像的场曲及矫正

2.4.5　畸变

在光学系统中,当视场较大或很大时,像的放大率会随视场而异,这就使像相对于物失去了相似性,主要表现为像平面图形的各部分与原物不成比例,这种像差称为畸变。与球差、彗差和像散不同,畸变是主光线的像差,并不破坏光束的同心性,从而不影响像的清晰度。畸变分为两种:如图 2-21(b)所示为枕形畸变,如图 2-21(c)所示为桶形畸变。枕形畸变是由远光轴区域放大率比光轴附近大而形成,桶形畸变则是由远光轴区域放大率比光轴

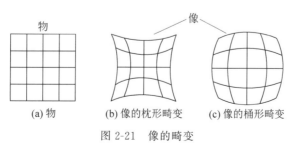

(a) 物　　　　(b) 像的枕形畸变　　　　(c) 像的桶形畸变

图 2-21　像的畸变

附近小而形成。

2.4.6　色像差

绝大部分光学系统都是采用白光成像,而白光是由不同波长单色光组合成的,由于光学材料对不同波长的单色光具有不同折射率(即色散现象),当白光入射于光学系统时,各种色光将有不同的传播路径,导致各种色光具有不同的成像位置和成像倍率。这种成像的颜色差异称为色像差。

如图 2-22 所示,色像差可以分为位置色差(也称轴向色差)和放大率色差(也称横向色差)两种。从图 2-22 中可以看出,由于波长不同,红色光线的焦点比紫色光线的焦点更远离镜片。一般采用不同折射率或色散率的镜片来进行组合,使它们的位置色差相互抵消。放大率色差是一种轴外像差,随视场角的增大和焦距增大而增大,并且不会随光圈缩小而减少。矫正比较困难,一般采用异常或超低色散的光学玻璃进行矫正。

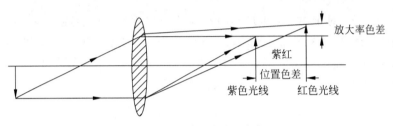

图 2-22　位置色差和放大率色差

2.5　典型光学成像系统

用肉眼观察物体的细节时,分辨率取决于极限分辨角和距离,极限分辨角一般不小于 $1'$。当物体位于最近距离而其细节对眼睛的视角仍小于 $1'$ 时,肉眼将无法分辨,这时需要借助放大镜、显微镜或望远镜等将物体放大。

2.5.1　放大镜

放大镜又称助视镜。当用眼睛通过仪器来观察物体时,我们真正关心的是像在人眼视网膜上的大小,因此,引入了视觉放大率的概念。通常,将通过目视光学仪器观察物体时,其像对眼睛张角的正切与直接看物体时物体对眼睛张角的正切之比定义为视觉放大率:

$$\Gamma = \frac{\tan\omega'}{\tan\bar{\omega}} \tag{2-20}$$

式中,ω'——用仪器观察物体时物体的像对人眼所张开的视角;

$\quad\bar{\omega}$——人眼直接观察物体时对人眼所张开的视角。

当人眼直接观察物体时,通常把物体放在明视距离上,即 $D=250\text{mm}$,则有:

$$\tan\bar{\omega} = \frac{y}{D} \tag{2-21}$$

式中,y——成像物体的高度;

$\quad D$——明视距离。

当人眼通过放大镜观察物体时,如图 2-23 所示,虚像对人眼的张角的正切为:

$$\tan\omega' = \frac{y'}{P' - l'} = \frac{f' - l'}{P' - l'} \frac{y}{f'} \tag{2-22}$$

式中,y'——像的高度;

  l'——人眼后节点到视网膜的距离;

  P'——人眼到放大镜的距离;

  f'——像方焦距。

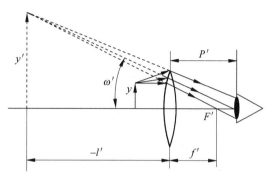

图 2-23 放大镜成像原理

那么,视觉放大率为:

$$\Gamma = \frac{\tan\omega'}{\tan\bar{\omega}} = \frac{f' - l'}{P' - l'} \frac{D}{f'} \tag{2-23}$$

从式(2-23)不难看出,放大镜的视觉放大率并不是常数,取决于观察条件(P'和l')。下面两种特殊情况是非常重要的。

(1) 当 $l' = \infty$ 时,即眼睛调焦在无限远,物体放在放大镜的前焦点上,则有:

$$\Gamma = \frac{D}{f'} = \frac{250}{f'} \tag{2-24}$$

人们把由此算出的视觉放大率作为放大镜和目镜的光学常数,通常标注在其镜筒上。已知 Γ 的值,就可以求出其相应的焦距。

(2) 正常视力的眼睛一般把物像调焦在明视距离 D,$P' - l' = D$,则有:

$$\Gamma = 1 - \frac{P' - D}{f'} = \frac{250}{f'} + 1 - \frac{P'}{f'} \tag{2-25}$$

这个公式适用于小放大倍率(长焦距)的放大镜,例如看书用的放大镜。如果眼睛紧靠着放大镜,即 $P' \approx 0$,则有:

$$\Gamma = \frac{250}{f'} + 1 \tag{2-26}$$

常用的放大镜倍率为 2.5~25。放大率取决于焦距,与焦距成反比。当单透镜的焦距不能减小时,放大率受到限制,于是有了显微镜。

2.5.2 显微镜成像

当观察近距离的微小物体时,要求光学系统有较高的视觉放大率,例如显微镜。实际的显微镜结构中,为了减少各种像差,物镜和目镜都是复杂的透镜。下面以两个单透镜组成的显微镜为例进行讲解。

如图 2-24 所示,图中在放大镜(目镜)L_2 前面再加一个焦距极短的汇聚透镜 L_1,称为物镜。物镜和目镜的间隔比它们各自的焦距大得多。位于物镜物方焦点以外但靠近焦点处的物体 BA,首先经过透镜 L_1 形成一个放大倒立的实像 $A'B'$ 于 L_2 的前焦点 F_2 的右方邻近处,然后这个中间像被目镜成一个放大的虚像 $A''B''$ 于无穷远或明视距离 D 处,人眼通过目镜可以观察到放大的虚像 $A''B''$。

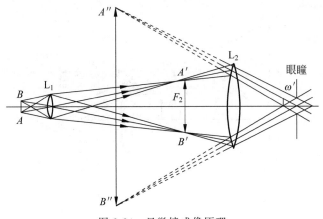

图 2-24　显微镜成像原理

由于物体经物镜和目镜的两次放大成像,所以显微镜具有很高的放大倍数。根据式(2-20),可以得到显微镜的视觉放大率为:

$$\Gamma = \frac{\tan\omega'}{\tan\bar{\omega}} = -\frac{D\Delta}{f_o f_e} \tag{2-27}$$

式中,Δ——物镜像方焦点到目镜物方焦点的距离(俗称光学筒长);

$\quad f_o$——物镜的焦距;

$\quad f_e$——目镜的焦距。

式(2-27)中的负号表示像是倒立的。可见,物镜和目镜的焦距越短,光学镜筒越长,显微镜的放大倍率越高。对于实际的显微镜而言,其物镜和目镜的放大倍数标明在镜筒上,二者相乘即得总放大倍数。

此外,对于一定波长的光,显微镜的分辨率在像差校正良好的情况下,完全由物镜的数值孔径决定。数值孔径越大,分辨率越高。一般而言,光学显微镜的极限分辨率与所用照明光的波长属同一数量级。

2.5.3　望远镜成像

望远镜是一种用于观察远距离物体的目视光学仪器,其作用是将人眼张角很小的物体,通过望远镜后成对人眼有较大张角的像。望远镜有开普勒望远镜和伽利略望远镜两种基本形式。

以如图 2-25 所示的开普勒望远镜为例,人眼直接观察物体对人眼的张角与物体对仪器的张角相等:

$$\bar{\omega} = \omega \tag{2-28}$$

那么,望远系统的视觉放大率等于仪器的角放大率。根据式(2-20),可以得到望远镜的视觉放大率为:

$$\Gamma = \frac{\tan\omega'}{\tan\bar\omega} = \frac{\tan\omega'}{\tan\omega} = -\frac{f_o}{f_e} \tag{2-29}$$

式中,f_o——物镜的焦距;

f_e——目镜的焦距。

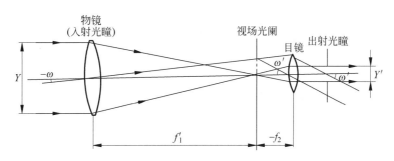

图 2-25　开普勒望远镜成像原理

由式(2-29)可知,望远镜的视觉放大率与物体的位置无关,仅取决于望远镜系统的结构,若要增大视觉放大率,必须增大物镜的焦距或减少目镜的焦距。在实际应用中,目镜的焦距不得小于 6mm,望远系统保持一定的出瞳距,以避免眼睛睫毛与目镜的表面相碰。

此外,由视觉放大率公式可知,随物镜和目镜的焦距符号不同,视觉放大率可能为正值,也可能为负值,因此通过望远镜来观察到的物体像方向不同。若 Γ 为正值,则像是正立的;反之,像是倒立的。开普勒望远镜由两个正光焦距的物镜和目镜组成,$\Gamma < 0$,因此成倒立像。

如果要成正立的像,需要在光学系统中加入一个透镜或棱镜转向系统。如图 2-26 所示,伽利略望远镜由正光焦距的物镜和负光焦距的目镜组成,$\Gamma > 0$,形成正立的像。

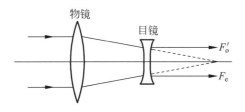

图 2-26　伽利略望远镜成像原理

本章小结

本章内容包括几何光学的光学成像基础、基本定律和基本概念、理想光学系统、光学像差和常见的光学成像系统案例。本章内容有助于对后续章节中各种光学成像系统的学习和理解。

思考题

(1) 如何看待光学成像的时空关系?

(2) 如何认识光学成像原理与成像方式?

(3) 结合实际,思考符合光传播基本定律的生活现象及各定律的应用。

(4) 分析当光从光疏介质进入光密介质时,发生全反射的可能性。

(5) 利用费马定理推导光的直线传播定律、光的反射定律与折射定律。

(6) 针对位于空气中的正透镜组($f'>0$)和负透镜组($f'<0$),用作图法分别对以下物距: $-\infty, -2f, -f, -f/2, 0, f/2, f, 2f, \infty$,求像平面的位置。

(7) 对于理想光学系统,已知物求其像的方法主要有哪些?

(8) 了解各种光学像差的产生原因,哪些像差影响成像的清晰度?哪些像差仅与孔径有关?哪些仅与视场有关?

(9) 在几何光学中,共轭点指什么?

(10) 填空。

① 理想光学系统的物像公式为_____;

② 联合光学系统的横向率放大公式为_____。

第 3 章

人眼视觉系统

大多数成像系统获取的图像或视频是给人看的,因此,其成像系统和工程设计都需要考虑人眼的视觉特性。人眼视觉系统(Human Visual System,HVS)本身也是一套机理非常复杂的成像系统。本章主要介绍人眼视觉的形成过程和视觉特性,这些内容不仅有助于选择成像器件和显示仪器的设计方案和成像参数,而且对图像处理算法的设计具有重要的指导意义。

3.1 光源与色温

许多成像技术中以白光作为标准光源。但是,统称为"白光"的光谱成分分布并不相同。为了说明各种白光因光谱成分不同而存在的光色差异,通常采用与绝对黑体辐射温度有关的"色温"来表征各种光源的具体光色。所谓黑体,是指既不反射也不透射而完全吸收入射光的物体,它对所有波长的光的吸收系数均为 1。当某一光源的相对辐射功率波谱及相应颜色与绝对黑体在某一特定热力学温度下的辐射功率波谱及颜色一致或相近时,则绝对黑体的这一特定热力学温度就是该光源的色温或相关色温,二者的单位均为开(K)。

根据色温的概念,国际照明委员会(CIE)定义了标准照明体和照明光源。照明体指入射在物体上的一个特定的相对光谱功率分布,可以看作一种标准,而光源指具体发光的物体,是某一标准的具体实现物体。表 3-1 列出了 CIE 定义的几种标准照明体和标准光源。

表 3-1 几种标准照明体和标准光源

照明体	定 义	光源	定 义
A	绝对黑体在 2856K 时发出的光	A	分布温度为 2856K 的透明玻壳充气钨丝灯
C	相关色温约 6774K 的平均昼光	C	分布温度为 6774K 的光源,可由标准光源 A 和特制的滤光器组合实现
D_{65}	相关色温约 6504K 的平均昼光	D_{65}	未规定
D_{55}	相关色温约 5503K 的昼光	D_{55}	未规定
D_{75}	相关色温约 7504K 的昼光	D_{75}	未规定

3.2 人眼的构造

如图 3-1 所示,人的眼睛是一个构造极其复杂而精密的信息处理系统。简单地说,眼球由水晶体隔成前房和后房两部分,前房内充满透明淡盐溶液,后房内是称作玻璃体的透明胶

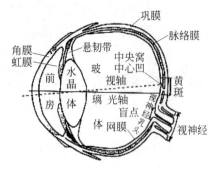

图 3-1　人眼的结构示意

状物质。水晶体是透明的弹性物质,在睫状肌的作用下可以调节曲率改变焦距,使不同距离的景物在视网膜上成像,作用类似于照相机中的光学聚焦透镜。眼球周围自外向内包围着 3 层薄膜。最外层是白色坚固的巩膜,起保护眼球的作用。与巩膜层对应的眼球前端部分是坚硬透明的角膜。中间一层是黑色不透光的脉络膜,起营养眼球的作用。与脉络膜对应的眼球前端部分是不透明的虹膜,中间有一小孔叫瞳孔,在虹膜环状肌的作用下,瞳孔的直径可在 2~8mm 范围调节,以控制进入人眼的光通量。最里面的一层膜是视网膜,约占眼球内面的三分之二。视网膜由大量的光敏细胞和神经纤维组成,是人眼的感光部分,表面分布着大量的锥细胞和柱细胞。锥细胞分布在视网膜的中心,数量有 600 万~700 万,每个细胞都连到自己的神经末梢。锥细胞既能辨别光的强弱,又能辨别光的颜色,所以锥细胞视觉也称为适亮视觉。柱细胞位于视网膜的边缘部分,分布面大,数量有 7500 万~15 000 万,几个柱细胞连到同一个神经末梢,分辨率比较低。柱细胞对低照度比较敏感,主要提供视野的整体视像,但不感受颜色,所以柱细胞视觉称为适暗视觉。

视网膜上的感光细胞分布是不均匀的。在视网膜中心,锥细胞的密度最大处(每平方毫米 15 万个)形成一个椭圆形区称为黄斑,该区域是视觉最清楚的区域。黄斑中心部位的视网膜最薄,形成一个直径约为 0.4mm 的凹窝(约为 1.3°),称为中心凹。离中心凹越远,锥细胞密度越小。在离中心 0.5°~1°的地方,开始出现柱细胞。在整个与视轴成 2.5°的区域内,出现柱细胞密度增加,锥细胞密度减少的趋势,这个部位确定了中心凹的边缘,称为中央窝。在离视中心约 20°的地方,柱细胞密度增至最大,约为每平方毫米 16 万个,锥细胞的密度则减少到约每平方毫米 0.5 万个。

视网膜的感光细胞与大脑皮层的神经纤维连接。神经纤维是由 7×10^5~8×10^5 个独立的神经束组成,在离视中心 15°的地方与视神经乳头相连。在视网膜的视神经入口处,没有感光细胞。这个区域(水平方向约为 6°,垂直方向约为 8°)不感光,叫作盲点。视网膜有 3 种神经单元,分别为视细胞、双极细胞和神经节细胞,它们在每个单元间的神经突触处会合。神经突触处保证了光信号由感光细胞到大脑皮层的单向传导,也保证了神经纤维刺激状态的积累作用,在神经突触处向大脑皮层传播的脉冲电流使人们产生视觉。

3.3　人眼视觉机理

3.3.1　人眼视觉形成过程

人眼的视觉形成过程比较复杂,包含光学过程、化学过程和神经处理过程。眼睛如同一个自动变焦和自动改变光圈大小的照相机。从光学角度看,眼睛中 3 个最重要的部分是水晶体、瞳孔和视网膜,它们分别对应照相机中的镜头、光阑和底片。简单来说,眼睛通过调节水晶体的弯曲程度(屈光)来改变水晶体的焦距获得倒立缩小的实像。人眼对不同距离的物体均可成像,视度调节由水晶体完成。正常状态下,水晶体后面的曲率半径比前部大,睫状肌自然放松,可以使无限远的景物成像在视网膜上。当观察近距离物体时,睫状肌收缩,使水晶体前表面半径减小,焦距变短,后焦点前移,从而使物体在视网膜上清晰成像。根据水晶体聚焦中心和视网膜的距离与观测物体的距离比值,可以大致计算出实际物体在视网膜上的像尺寸。如图 3-2 所示,一个远在 100m 处,高 15m 的柱状物,当眼球前后距离为 17mm 时,在视网膜上的尺寸为 $15×17/100=2.55$mm。

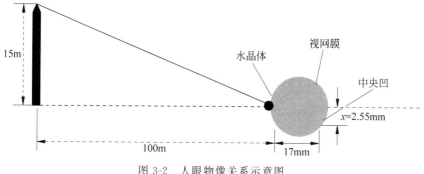

图 3-2　人眼物像关系示意图

综上所述,人眼的成像过程可以归纳为以下 4 个步骤:

(1)景物经过水晶体聚焦于视网膜形成"光像"。视网膜上各点的光敏细胞受到不同强度的光刺激,锥细胞和柱细胞中的感光包色素受光照发生化学变化。

(2)光学变化使视网膜上的点产生与光照度成正比的电位,将"光像"变成"电位像"。

(3)视网膜上各点的电位分别激励对应的视神经放电,放电电流是振幅恒定而频率随视网膜电位大小变化的电脉冲,相当于视神经将视网膜的"电位像"按频率编码的方式传送给视皮质(visual cortex)。

(4)视皮质将接收到的电脉冲信号(约 200 万个)分别存入视网膜光敏细胞相对应的细胞特殊表面中,然后进行综合的图像信息处理使人产生视知觉。

3.3.2　亮度、颜色与立体感觉

亮度感觉也称为明暗视觉。外界光源可以分为自然光源(如太阳)和人工光源(如蜡烛、电灯)。由光源辐射的光或由物体反射的光,其强度对应光的能量,光能量越大,人眼感受到的亮度越亮。我们知道,光度学是由朗伯于 1760 年建立起来的度量光强弱的学科,定义了光通量、发光强度、照度、亮度等主要光度学参量,并将发光强度的单位坎德拉(cd)指定为基本单位。1979 年第 16 届国际计量大会决定:坎德拉是一个光源在指定方向上的发光强度,该光源发出频率为 $540×10^{12}$ Hz 的单色辐射,而且在此方向上的辐射强度为 1/683(W/Sr)。光通量用来表征人眼所能感受到的光的辐射功率,单位是流明(lm),亮度则表示发光面在不同位置和不同方向的发光特性,单位为坎德拉每平方米(cd/m²)。

人眼还可以感觉彩色。光源的颜色直接取决于它的辐射功率波谱,彩色物体的颜色则由照射光源的功率波谱和它的反射特性及透射特性决定。进入人眼的光刺激一般是含有不同颜色成分单色光的复合光。如前所述,人眼的彩色感觉能力主要由视网膜上的锥细胞完成。锥细胞内含有感受红、绿、蓝三基色的感色成分,它们具有不同的光谱特性,对光的吸收特性随光波长的变化而变化。当红、绿、蓝颜色的光投射到锥细胞上时,视神经把视细胞的感色兴奋传入大脑枕叶,三组感色神经系统所受刺激相对比例组合形成彩色视觉。另外,彩色刺激与彩色感觉不是简单的因果关系,人眼的彩色感觉还会受到光谱成分和光照环境的影响。

人眼还可以感觉到自然景物的立体信息,即立体视觉。立体视觉分为双眼立体视觉和单眼立体视觉。形成双眼立体视觉的主要原因是双眼视差和辐辏。辐辏指眼球做旋转运动。当人们观察某一景物时,由于两眼相距一定距离,使得同一物体在左、右两眼视网膜上的成像存在一定差异,形成人眼对宽、高、深的立体视觉。单眼也能感受立体信息,不过需要适当调节睫状肌,适应眼睛与景物之间的距离变化,从而感受不同的深度感觉。

视频讲解

3.3.3 人眼视觉特性

人眼视觉受色调、亮度、时间等因素的影响,形成了一些可以利用的视觉规律,对成像系统的设计与理解具有重要指导意义。

1. 光谱响应特性

人眼在相同的亮度环境下,对不同波长的光感觉灵敏度不同。视敏度指在相同的亮度感觉下,测出的各种波长光的辐射功率 $P(\lambda)$。$P(\lambda)$ 越大,说明人眼对该波长的光越不敏感;$P(\lambda)$ 越小,人眼对该波长的光越敏感。习惯上将 $P(\lambda)$ 的倒数定义为视敏度 $V(\lambda)$。如图 3-3 所示,为明亮环境下人眼对黄绿光视敏度的归一化曲线。在图 3-3 中,横坐标为光波的波长 λ,单位是 nm,纵坐标是经归一化处理后的相对视敏度 $V(\lambda)$。可以看到,在等能量分布的光谱中,人眼感觉最暗的是红色,其次是蓝色和紫色,感觉最亮的是波长为 555nm 的黄绿色。

2. 谱尔金效应

如图 3-4 所示,在不同亮度环境下,人眼的视敏度曲线会发生变化。在弱光条件下,视敏度曲线会向左移。谱尔金效应源于视网膜内锥细胞和柱细胞的不同感光特点。

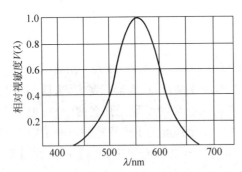

图 3-3 明亮环境下的相对视敏度曲线

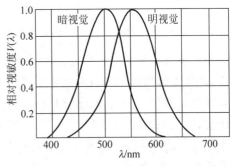

图 3-4 谱尔金效应

3. 韦伯定律

人眼对明暗的感觉具有相对性。人眼的亮度感觉不仅与物体的自身亮度有关,还与周围环境的亮度有关。例如,在晴朗的白天,人眼可分辨的亮度范围为 $200 \sim 20\,000\mathrm{cd/m^2}$,但是 $200\mathrm{cd/m^2}$ 以下的亮度就感觉黑。在夜间,可分辨的亮度范围为 $1 \sim 200\mathrm{cd/m^2}$,$100\mathrm{cd/m^2}$ 的亮度就感觉很亮。基于人眼的这种明暗感觉特点,在设计成像系统时,有两点可供参考:第一,重现图像的亮度不需要等于实际景象的亮度,只要保持二者的对比度不变即可;第二,对于人眼不能察觉的亮度差别,在重现图像时也不必精确地复制出来,只要保证重现图像和原景物有相同的亮度层次。

韦伯定律正是以公式总结出人眼明暗感觉的相对性。即,在均匀亮度背景下,韦伯-费赫涅尔系数为常数:

$$\xi = \frac{\Delta B_{min}}{B} = 常数 \qquad (3\text{-}1)$$

式中,ΔB_{min}——可见度阈值;

B——背景亮度。

可见度阈值反映人眼可以觉察到的最小亮度差别。该值越小,表示人眼分辨景物细微差别的能力越强。韦伯-费赫涅尔系数通常在 $0.005\sim0.02$ 范围内变化,当背景亮度很高或很低时,可达 0.05。大多数景物或图像的背景亮度是复杂而不均匀的,背景的亮度随时间和空间的变化而变化,这种现象称为视觉掩盖效应。一般地,背景越亮,越不易分辨细节。

4. 亮度感觉范围及适应性

人眼能感觉到的亮度范围很宽。但是,人眼并不能同时感受这么宽的亮度范围,实际的感受亮度只是以适应亮度为中心的一小部分,为 $1000:1\sim10:1$。

人眼的亮度感觉还具有适应性。当人眼由亮环境进入很暗的环境时,需要经过 $3\sim5\text{min}$ 的适应后才能看清物体,瞳孔自动增大,称为暗适应;相反,人眼由暗环境进入亮环境时,瞳孔自动缩小,需要 $2\sim3\text{min}$ 就可以恢复视觉,称为亮适应。

5. 人眼的分辨率

人眼的分辨率指人眼对景物细节的分辨能力。一般将被观察物体上刚能分辨的最近邻两黑点或两白点的视角的倒数称为人眼的分辨率。如图 3-5 所示,人眼的分辨率可以表示为:

$$\frac{1}{\theta} = \frac{2\pi L}{360 \times 60 \times d} \qquad (3\text{-}2)$$

式中,L——人眼与画面之间的距离;

d——能分辨的相邻两点之间的距离;

θ——视场半角。

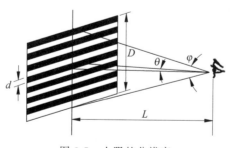

图 3-5 人眼的分辨率

有时候为了方便,也常用度数表示人眼的分辨极限。一般情况下,人眼的分辨极限 θ 为 $1'$,折算成分辨距离为 0.03mm。影响人眼分辨率的主要因素有环境亮度、景物的相对对比度、被观察物体的距离以及运动状态等。

6. 人眼的视觉惰性与马赫效应

人眼的亮度感觉有一个短暂的过渡过程,当一定强度的光突然作用于视网膜时,不能在瞬间形成稳定的主观感觉,需要一定的时间。当光消失后,亮度感觉也不是立即消失,而是按指数函数规律逐渐减小,这种人眼亮度感觉的变化滞后于实际亮度变化的现象称为视觉惰性。视觉惰性源于视觉暂留特性,白天约为0.02s,晚上约为0.2s。

临界闪烁频率是与人眼视觉惰性紧密联系的概念,指刚好不引起闪烁感觉的最低频率。如果光脉冲频率不高,会使人眼产生一明一暗的闪烁感觉,长期观看容易疲劳。一般在电影播放中每秒放24幅固定的画面,电视系统每秒传送25~30幅图像,就可以使人眼感觉为连续活动的图像。

人眼对景物和图像上不同空间频率的成分具有不同灵敏度。实验表明,人眼对中频成分的响应较高,对高、低频率成分的响应较低。所以,人眼在观察亮度的跃变时,会感觉边缘侧更亮,暗侧更暗,这种效应称为马赫效应。

7. 人眼的视野

视野指头部不动,眼球转动时能观察到的空间范围。人眼的综合视野可以分解为水平视野和垂直视野。通常,正常人眼的最大视野范围为左右35°和上下40°,最佳视野范围约为左右15°和上下15°,最大固定视野范围约为左右90°和上下70°。头部活动时视野可以扩大,背景颜色会影响视野的大小。

除了以上视觉特性外,人眼对彩色的感觉能力比较复杂。例如,人眼对彩色细节的分辨率远比对黑白细节的分辨率低。而且,在色度和亮度相同的情况下,面积大的彩色区域给人亮度和饱和度较强的感觉,这也正是彩色电视大面积着色原理的视觉基础。此外,人眼对彩色色调及对比效应、彩色饱和度及对比效应均有不同的分辨率和感觉。

视频讲解

3.4 人眼的彩色视觉

人眼对彩色的观察和处理是一种非常复杂的生理和心理过程。为了有效利用彩色视觉,人们在总结实验结果的基础上,建立了不同的彩色模型。其中,常见的彩色模型有彩色色度学模型、工业彩色模型和视觉彩色模型3类。

3.4.1 彩色三要素

在色度学中,任一彩色光可用亮度(Brightness)、色调(Hue)和色饱和度(Saturation)三个基本参量表示,称为彩色三要素。

亮度指光作用于人眼时所引起的明亮程度的感觉,与色光所含的能量有关。一般而言,彩色光的功率大则感觉亮,功率小则感觉暗。

色调指颜色的类别,与光的波长有关。改变光的波谱成分,光的色调会发生变化。彩色物体的色调主要由物体本身的光吸收特性、反射和透射特性决定。另外,与照明光源的特性也有关系。

色饱和度指彩色光呈现色彩的深浅程度。同一色调的彩色光,饱和度越高,颜色越深,饱和度越低,颜色越浅。白光的饱和度是0,所以,高饱和度的彩色光可以通过掺入白光而被冲淡。对物体而言,色饱和度与物体的反射光谱选择性有关。

色调与色饱和度合称为色度,它既说明彩色光的颜色类别,又说明颜色的深浅程度。色度再加上亮度,就构成了对彩色的完整说明。非彩色只有亮度的差别,没有色调和色饱和度特性。

3.4.2　三基色原理与混色方法

三基色原理指自然界中常见的大部分彩色都可由 3 种相互独立的基色按照一定比例混合得到。合成彩色的亮度是 3 个基色的亮度之和,色调和饱和度则由 3 个基色分量的比例决定。所谓独立,是指其中任何一种基色都不能由另外两种基色合成。1931 年,CIE 规定水银光谱中波长为 700nm 的红光为红基色光,波长为 546.1nm 的绿光为绿基色光,波长为435.8nm 的蓝光为蓝基色光。当红、绿、蓝 3 束光比例合适时,就可以合成自然界中常见的大多数彩色。

不同颜色混合在一起,能产生新的颜色,这种方法称为混色法。混色分为相加混色和相减混色。

相加混色是各分色的光谱成分相加,混色所得彩色光的亮度等于成分基色的亮度之和。彩色电视系统就是利用红、绿、蓝 3 种基色以适当的比例混合产生各种不同的彩色。相加混色规律可以定性地表示为:

红色＋绿色＝黄色

绿色＋蓝色＝青色

红色＋蓝色＝品红

蓝色＋黄色＝白色

红色＋青色＝白色

绿色＋品红＝白色

红色＋绿色＋蓝色＝白色

注意:

(1) 这里的"＋"表示混色符号,与数学中表示的相加不同;

(2) 两种颜色混合为白色的颜色,称为互补色。例如,蓝色和黄色互为补色,红色和青色互为补色,绿色和品红互为补色。

实现相加混色的方法有以下 4 种:

(1) **时间混色法**。时间混色法是将 3 种基色光按照一定的时间顺序轮流投射到同一平面上,只要轮换的速度足够快,人眼由于视觉惰性而分辨不出 3 种基色,只能看到混合彩色的效果。

(2) **空间混色法**。空间混色法是将 3 种基色光分别投射到同一表面相邻的 3 个点上,只要 3 点距离足够近,由于人眼的分辨率有限,不能分辨出这 3 种基色,只能感觉到它们的混合色。空间混色法是同时制彩色电视的基础,阴极射线管显示器(CRT)、等离子体显示器和液晶显示器的显像都是利用空间混色法。

(3) **生理混色法**。当两只眼睛同时分别观看不同的颜色,也会产生混色效应,称为生理混色法。立体彩色电视的显像方法就是利用生理混色法。

(4) **全反射法**。全反射法是将 3 种基色按不同比例同时投射到一块全反射平面上进行混色。投影式彩色电视机就是利用这种方式进行混色。

相减混色是利用颜料、染料的吸色性质实现的,多用于彩色印刷、彩色胶片和绘画中。如图 3-6 所示,相减混色中的三原色为青(Cyan)、品红(Magenta)和黄色(Yellow),通常缩写为 CMY。相减混色规律可以定性地表示为:

青色＝白色－红色

品红＝白色－绿色

黄色＝白色－蓝色

黄色＋品红＝白色－蓝色－绿色＝红色

黄色＋青色＝白色－蓝色－红色＝绿色

品红＋青色＝白色－绿色－红色＝蓝色

黄色＋青色＋品红＝白色－蓝色－红色－绿色＝黑色

图 3-6　相减混色法的三基色示意图

注意：这里的"－"表示混色符号,与数学中表示的相减不同。

混合颜料时,每增加一种颜料,都要从白光中减去更多的光谱成分。例如,青色颜料在白光的照射下,之所以呈现青色是因为从白光中吸收了红光成分。

3.4.3　配色方程

定性的混色规律可以为配色提供指导。但是,在工程实践中往往需要对颜色及其混合进行定量计算。为此,CIE 制定了一整套颜色测量和计算方法,称为 CIE 标准色度学系统。

设红、绿、蓝的基色单位分别用$[R_{CIE}]$、$[G_{CIE}]$和$[B_{CIE}]$表示,配色实验表明,三基色单位的光通量之比为 1∶4.5907∶0.0601 时,可以配出等量的白光。可见,标准白光的 3 种基色光的光通量比例有效数字是 4 位小数。为简便计算,把光通量为 1lm 的红光作为 1 个红基色单位,记为$1[R_{CIE}]$;4.5907lm 的绿光作为 1 个绿基色单位,记为$1[G_{CIE}]$;0.0601lm 的蓝光作为蓝光的 1 个蓝基色单位,记为$1[B_{CIE}]$,则标准白光的配色关系可以表示为:

$$F_{白} = 1[R_{CIE}] + 1[G_{CIE}] + 1[B_{CIE}] \tag{3-3}$$

对于任意给定的彩色光 F,其配色方程为:

$$F = c_r[R_{CIE}] + c_g[G_{CIE}] + c_b[B_{CIE}] \tag{3-4}$$

式中,c_r——红色基色系数;

$\quad\quad c_g$——绿色基色系数;

$\quad\quad c_b$——蓝色基色系数。

式(3-4)说明,彩色光 F 可以由 c_r 个红基色单位、c_g 个绿基色单位、c_b 个蓝基色单位配出。当 $c_r = c_g = c_b$ 时,F 表示标准白光。可见,三者的比例关系决定了所配彩色光的色度,三者的大小决定了所配彩色光的光通量,所以,式(3-4)也可以看作某彩色光的亮度公式。

在不同的彩色模型中,三基色系数大小不同,存在一定的变换关系。如图 3-7 所示,在明视觉和 2°的视场观察条件下,为配出单位辐射功率、波长为 λ 的单色光所需要的三基色的单位数,称为分布色系数,分别用 $\bar{r}$、$\bar{g}$、$\bar{b}$ 表示。于是,单位功率辐射的单色光的配色方程为:

$$F_{单色} = \bar{r}[R_{CIE}] + \bar{g}[G_{CIE}] + \bar{b}[B_{CIE}] \tag{3-5}$$

3.4.4　彩色模型

1. 彩色色度学模型

1) CIE-RGB 模型

在式(3-4)的配色方程中,令 $m = c_r + c_g + c_b$,m 称为色模,代表某彩色光所含三基色单

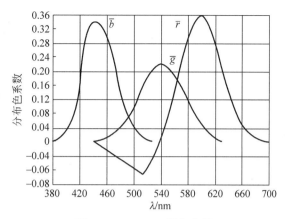

图 3-7　CIE-RGB 混色曲线

位的总量,即彩色光的亮度。再令:

$$r = \frac{c_r}{m}, \quad g = \frac{c_g}{m}, \quad b = \frac{c_b}{m} \tag{3-6}$$

则 r、g、b 称为相对色系数或色度坐标,它们代表彩色光的色度。显然,$r+g+b=1$。如果已知分布色系数 $\bar{r}$、$\bar{g}$、$\bar{b}$,则可用下式求出相对色系数 r、g、b:

$$r = \frac{\bar{r}}{\bar{r}+\bar{g}+\bar{b}}, \quad g = \frac{\bar{g}}{\bar{r}+\bar{g}+\bar{b}}, \quad b = \frac{\bar{b}}{\bar{r}+\bar{g}+\bar{b}} \tag{3-7}$$

由于 $r+g+b=1$,所以知道两个相对色系数就能确定彩色的色度,这是 1931 年由 CIE 规定的色度图,故称为 CIE-RGB 色度图。$r=g=b=1/3$ 表示等能白光。如图 3-8 所示,CIE-RGB 色度图中,单位红基色的色度坐标为(1,0),单位绿基色的色度坐标为(0,1),单位蓝基色的色度坐标为(0,0)。在由三基色色度坐标构成的直角三角形内,任意一点的相对色系数 r、g、b 均为正值。在该三角形之外、舌形闭合曲线之内的点,有一个相对色系数为负值,对应高饱和度的彩色。舌形曲线上的点表示谱色,可见光谱中有一个固定的波长与之对应。虚线上的点代表的彩色是红基色和蓝基色相加混色得到的。越靠近谱色轨迹的彩色饱和度越高,越靠近三角形内部 E 点处的彩色饱和度越低。

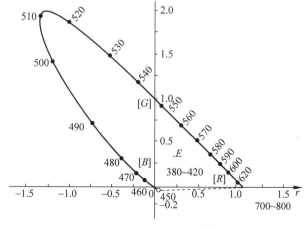

图 3-8　CIE-RGB 色度图

2) *XYZ* 彩色模型

CIE-RGB 彩色模型并不能产生所有彩色,为此,CIE 于 1956 年又提出了 *XYZ* 彩色模型。*XYZ* 彩色模型的配色方程为:

$$F = X[X] + Y[Y] + Z[Z] \tag{3-8}$$

式中,*X*、*Y*、*Z*——三色系数;

   [*X*]、[*Y*]、[*Z*]——三色单位;

   X[*X*]、*Y*[*Y*]、*Z*[*Z*]——三色分量。

当 *X*=*Y*=*Z* 时,*F* 仍为等能白光。*X*、*Y*、*Z* 并不代表真实的物理彩色,它与 CIE-RGB 物理三基色之间存在如下转换关系:

$$\begin{bmatrix} X \\ Y \\ Z \end{bmatrix} = \begin{bmatrix} 0.4187 & -0.0912 & 0.0009 \\ -0.1580 & 0.2524 & -0.0025 \\ -0.0828 & 0.0157 & 0.1786 \end{bmatrix} \begin{bmatrix} R_{CIE} \\ G_{CIE} \\ B_{CIE} \end{bmatrix} \tag{3-9}$$

XYZ 彩色模型的混色曲线如图 3-9 所示。其中,$\bar{x}$、$\bar{y}$、$\bar{z}$ 为 *XYZ* 彩色模型的分布色系数。与 CIE-RGB 彩色模型的分布色系数不同,$\bar{x}$、$\bar{y}$、$\bar{z}$ 均为正值。曲线 $\bar{y}$ 代表人眼对不同波长的光的亮度感觉。

如图 3-10 所示,为 *XYZ* 彩色模型的色度图,可以实现的彩色位于舌形封闭曲线内部。可以看出,与图 3-8 所示的 CIE-RGB 色度图相比,最大的区别就是所有配色系数都位于第一象限,即均取正值。而且,*XYZ* 彩色模型能够配出的彩色更加丰富。

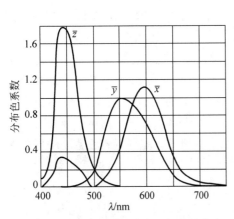

图 3-9　*XYZ* 彩色模型的分布色系数曲线

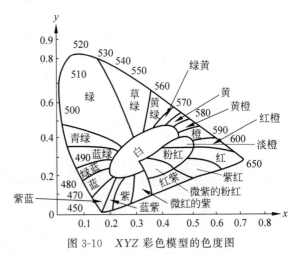

图 3-10　*XYZ* 彩色模型的色度图

2. 工业彩色模型

1) RGB 彩色显示模型

RGB 工业彩色模型是美国国家电视委员会(NTSC)提出的用于 CRT 显示彩色图像的模型(NTSC-RGB),是应用最为广泛的一种工业彩色模型。如图 3-11 所示,该模型可以用基于笛卡儿坐标系的单位归一化立方体表示。在图 3-11 中,3 个坐标轴分别为红(R)、绿(G)、蓝(B)分量,彩色立方体中 3 个坐标为(1,0,0)、(0,1,0)、(0,0,1)的顶点分别对应红、绿、蓝三基色,另外 3 个顶点对应于三基色的补色,原点对应黑色,离原点最远的顶点对应白色。在这个模型中,从黑到白的灰度值分布是沿从原点到离原点最远顶点间的连线(虚线表示），而立方体内其余各点对应不同的颜色，可以用从原点到该点的向量表示。RGB 工业彩色模型主要面向诸如彩色显示器、数字扫描仪、数字摄像机等成像和显示设备。

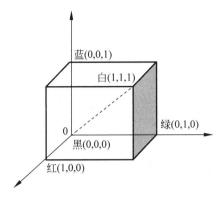

图 3-11　NTSC-RGB 彩色模型立方体

前述的两个彩色色度学模型 CIE-RGB 彩色模型和 XYZ 彩色模型均可由 NTSC-RGB 彩色模型转换得到：

$$\begin{bmatrix} R_{CIE} \\ G_{CIE} \\ B_{CIE} \end{bmatrix} = \begin{bmatrix} 1.167 & -0.146 & -0.151 \\ 0.144 & 0.753 & 0.159 \\ -0.007 & 0.059 & 1.128 \end{bmatrix} \begin{bmatrix} R \\ G \\ B \end{bmatrix} \tag{3-10}$$

$$\begin{bmatrix} X \\ Y \\ Z \end{bmatrix} = \begin{bmatrix} 0.607 & 0.174 & 0.201 \\ 0.299 & 0.587 & 0.114 \\ 0.000 & 0.066 & 0.117 \end{bmatrix} \begin{bmatrix} R \\ G \\ B \end{bmatrix} \tag{3-11}$$

2）CMYK 彩色模型

在印刷、彩色胶片和绘画中，通常采用相减混色法，即选用青色（C）、品红（M）和黄色（Y）为三基色，它们分别吸收各自的补色光（红、绿、蓝光）。为了使颜料的颜色或打印的彩色更加逼真鲜艳，并能生成更多颜色，可以在 CMY 三基色中再增加黑色（K），构成 CMYK 四种基色，即 CMYK 模型：

$$\begin{cases} K = \min(R, G, B) \\ C = 1 - R \\ M = 1 - G \\ Y = 1 - B \end{cases} \tag{3-12}$$

3）彩色传输模型

彩色传输模型主要用于彩色电视系统中电视信号的传输。为了减少信号频带和节约信道资源，不同电视制式分别提出了不同的彩色传输模型，主要有 YUV、YIQ、YC_bC_r 模型，其中的 Y 分量代表黑白亮度信息，其余分量代表彩色信息。

（1）**YUV 彩色模型**。YUV 彩色模型用于 PAL 制式彩色电视系统，Y 是亮度分量，U、V 是彩色色差分量。YUV 彩色模型可由 RGB 工业彩色模型转换得到：

$$\begin{bmatrix} Y \\ U \\ V \end{bmatrix} = \begin{bmatrix} 0.299 & 0.587 & 0.114 \\ -0.147 & -0.287 & 0.436 \\ 0.615 & -0.515 & -0.100 \end{bmatrix} \begin{bmatrix} R \\ G \\ B \end{bmatrix} \tag{3-13}$$

在对信号进行传输与处理后,可以将 YUV 模型再转换为 RGB 模型以便显示:

$$\begin{bmatrix} R \\ G \\ B \end{bmatrix} = \begin{bmatrix} 1.000 & 0.000 & 1.140 \\ 1.000 & -0.395 & -0.581 \\ 1.000 & 2.032 & 0.001 \end{bmatrix} \begin{bmatrix} Y \\ U \\ V \end{bmatrix} \tag{3-14}$$

(2) **YIQ 彩色模型**。YIQ 彩色模型是 NTSC 制式电视信号的彩色模型,与 YUV 彩色模型的区别主要在于对色差信号的处理方式不同,它与 RGB 工业彩色模型的转换关系为:

$$\begin{bmatrix} Y \\ I \\ Q \end{bmatrix} = \begin{bmatrix} 0.299 & 0.587 & 0.114 \\ 0.596 & -0.275 & -0.321 \\ 0.212 & -0.523 & 0.311 \end{bmatrix} \begin{bmatrix} R \\ G \\ B \end{bmatrix} \tag{3-15}$$

可见,在模拟电视系统中,彩色模型的亮度公式可以表示为:

$$Y = R[R] + G[G] + B[B] = 0.30R + 0.59G + 0.11B \tag{3-16}$$

式中,$[R]$——0.30lm 的红基色光;

$[G]$——0.59lm 的绿基色光;

$[B]$——0.11lm 的蓝基色光。

同样,在对信号进行传输与处理后,可以将 YIQ 模型转换为 RGB 模型以便显示:

$$\begin{bmatrix} R \\ G \\ B \end{bmatrix} = \begin{bmatrix} 1.000 & 0.956 & 0.620 \\ 1.000 & -0.272 & -0.647 \\ 1.000 & -1.108 & 1.700 \end{bmatrix} \begin{bmatrix} Y \\ I \\ Q \end{bmatrix} \tag{3-17}$$

(3) **YC_bC_r 彩色模型**。YC_bC_r 彩色模型主要用于数字视频的传输与处理,它与 RGB 工业彩色模型的互相转换关系为:

$$\begin{bmatrix} Y \\ C_b - 128 \\ C_r - 128 \end{bmatrix} = \begin{bmatrix} \dfrac{77}{256} & \dfrac{150}{256} & \dfrac{29}{256} \\ -\dfrac{44}{256} & -\dfrac{87}{256} & \dfrac{131}{256} \\ \dfrac{131}{256} & -\dfrac{110}{256} & -\dfrac{21}{256} \end{bmatrix} \begin{bmatrix} R \\ G \\ B \end{bmatrix} \tag{3-18}$$

$$\begin{bmatrix} R \\ G \\ B \end{bmatrix} = \begin{bmatrix} 1.0000 & 1.4020 & 0.0000 \\ 1.0000 & 0.0000 & 1.7720 \\ 1.0000 & -0.7140 & -0.3441 \end{bmatrix} \begin{bmatrix} Y \\ C_b - 128 \\ C_r - 128 \end{bmatrix} \tag{3-19}$$

3. HIS 彩色模型

HIS 彩色模型主要用于艺术领域和以彩色处理为目的的应用,例如动画中的彩色图形,反映了人眼视觉系统观察彩色的方式。在 HIS 彩色模型中,H 表示色调(Hue),I 表示亮度(Intensity),S 表示饱和度(Saturation)。该模型有两个特点:一是亮度分量 I 与图像的彩色信息无关,二是色调和饱和度分量与人感受颜色的方式紧密相连。

HIS 彩色模型与 NTSC-RGB 彩色模型之间的转换关系为:

$$\begin{cases} I = \dfrac{1}{3}(R + G + B) \\[2mm] S = 1 - \dfrac{3}{R + G + B}[\min(R, G, B)] \\[2mm] H = \arccos\left\{ \dfrac{[(R - G) + (R - B)/2]}{[(R - G)^2 + (R - B)(G - B)]^{1/2}} \right\} \end{cases} \tag{3-20}$$

由式(3-20)直接算出的 H 值为 $0°\sim180°$,对应 $G\geqslant B$ 的情况,当 $G<B$ 时,应采用 $\overline{H}=360-H$ 将其转到 $180°\sim360°$ 范围。需要注意,当饱和度 $S=0$ 时,色调 H 没有意义,而当强度 $I=0$ 时,饱和度 S 没有意义。

若设 S、I 的值在 $[0,1]$ 区间,R、G、B 的值也在 $[0,1]$ 区间,则从 HIS 彩色模型到 RGB 彩色模型的转换公式为:

$$
\begin{cases}
B = I(1-S) \\
R = I\left[1 + \dfrac{S\cos H}{\cos(60°-H)}\right] \\
G = 3I - (B+R)
\end{cases}
\quad H \in [0°,120°]
$$

$$
\begin{cases}
R = I(1-S) \\
G = I\left[1 + \dfrac{S\cos(H-120°)}{\cos(180°-H)}\right] \\
B = 3I - (G+R)
\end{cases}
\quad H \in [120°,240°]
\tag{3-21}
$$

$$
\begin{cases}
G = I(1-S) \\
B = I\left[1 + \dfrac{S\cos(H-240°)}{\cos(300°-H)}\right] \\
R = 3I - (G+B)
\end{cases}
\quad H \in [240°,360°]
$$

本章小结

本章主要介绍了人眼的构造、人眼视觉系统及视觉形成机理和视觉特性,这些内容对成像系统的工程设计和视觉感知的理解具有指导意义。此外,本章对人眼的彩色视觉、三原色原理和配色方法、不同系统和应用场合中采用的彩色模型以及相互转换关系进行了介绍。

思考题

(1) 如何理解图像的 NTSC-RGB 和 HIS 颜色模型,写出二者的互换公式。

(2) 简述人眼视觉原理及视觉特性。

(3) 解释人眼产生颜色视觉的机理。

(4) 光度学中有哪些基本概念? 如何理解?

第4章 照相机成像原理与技术
CHAPTER 4

照相机是人类有史以来最伟大的发明之一。早期的照相机结构十分简单,仅包括暗箱、镜头和感光材料。随着科技的发展,照相机的结构逐渐复杂起来,具有镜头、光圈、快门、对焦、变焦等系统,可实现的功能也随之增多。本章将分别对传统照相机、数码相机和全息成像技术进行介绍。

4.1 传统照相机发展回顾

视频讲解

传统照相机是一种利用光学成像原理形成影像并使用底片记录影像的设备。被摄景物反射出的光线通过照相镜头(摄景物镜)聚焦和控制曝光量的快门后,被摄景物在暗箱内的感光胶片上形成潜像,经冲洗处理(显影、定影)后构成永久性的影像,这种技术称为摄影术。

传统照相机的发展过程可以归纳为4个阶段:成型阶段(1839—1953年)、光、机、电发展阶段(1954—1975年)、全面自动化阶段(1976—1989年)和成熟阶段(1990年至今)。

第一阶段:成型阶段指照相机技术从雏形走向光学系统或部件、精密机械部件成熟和完善的阶段。

第二阶段:光、机、电发展阶段指实现电测光的手控与自动曝光控制,将照相机技术的主要改进领域从光、机结合推向光、机、电相结合的新阶段。其中,光的部分扩展到光度、色度、测光元件与光电转换技术;电的部分发展到晶体管分立元件、软膜电路、集成电路 IC 控制方式等;机械部分增加了光电转换相结合的控制部分。

第三阶段:全面自动化阶段指在实现照相机自动曝光控制的基础上,进一步扩大自动化功能,例如自动调焦、自动卷片、自动倒片、自动闪光控制等功能的实现,主要反映在镜头快门照相机与单反照相机两方面。

第四阶段:成熟阶段指平视取景技术不断进步,单镜头反光相机和 APS(Advanced Photo System)相机的发展以及一次性照相机风靡全球的阶段。

传统照相机的成像过程可以简单归纳为3个步骤:

(1) **拍摄**。照相机通过镜头将客观景物成像在涂覆有感光乳剂的胶片上,使胶片表面发生化学反应,曝光后的胶片以潜影的方式记录图像。

(2) **冲洗**。经过曝光的底片在暗房条件下通过专用药水进行显影和定影化学处理,可以得到固化的被摄景物图像的底片。

(3) **放大**。底片经过照相放大机的投影物镜进一步成像在涂覆有感光乳剂的相纸上,经过显影和定影处理,得到照片。

目前,这种基于光化学反应进行影像记录的方式逐渐被基于光电器件的数码摄影取代,但是,在某些特定领域例如 X 射线摄影,仍沿用使用胶片的摄影术。

4.2 传统照相机成像原理与技术

传统照相机在最原始照相机的基础上,通过不断增加各种功能和器件,已经发展成为一种集光、机、电技术于一体的高科技产品。

4.2.1 针孔照相机

针孔照相机是基于针孔成像原理的最简单的照相机。如图 4-1 所示,针孔成像指通过圆孔投射到成像平面。早在我国春秋时期的《墨经》梁本第二十条就有经云:"景倒,在午有端",意思是说自人发出的光线交于针孔而成光束,脚遮下光成景于上,头遮上光成景于下,得到头在下,脚在上的倒像。可以看到,古人通过观察针孔成像现象,已经认识到两点结论,即光线是沿直线传播的,像是倒转的。

图 4-1 针孔成像示意图

基于针孔成像原理设计的最简单的针孔照相机结构包含 3 个基本部分:

(1) 一个不透光的盒子;

(2) 在盒子的一面开一个允许光线通过的针孔;

(3) 将一张胶片放在针孔相对的另一面。

如图 4-2(a)所示,针孔照相机结构简单,但是由于没有对光线进行聚焦,不能形成清晰的影像,成像效果不好。为了能够在胶片上形成清晰的影像,需要对针孔照相机的结构进行改进,如图 4-2(b)所示。增加了镜头 2 对光线进行控制,取景器 4 选取景物的拍摄范围,聚焦控制装置 5 对入射光线聚焦和调焦,快门 6 和快门按钮 7 控制曝光时间,光圈 8 控制透光孔径和曝光量,胶片传送机构 9 移动成像胶片。

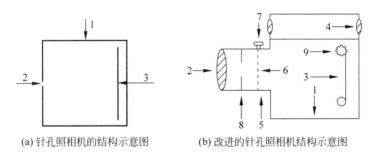

(a) 针孔照相机的结构示意图　　(b) 改进的针孔照相机结构示意图

图 4-2 针孔照相机结构及其改进结构示意图

4.2.2 传统照相机的基本结构

如图 4-3 所示,传统照相机发展到现在,已经形成了比较完善的结构组成。照相机的主要结构包括主体、镜头、取景器、快门、胶片等。其中,照相机主体是整个照相机的结构基础和框架。

视频讲解

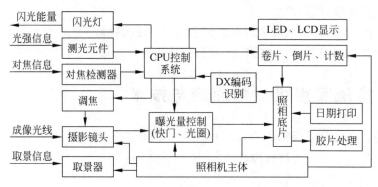

图 4-3   传统照相机的基本结构

1. 主体

照相机的主体相当于人体的躯干,其功能是固定胶片、形成暗箱和支撑部件。主体决定照相机的空间布局,使各个部件按照要求相互配合运动,以进行正常的拍摄。设计照相机主体时,需要考虑零部件空间的结构是否合理,镜头、快门和成像位置是否正确,生产工艺和使用性能是否良好,以及采用哪些材料以保证成像暗箱和胶卷暗箱的不透光性。

如图 4-4(a)所示,为单反相机的主体结构。单反相机的主体分成大主体和小主体两部分,其中大主体用于形成底片轨道,胶卷暗箱空间,固定焦平面快门部件和前后盖外观零件,小主体用于固定镜头卡口,形成暗箱空间,支撑收缩镜头机构和反光镜运动系统。该主体结构可以方便地实现镜头互换。如图 4-4(b)所示,为平视取景相机的主体结构。平视取景相机是一个主体,结构紧凑,形状尺寸复杂,易于小型化、轻便化。

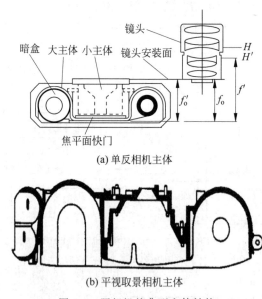

(a) 单反相机主体

(b) 平视取景相机主体

图 4-4   照相机的典型主体结构

2. 镜头

照相机的镜头主要是接收来自被摄物体的光线,将被摄景物正确、清晰、可靠地成像于胶片平面上。一般照相机镜头的结构包括内镜筒和外镜筒两部分,不同照相机根据总体要

视频讲解

求具有其中的一部分或全部。内镜筒主要由光学镜片、镜筒、镜框组成。光学镜片一般由几片到十几片光学玻璃或塑料镜片组成。镜筒使各镜片、镜框能够正确连接,保证各光学镜片的位置与同轴度达到设计要求。镜框用来固定和安装光学镜片。单反相机和高档平视取景相机常常需要外镜筒。外镜筒中一般装有光圈结构用于调节镜头的相对孔径,调焦结构用于改变像平面与物镜主平面的位置,变焦结构用于保持物像相对位置。如图 4-5 所示,从左到右列出 4 组焦距分别为 28mm、105mm、135mm、200mm 的照相机镜头,可见焦距越长,镜筒的尺寸也越大。

图 4-5　不同焦距的一组照相机镜头

1) 镜头的成像关系

照相机的镜头一般是由光具组组合而成的比较复杂的光学系统,主要考虑像差的校正、物像位置调节和曝光量控制。如图 4-6 所示,前主点 H 和后主点 H' 分别指物方主点和像方主点,远处物体 y 以入射角 ω 成像于 y',s 和 s' 分别表示以主点为基点的物距和像距,f' 指光学系统的像方主点 H' 到主焦点之间的距离,f 指物方主点 H 到物方主焦点之间的距离。根据几何光学成像原理,物像关系满足高斯公式:

$$\frac{f'}{s'} + \frac{f}{s} = 1 \tag{4-1}$$

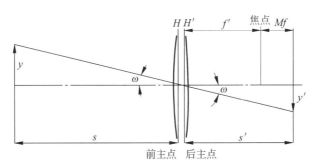

图 4-6　摄影镜头成像关系

当物方和像方的折射率相等时,$f = f'$,式(4-1)变为:

$$\frac{1}{s'} + \frac{1}{s} = \frac{1}{f'} \tag{4-2}$$

注意,式(4-2)中的 s 应为负值。根据式(4-2)分析物像关系时,可分两种情况:一种情况是当物距 $s \to \infty$ 时,像距 s' 和像方焦距 f' 重合;另一种情况是当物距 s 很小时,像距与焦距的关系为:

$$s' = (1 - \beta)f' = (1 + M)f' \tag{4-3}$$

$$\beta = y'/y = s'/s \qquad (4-4)$$

式中,β 为横向放大率,指像高 y' 与物高 y 之比。

β 为正,成正像;β 为负,成倒像。摄影镜头成的都是倒像。若不考虑 β 的符号,则摄影倍率用 $M=|\beta|$ 表示。可见,若被摄物体离镜头较近,则所成的像就在焦点以外 Mf' 处。所以,照相机的摄影距离指从胶片面到被摄物体的距离。变焦镜头透镜组的相互位置会发生变化,焦距也会随之改变。

2) 光阑与孔径角

对于照相机的镜头,首先要满足上述物像共轭关系和成像放大率的要求,它决定了光学系统的沿光束轴向的分布范围。另外,摄影镜头还有一定的成像范围,并且在像平面上具有一定的光能量和反映物体细节的能力,这些都与成像光束的立体角或孔径角有关,即要求成像镜头应使成像范围内的物点以一定孔径角的光束参与成像,本质上就是确定成像镜头的横向尺寸或通光孔径,从而给通过成像镜头的光束加以合理限制。

在光具组中对光束起限制作用的透镜边缘、框架或特别设置的带孔屏障称为光阑。光阑有限制光束孔径和视场的作用。多数情况下,光阑的通光孔呈圆形,孔的中心与系统光轴重合,光阑平面与光轴垂直。每个光具组内都有一定数量的光阑。

实际光学系统中的光阑,按其作用可以分为以下几种。

(1) **孔径光阑、入射光瞳和出射光瞳**。由光轴上一物点发出的光束通过光具组时,不同的光阑对此光束的孔径限制到不同的程度,其中对光束孔径限制最多的光阑,即真正决定着光具组光束孔径的光阑,称为孔径光阑或有效光阑。这种光阑决定轴上点成像光束的孔径角。如图 4-7 所示,一个由薄透镜组成的简单光学系统,光轴上物点 Q 对应的像点为 Q',其透镜的边框形成系统的孔径光阑。入射孔径角为 U_0,出射孔径角为 U_0'。

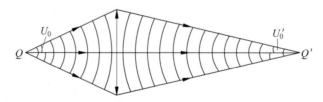

图 4-7　由薄透镜边框形成的孔径光阑

在实际的光学仪器中,往往会另外加入一些带圆孔的屏作为光阑。如图 4-8(a)所示,在透镜前加一个圆孔 DD 作为光阑,由于处于物空间,所以本身即为入射光瞳,它在像方的共轭 $D'D'$ 称为出射光瞳。相应地,如图 4-8(b)所示,在透镜的后面加一个圆孔 $D'D'$ 作为光阑,由于处于像空间,所以本身即为出射光瞳,它在物方的共轭 DD 称为入射光瞳。显然,

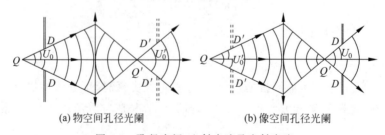

(a) 物空间孔径光阑　　　　　　(b) 像空间孔径光阑

图 4-8　孔径光阑、入射光瞳及出射光瞳

入射光瞳与出射光瞳相对于整个光学系统是共轭的。这种虚构的光阑在实际中很有用,可以由它们直接确定入射孔径角或物方孔径角、出射孔径角或像方孔径角。一般在设计光学系统时,孔径光阑的位置随系统而异,要根据是否有利于缩小系统尺寸、镜头结构使用是否方便,尤其以是否有利于改善轴外点成像质量等因素来决定,孔径光阑的位置实质上由轴外光束决定。

通过入射光瞳中心的光线称为主光线。对于理想光学系统,主光线必然通过孔径光阑和出射光瞳中心。主光线是物平面上各点成像光束的中心光线,它们构成了以入射光瞳中心为顶点的同心光束,这一光束的立体角决定了光学系统的成像光束范围。

(2) **视场光阑、入射窗和出射窗**。对轴外共轭点的主光线形成遮断的光阑叫作视场光阑,它决定平面上或物空间中能被光学系统成像的范围,可以理解为限制成像范围的光孔。如图 4-9 所示,入射光瞳中心 O 与出射光瞳中心 O' 对整个光具组是一对共轭点,若入射光线通过 O,则出射光线必通过 O'。在轴外共轭点 P、P' 之间的共轭光束中,通过 OO' 的共轭光线为光束的主光线。随着 P、P' 到光轴距离的加大,主光线通过光具组时会与某个光阑 DD 的边缘相遇。离光轴更远的共轭点的主光线将被此光阑所遮断,所以,光阑 DD 就是视场光阑。主光线 PO 与光轴的交角 ω 称为入射半视场角,主光线 $O'P'$ 与光轴的交角 ω' 称为出射半视场角。物平面上被 ω 所限制的范围称作视场。视场光阑在物方的共轭叫作入射窗,在像方的共轭叫作出射窗。

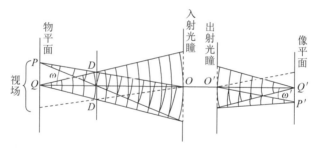

图 4-9　视场和渐晕

在光学系统中,视场光阑的位置相对比较固定。例如,投影仪的视场光阑就安排在物平面上,此时视场光阑在像方的共轭 $D'D'$ 恰好落在像平面上。对于照相机而言,视场光阑不便放在物平面上,这时可把视场光阑放在像平面上,它在物方的共轭正好落在物平面上。所以,对于幻灯机、电影放映机、照相机中的视场光阑通常就是画片或底片周围的矩形外框。

事实上,并不是只有视场内的物点才能通过光具组成像。在图 4-9 中,比 P 点离轴稍远的点,其主光线虽然被遮,但仍然有一些光线可以通过光具组到达像点,不过随着距光轴距离的增大,参加成像的光束越来越窄,使像点越来越暗,从而使像平面内视场的边缘逐渐昏暗,这种现象叫作渐晕。把视场光阑设在物平面可以使像平面内视场的边界清晰。

照相机摄影视场角的大小与焦距直接相关。如图 4-10 所示,H、V 和 h、v 分别表示照相机物方和像方视场的宽度和高度,则视场角 2ω 可以表示为:

$$2\omega = 2\arctan\left(\frac{\sqrt{h^2 + v^2}}{2f'}\right) = 2\arctan\left(\frac{\sqrt{H^2 + V^2}}{2s}\right) \tag{4-5}$$

式中,ω ——半视场角;

s——物距;

$\sqrt{h^2+v^2}$——像方视场的对角线长度,表示像面尺寸。

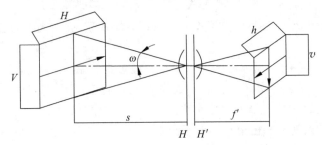

图 4-10　镜头焦距与视场的关系

由于传统照相机的像面尺寸是固定的,所以,焦距的增大就意味着视场角的减小。像面上 y' 的高度一般为画面对角线长度的一半。例如,对于常见的 35mm 照相机,其胶片的画幅尺寸为 24mm×36mm,则对应的像高 y' 的值为 21.6mm。

一般标准镜头的视角范围为 40°~53°,接近人眼的正常视角范围。广角镜头的视角范围为 60°~84°,超广角镜头的视角范围为 94°~118°。望远镜头的视场角最小,为 10°~30°。由于望远镜头的焦距大于标准镜头,成像放大倍数增加,使远方的物体看起来好像被拉近一样。

(3) **相对孔径与光圈数**。在照相机里,一般将入射光瞳的有效孔径与焦距之比作为摄影镜头的相对孔径。相对孔径的倒数称为光圈数(也叫 F 数)。光圈数是光圈的计量单位。光圈值越小,孔径越大,镜头传送的光线也越多。传送光量多的镜头被称为**快镜头**,传送光量少的镜头称为**慢镜头**。标准的光圈值编号有 $f/1$、$f/1.4$、$f/2$、$f/2.8$、$f/4$、$f/5.6$、$f/8$、$f/11$、$f/16$、$f/22$、$f/32$、$f/45$、$f/64$。在每一级之间,后面光圈数的进光量都是前面光圈数的一半。

可见,对照相机镜头而言,焦距、相对孔径、视场角构成镜头的基本参数和重要技术指标。根据使用光学材料的特性、像差设计和光学加工等因素,实际照相机的焦距 f(单位为 mm),光圈数 F 值和视场角 2ω 满足如下的极限数值关系:

$$\frac{\tan 2\omega \sqrt{0.01f}}{F}=A \tag{4-6}$$

式中,A 为常数,一般取值为 0.3~0.4。

3) 成像镜头的允许误差

照相机镜头把三维空间的景物成像在底片二维平面上,理论上能够让物焦平面上的点在胶片上形成理想像点。但是,与任何检测系统都存在允许误差一样,照相机镜头对位于物焦平面前后的点所成的模糊圆,也存在一个允许的模糊量,这个允许的圆形模糊量称为允许弥散圆或光学弥散圆。在人眼的明视距离(约 25cm)处,允许模糊量为 0.15~0.23mm。这样,在胶片上所允许的模糊量应为 0.15~0.23mm 的 1/5~1/6,即允许弥散圆的直径为 0.03~0.04mm。实际中,可以以胶片的对角线长度作为弥散圆直径的衡量标准,例如对于 35mm 胶片,弥散圆直径为 1/30mm,即为胶片对角线长度的 1/1300。

对于可以互换镜头的单反相机,其镜头的定位截距与主体的暗箱截距必须相等,定位误差可以由光学弥散圆的直径乘以镜头的光圈数确定。例如,对于 35mm 单反相机,其暗箱截距为 40～50mm,定位误差控制在 0.02～0.03mm。

4）成像镜头的性能

照相机镜头的性能直接影响成像质量,其评价方法有两种:一种是镜头分辨率,另一种是镜头调制传递函数。

（1）**镜头分辨率**。镜头分辨率指照相机镜头对所摄物体细微结构的分辨能力,其分辨率可以用一对相互平行且按规则排列的黑白相间条纹的再现分辨能力表示。若能分辨的两条白线之间的距离为 a,则其分辨率 $R=1/a$。

分辨率的测定方法有投影法和摄影法两种。投影法是在胶片位置上放置一块有分辨率标板图案的玻璃板,然后在投影屏上测定能分辨的线条像。摄影法是对分辨率标板进行拍摄,照片经标准冲洗后,以 30～50 倍的显微镜作观察判断。以线对/毫米为单位表示,需要分别对中心视场和边缘视场进行判读。投影法测得的结果通常比摄影法读数要高 1.5～3 倍。

（2）**镜头调制传递函数**。对任何成像系统而言,像的对比度要比被摄物体的对比度差,所差的量值与镜头的像差校正性能有关。像与被摄物体的对比度之比称为镜头的调制传递函数（Modulation Transfer Function,MTF）。MTF 可以用公式表示为:

$$MTF = \frac{C_{image}}{C_{object}} \tag{4-7}$$

式中,C_{image}——像对比度,采用迈克尔逊对比度;

$\quad C_{object}$——物对比度,采用迈克尔逊对比度。

由于对比度的降低与空间频率有关,所以需要选择一个或若干空间频率进行测试,使其相应的调制传递函数能够较好地表征系统的成像质量。一般采用空间频率作横坐标,用MTF 作纵坐标来表示镜头的 MTF 特性。另外,用 MTF 表示镜头的成像质量时,要综合考虑不同视场的子午（水平）和弧矢（垂直）光线数据。

3. 取景器

用照相机进行摄影时,需要选取景物的拍摄范围。取景器是用来显示照相机镜头所能记录的被摄物范围的观察装置,它将要记录在胶片上的影像近似地显示出来,指导摄影者进行定位和构图。

1）取景器的设计要求

（1）取景器要具有一定的取景精度。取景精度表示取景视场与摄影视场的吻合程度,通常以摄影视场对取景视场的长度比来表示。专业相机要求取景精度在 90% 以上,一般的平视取景相机取景精度通常为 75%～85%。取景图像要清晰,最好是大小适当的直立正像。

（2）取景器应具有足够的取景亮度,避免光晕、重影和幻象现象。

（3）取景器的视场轮廓要清晰,可以在实像平面上加视场光阑形成清晰的视场轮廓。

（4）取景器应能保证正确调焦,能够判断胶片成像的景深范围。

2）焦深与景深

焦深与景深表示人眼允许的成像误差范围,与成像系统的光学弥散圆有密切关系。一般地,将产生允许弥散圆的像平面前、后距离称为焦深,焦深所对应的物平面前、后距离叫作景深。如图 4-11 所示, H 和 H' 分别为成像光学系统的物方主点和像方主点, s 为物距, s' 为像距。根据图中的比例关系,可得前焦深和后焦深分别为:

$$\delta_1 = \frac{\varepsilon' s'}{D + \varepsilon'} \tag{4-8a}$$

$$\delta_2 = \frac{\varepsilon' s'}{D - \varepsilon'} \tag{4-8b}$$

式中, δ_1——像方前焦深;

δ_2——像方后焦深;

D——等效通光孔径;

ε'——允许弥散圆直径;

ε——物方允许误差。

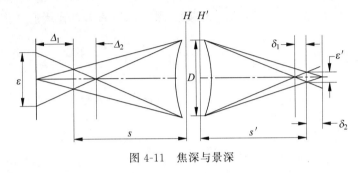

图 4-11 焦深与景深

相应地,在物方, Δ_1 为后景深, Δ_2 为前景深。 ε' 与 D 相比很小,只要不是在相当近的距离拍摄,有 $s' \approx f'$,则式(4-8)可以简化为:

$$\delta = \delta_1 = \delta_2 = \varepsilon' \frac{f'}{D} = \varepsilon' F \tag{4-9}$$

式中, f'——像方焦距;

F——光圈数。

式(4-9)表明,像方的焦深可以由允许弥散圆和光圈数的乘积进行估计。

对于物方的前景深 Δ_2 和后景深 Δ_1,可以根据物像关系进行变换。设 $\varepsilon = \frac{s}{s'} \varepsilon' \approx \frac{s}{f'} \varepsilon'$,则有:

$$\Delta_1 = \frac{\varepsilon' F s^2}{f'^2 - \varepsilon' F s} \tag{4-10a}$$

$$\Delta_2 = \frac{\varepsilon' F s^2}{f'^2 + \varepsilon' F s} \tag{4-10b}$$

可见,后景深一定大于前景深。当物距 s 一定时,相对孔径越小或 F 数越大,焦距越短,景深越大。当相对孔径和焦距一定时,物距 s 越大,景深越大。

4. 快门

使用传统照相机进行拍摄时,如果摄影胶片的曝光量不合适,会造成过度曝光和曝光不足,摄影失败,所以需要特别注意曝光量的控制。曝光量的控制可以采用手动方式,也可以利用自动曝光系统自动控制,主要考虑像平面上的平均曝光量和摄影胶片的合适曝光量。

设照相机像平面上的平均曝光量为 H_F，可以用下式表示：

$$H_F = ET \tag{4-11}$$

式中，E——像平面上的平均照度；

T——快门的有效曝光时间。

根据照相机的成像关系，可得：

$$E = \frac{qL}{F^2} \tag{4-12}$$

式中，q——成像特性校正系数，一般取 0.65；

L——物体亮度（cd/m^2）；

F——光圈数。

如果从照相机胶片的曝光量分析，应符合胶片的合适曝光量要求，以免曝光不足或曝光过量。根据胶片的感光特性，胶片的合适曝光量可以表示为：

$$H_g = \frac{P}{S} \tag{4-13}$$

式中，S——胶片的感光度，常用 ISO 值表示；

P——胶片的合适曝光系数。对黑白负片 $P=8$，对彩色负片和反转片 $P=10$。

合适的曝光量控制就是使 $H_F = H_g$。从以上分析可以看出，曝光量等于通光时间乘以通光面积。照相机通过光圈控制通光面积，通过快门控制通光时间。

照相机的快门是使胶片获得合适曝光量的时间控制机构，而且能有效阻挡非曝光光能量。一般来讲，快门的曝光时间能在较宽范围内变化，典型的快门速度有 1s、1/2s、1/4s、1/8s、1/15s、1/30s、1/60s、1/125s、1/250s、1/500s、1/1000s 等，从一挡速度移动到下一挡更快的速度时，总是将曝光时间削减一半。另外，快门还具有防止运动模糊和胶片灰雾的功能。根据照相机快门的安放位置和结构形式，可以分为镜头快门和焦平面快门。

1）镜头快门

从运动学和动力学的要求以及照相机镜头对整个画面成像的情况考虑，由于镜头的孔径光阑处光束口径最小，为了使快门能够完成短促的曝光动作，将快门设计在镜头孔径光阑附近比较有利。如图 4-12 所示，根据快门在组合镜头中的位置，又可以分为镜前快门、镜间快门和镜后快门。镜头快门只限制光束透过，不限制视场，因此镜头快门工作时，胶片上各点将同时曝光。

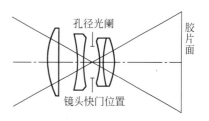

图 4-12　镜头快门在成像
光路中的位置

虽然镜头快门的运动构件动作极快，但是，叶片从开始开启光孔到全部开足需要一定的时间，存在一个"逐渐"开启的过程。如图 4-13 所示，快门叶片从开始开启光孔到完全关闭的整个时间，称为全曝光时间。这样，快门从开启到关闭的过程中，会存在光孔部分打开的阶段，此时光孔不能充分利用，造成透光量损失，该透光量损失称为快门的光学有效系数，可以由下式计算：

$$\eta = \frac{t_e}{t_1} \times 100\% \tag{4-14a}$$

$$t_e \approx \frac{t_1 + t_2}{2} \tag{4-14b}$$

式中，η——光学有效系数；

　　　t_e——有效曝光时间；

　　　t_1——全曝光时间；

　　　t_2——全开启时间。

2) 焦平面快门

如果从胶片上的每一像点出发考虑，在胶片汇聚点上的光束口径对每一个像点来说是最小的，所以，将快门设置在视场光阑附近也符合快门设计的运动学和动力学原则，即焦平面快门，如图 4-14 所示。

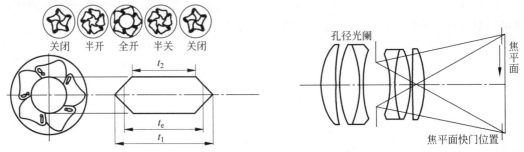

图 4-13　镜头快门的开关过程　　　　　图 4-14　焦平面快门在成像光路中的位置

焦平面快门一般由两组幕帘组成，即前幕帘和后幕帘。幕帘采用具有遮光特性的合成纤维或绢丝织物喷涂橡胶。根据幕帘的运动方向，可以分为横走式(如图 4-15(a)所示)和纵走式(如图 4-15(b)所示)。横走式幕帘快门在胶片水平方向左右移动，当快门上弦时，两组幕帘部分叠合不漏光。当快门开启时，前幕帘先运动，后幕帘在延时一定时间后运动，前后幕帘间以合适的缝隙从胶片前端通过，使胶片逐次进行曝光。运动结束后，前后幕帘相互叠合，准备下一次曝光运动。纵走式焦平面快门采用片状钢片结构制成，它沿胶片垂直方向做上下运动，速度快、稳定性好、闪光联动快、寿命长。比较而言，焦平面快门的光学有效系数高，拍摄运动物体时可以减小像移模糊量。但是，由于焦平面快门不是同时曝光，所以对运动物体存在像移模糊和像移变形。在照相机行业，一般取画幅中央点的有效曝光时间为该焦平面快门的曝光时间。

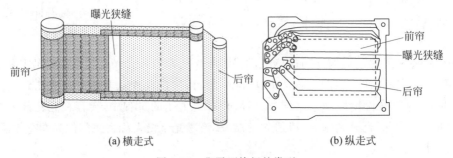

(a) 横走式　　　　　　　　　　(b) 纵走式

图 4-15　焦平面快门的类型

3）电子程序快门

电子程序快门指按照事先设计好的程序,根据外界物体亮度的变化和胶片感光度的要求使快门的速度值与光圈值同时发生变化。一般的做法是将快门速度和光圈值分档存放,根据外界亮度查表寻找快门速度和光圈值的配合。光圈值变化一档,快门速度亦改变一档,组成等比的变化关系。但是,光圈与速度的配合不是唯一的。如图 4-16 所示,为 3 种典型的光圈与速度的配合程序曲线。曲线 Ⅰ 的变化比较陡,属于速度重点型,适合于对运动物体的摄影和采用长焦望远镜的场合。曲线 Ⅱ 的变化比较缓,属于景深重点型,采用小光圈作为程序的基础,适合于静态、景深要求高的场合。曲线 Ⅲ 是一个斜率为 0.5 的等比曲线,属于平均程序型,同等考虑光圈大小与快门速度。图 4-16 中显示了 6 挡光圈大小与快门速度的组合,即 F16-1/1000s、F11-1/500s、F8-1/250s、F5.6-1/125s、F4-1/60s、F2.8-1/30s,分别代表从外界亮度大的情况逐渐向亮度减小的情况组合。

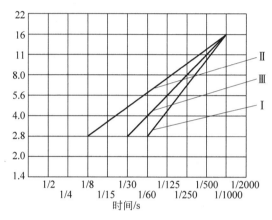

图 4-16 电子程序快门的程序曲线特性

在具体设计照相机的快门时,一般要求是结构简单,生产方便,成本合理。另外,也有一些技术上的要求,例如减小惯性、冲击,减少能耗,便于照相机结构的小型化等。同时,快门与照相机各种功能的有机结合也是需要考虑的因素,例如与自动调焦、自动闪光等部件的配合等。

5. 胶片

胶片是传统照相机的图像记录介质,每种胶片都包括一个单层或多层的感光乳剂层和片基。胶片主要有 3 种类型,分别是边缘打孔胶片、卷片和散页胶片。边缘打孔胶片呈长条形,两边打有与照相机齿轮吻合的长方形齿孔,一般都是成卷装在金属暗盒内,与 35mm 相机匹配使用,俗称胶卷。卷片也称为 120 或 220 胶片,是无齿孔卷状胶片,卷绕在一个轴芯上,放进相机后,随着逐张拍摄,卷片片子被逐步卷绕到相机中的另一个轴芯上,适用于中幅相机。散页胶片适用于大型的照相馆座机,常见的胶片尺寸有 4 英寸×5 英寸、5 英寸×7 英寸和 8 英寸×10 英寸(1 英寸约为 25mm)。

胶片的性能评价主要使用 3 个指标,即感光度(胶片速度)、颗粒度和反差。感光度指感光体对光线感受的能力,不同胶片的感光度不同。有的胶片对光非常敏感,一点儿光线就可以使乳剂中的大量卤化银晶体感光,这类胶片称为高速度胶片;反之,称为慢速度胶片。感光度的标值是按 ISO(International Organization for Standardization)标准执行的,例如 ISO50、ISO100、ISO200、ISO400、ISO800、ISO1600 等,ISO 数据越高,表明胶片的速度越快,感光度就越强。在每两个相邻的感光度号数之间,差异的感光能力是两倍。照相机通过胶卷暗盒上的 DX 编码来标明胶片的感光指数和长度。颗粒度指胶片曝光后卤化银晶体形成细微的颗粒。一般而言,胶片的速度越高,颗粒越粗。反差指胶片上影调的梯级,从纯黑到深灰到浅灰,再到纯白(全透明),分成许多梯级。高反差胶片只有几个大梯级,各级之间的差别很明显。低反差胶片有很多狭小的梯级,其级差极为微小。

4.3 数码照相机成像原理与技术

数码照相机(Digital Still Camera,DSC)是数码成像系统的典型代表,高速发展于 20 世纪 80 年代中后期,是电子计算机和微电子技术发展推动下的产物,反映了成像技术由模拟向数字转变的发展趋势。与传统照相机相比,数码照相机采用固体光电摄像器件取代了胶片,由光电器件上各感光单元的电荷存储量来反映被摄景物的亮度分布。由于数码照相机将传统的光化学影像方式转变成了光电子成像方式,极大地方便和拓展了照相机在人们生活中的应用,减少了化学药剂对环境造成的污染,无论是在 Internet、报纸杂志上,还是日常家庭生活中,到处都可以看到数码照片的身影。

固体光电摄像器件主要有三大类,即电荷耦合器件(Charge Coupled Device,CCD)、互补型金属氧化物半导体(Complementary Metal-Oxide Semi-Conductor,CMOS)和电荷注入器件(Charge Injection Device,CID)。美国科学家威拉德·博伊尔和乔治·史密斯因发明 CCD 图像传感器而获得 2009 年度的诺贝尔物理学奖。

如图 4-17 所示为数码照相机的成像流程。由于图像的记录介质发生变化,光学成像系统的设计也需要随之改变。而且,反映景物亮度分布的电荷在存储、转移、读出过程,以及转换为数字图像之后的图像处理技术,都是传统照相机中没有遇到的问题。

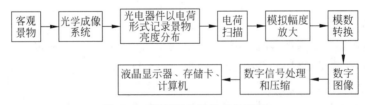

图 4-17 数码照相机的成像流程

4.3.1 数码照相机的特点

数码照相机的光电成像原理和数字影像性质决定了它具有不同于传统照相机的特点,见表 4-1。

表 4-1 数码照相机的成像特点

特　　点	说　　明
液晶显示屏上瞬时重现摄影效果	可以节省时间,提高成片率
允许重拍	影像记录介质可读、可写、可重复使用,可以立即删除
具有更宽的曝光控制范围	电子快门速度更快(可达微秒量级),适合于高照度环境拍摄。同时,相对孔径较大,光电灵敏度较高,可以在低照条件下摄影

续表

特　　点	说　　明
照片的色彩更趋饱和	通过微型彩色滤色片阵列分别记录红、绿、蓝光,可以通过影像增强和颜色曲线校正避免传统照相机彩色胶片的"有害吸收"
数字图像便于图像特技处理	可以利用图像处理技术进行对比度校正、曝光校正、色彩重建和多图像合成,以及像差校正等处理
数字图像通信更便捷	方便应用于 Internet、卫星与地面工作站、视频会议、无线通信等方面
数码照片可以准确复制和长期保存	数码照片不褪色,不损坏
数码照片绿色环保,没有化学污染	可以避免传统照相冲洗照片时使用的大量化学药剂

4.3.2 数码照相机的分类

根据不同的分类标准,数码照相机的分类情况见表 4-2。

表 4-2　数码照相机的分类

分类标准	类　　型	说　　明
感光器件	CCD 数码照相机	发展时间较长,成像质量和分辨率较好
	CMOS 数码照相机	功耗低,各部分电路易于集成,便于微型化,价格低廉
图像接收器件	面阵型数码照相机	光电器件为正方形或长方形,感光面积大,有多种规格。一次曝光,摄影速度快,适于运动物体拍摄和闪光拍摄
	扫描型数码照相机	感光芯片长而窄,由微小光敏单元均匀排成一列,移动过程中一行一行地扫描"拍摄"景物。分辨率高,曝光时间长,光机结构复杂
信号俘获方式	单次俘获型数码照相机	一次曝光,有单 CCD 和 3CCD 两种形式
	三次俘获型数码照相机	红、绿、蓝旋转滤色镜放置在镜头或面阵成像器件前面,需要 3 次各不相同的曝光,每次曝光时接收穿过不同颜色滤色镜的光线。分辨率高,色再现性好,像素密度高,但是,会发生套色不准,不适合运动物体拍摄
光机结构	单反型数码照相机	在 35mm 单反相机的机体上加 CCD 成像器件、信号放大、模数转换、图像压缩与存储等相关部件
	轻便型数码照相机	结构紧凑,小巧轻便,镜头不可卸,性价比高
	数码机背	可方便地将现有中幅相机数字化,装卸方便,多用于要求较高的商业摄影和广告摄影

4.3.3 数码照相机的技术指标

下面介绍一些常见的表征数码照相机能力的技术指标。

1. 成像器件的像素水平

数码照相机的像素数与分辨率有密切关系。一般将像素指标用于评价 CCD 或 CMOS 的性能,而将分辨率指标用于评价数码图片的拍照质量。

视频讲解

根据像素水平,数码照相机可以分为几个档次,比如 VGA 指像素 30 万(640×480)左右,XGA 指像素 80 万(1024×768)左右,MegaPixel 指像素百万以上(1280×1024),目前手机摄像头的像素数也已经达到千万级别。

2. 镜头性能

评价镜头质量需要考虑其像差校正水平和制造精度:

(1) 镜头的色贡献指数是否较好地保证图像的色彩还原;

(2) 镜头的渐晕系数是否明显影响像面照度的均匀性;

(3) 光学弥散圆的大小是否与成像光电器件的像素很好地匹配;

(4) 光圈数和镜头相对孔径的配合是否有利于在照明条件不佳的情况下实现成像器件的正确曝光;

(5) 光学变焦的范围越宽,对各种摄影环境的适应能力越强。一般数码照相机的光学变焦能力为 2~4 倍,高的可达 8~12 倍。

3. 模数转换精度

模数转换器件用于将光电成像器件生成的模拟电信号转换为计算机可以识别的数字信号,其性能的好坏直接影响数码照相机的照片质量。一般用转换速度和量化精度衡量模数转换的性能。转换速度指每秒钟 A/D 集成电路可以实现的将模拟量转换为数字量的次数,它决定数码照相机拍照时的处理速度。量化精度指每次量化可以达到的离散电压等级,其大小直接影响数码图像的亮度和色彩表现,常见的有 16 位、24 位、36 位。

4. DSP 能力

由于数码照相机获取的是数字图像,所以可以借助计算机进行一些后续的处理,提高图像质量。处理措施主要有黑色补偿、光照度补偿,缺陷像素修补、图像压缩等。另外,还可以从获取的数字图像中提取曝光量信息和对焦信息并实时反馈,控制成像物镜和快门,实现自动对焦和自动曝光。

5. 耗电量

由于成像光电器件、DSP 图像处理器件、液晶显示等部件工作时均需大量耗电,数码照相机的耗电量较传统照相机高十几倍。

4.3.4 数码照相机的系统结构

视频讲解

数码照相机通过光学成像系统将客观景物成像于光电器件上,利用机械或电子程序快门对光通量和光电饱和电流进行控制,获得合适的图像光电信息。电路处理部分用扫描方式获取光电器件上的信息,并通过模拟信号放大、模拟数字转换形成数字图像。DSP 处理电路对数字图像进行处理和压缩后,可以直接显示于液晶显示屏,也可以存到存储介质中,通过输出端子将图像信息转移到计算机中显示。

1. 数码照相机的光学成像系统

数码照相机的光学镜头将外界景物成像于光电器件上,所以,在设计数码照相机的光学镜头时,除了要考虑常规的镜头性能影响因素之外,还需要考虑光学弥散圆的大小与光电器件像素尺寸的匹配问题。

在数码照相机的结构中,成像光学系统、光电器件和电子电路具有各自的分辨率,对系统的总分辨率均有影响。由于电子电路的影响通常可以忽略不计,所以,在分析数码照相机的分辨率时主要考虑光学弥散圆的大小和光电器件的像素尺寸。如前所述,光学弥散圆由光学像差或光学衍射引起,表现为对焦物平面前、后的点在像平面上呈现的模糊圆,其直径取决于成像镜头相对孔径的大小,一般为 $0.03\sim0.04\mathrm{mm}$。

　　光电器件的分辨率取决于光电器件像素的大小,由制作工艺和光电灵敏度决定。如图 4-18 所示,光学弥散圆与光电器件像素面积的相对尺寸分两种情况。第一种情况如图 4-18(a)所示,光电器件的像素面积大于光学弥散圆,常见于通光孔径较大的情况。此时,数码成像系统的分辨率主要由光电器件的像素面积决定。第二种情况如图 4-18(b)所示,光学弥散圆的尺寸大于光电器件的像素面积,常见于通光孔径较小的情况。此时,数码成像系统的分辨率主要由光学弥散圆决定。

(a) 光学弥散圆小于像素面积　　(b) 光学弥散圆大于像素面积

图 4-18　光学弥散圆与光电器件像素面积的大小对比关系

　　从定量的角度看,数码成像系统的综合分辨率可以用等效分辨率长度 R_e 来描述。对于光学分辨率,假定不考虑光学像差,其分辨长度 R_0 可以近似表示为:

$$R_0 = 1.854\lambda\,\frac{f'}{D} = 1.854\lambda F \tag{4-15}$$

式中,λ——光波的波长;

　　D——等效通光孔径;

　　F——镜头的光圈数。

　　可见,光学弥散圆的大小与成像光学系统的相对孔径或镜头光圈数直接相关。

　　对于光电器件而言,其分辨长度 R_d 等于光电像素的有效感光宽度 d:

$$R_\mathrm{d} = d \tag{4-16}$$

这样,数码成像系统的等效分辨率长度 R_e 可以表示为:

$$R_\mathrm{e} \approx \sqrt{R_0^2 + R_\mathrm{d}^2} = d\,\sqrt{\left(\frac{1.854\lambda F}{d}\right)^2 + 1} \tag{4-17}$$

当 $\lambda F/d = 0.41$ 时,$R_\mathrm{e} = 1.25d$,此时可以认为光学成像系统的分辨率与光电成像器件的像素分辨率基本平衡。如果 $\lambda F/d$ 进一步减小,则主要由光电成像器件的像素有效感光宽度限制数码成像系统的综合分辨率;如果 $\lambda F/d$ 进一步增大,则光学成像系统的分辨率成为限制数码成像系统综合分辨率的主要因素。

　　数码照相机出于结构空间的考虑,需要比传统照相机更大的物镜相对孔径、更短的焦距和更长的后截距,光学像差的校正更加困难。为此,人们提出一些减少数码照相机光学像差的方法。如图 4-19 所示为一个典型的数码照相机光学像差校正方案。在成像物镜中插入一片负透镜,可以将像方主面向光电器件表面靠近,保证放置低通滤波器和快门结构的空间。光学低通滤波器由两片石英晶体制成,利用石英晶体的双折射效应降低光电器件的空间频率。另外,在第一块晶体的前表面镀光学增透膜,可以降低入射光能量的损耗,在第二块晶体的前表面镀红外滤光膜,可以减小红外辐射对光电检测器件的影响。

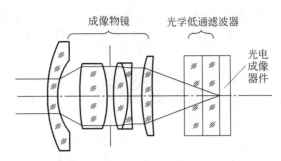

成像物镜　　光学低通滤波器　　光电成像器件

图 4-19　数码照相机成像镜头的典型光学像差校正方案

2. 数码照相机的光电成像器件

数码照相机的光电器件主要有 CCD 型光电成像器件和 CMOS 光电成像器件两种。其中,CCD 器件由微型光电二极管或 MOS 电容器以电荷包形式记录光强分布,然后通过电荷的逐个转移依次读出每个像素上的电荷量。CMOS 器件由 MOS 芯片上的微型光电管阵列记录图像的光强分布,每个像素电荷的读取由 CMOS 开关阵列控制,即由行开关和列开关的坐标决定被选中的像素,然后通过闭合的开关输出电荷信号。

1) CCD 型光电成像器件

CCD 型光电成像器件(简称 CCD)是 20 世纪 70 年代初发展起来的新型半导体集成光电器件,由大量独立的微型 MOS 电容器或光电二极管用集成电路工艺制成。CCD 型光电成像器件的光谱响应范围一般为 $0.2 \sim 1.1 \mu m$,远宽于人眼 $0.38 \sim 0.78 \mu m$ 的可视范围。特种材料的红外 CCD 器件的波长响应甚至可以扩展到几微米。CCD 型光电成像器件以电荷包的形式存储和传送信息,主要由光敏单元、输入结构和输出结构部分组成。

(1) **CCD 的基本工作原理**。CCD 的工作原理可以分成 3 个过程:光电转换与存储、电荷转移与电荷输出。

① 光电转换与存储。CCD 由许多 MOS 电容器或光电二极管光敏像元组成,二者都是采用 P 型 Si 衬底做底座,利用光电效应将光子能量转换成电荷并将这些电荷存储起来。光生电荷的产生取决于入射光子的能量(波长)和数量(强度)。对于 MOS 电容器像元,需要氧化、蒸镀等加工过程,电荷的产生与收集需要经过多层膜的吸收、反射和干涉,量子效率和灵敏度降低。而且,由于多晶硅电极对短波部分的吸收,MOS 电容器的蓝光响应差。与 MOS 电容器相比,光电二极管通过扩散形成 P-N 结,产生能够存储电荷的"势阱"。光电二极管的灵敏度高,光谱响应宽,蓝光响应好,暗电流小,总体性能比 MOS 电容器像元好。

② 电荷转移。通过给光敏像元的电极施加一定时序的驱动脉冲,可以实现电荷的转移。如图 4-20 所示为一个三相时钟驱动工作的 CCD 电荷转移过程示例。初始状态时,每个电极都保持一个阈值电压(2V)。势阱的深度可以理解为该电极存储电荷量的能力大小,会随着外加电压的增大而增加。

如图 4-20(a)所示,假设待转移的记录景物亮度的电荷包存储于(1)号电极下,其电极电压为 10V,势阱最深。如果要将(1)号电极下的电荷包转移到(2)号电极,可以将(2)号电极的电压由 2V 逐渐增加到 10V,如图 4-20(b)所示。此时,原先存储在(1)号电极下的电荷会在两个电极下均匀分布,进入耦合状态,如图 4-20(c)所示。然后,再将(1)号电极的电压逐渐降到 2V,使其势阱深度降低,如图 4-20(d)所示。这时,(1)号电极存储的电荷全部转移

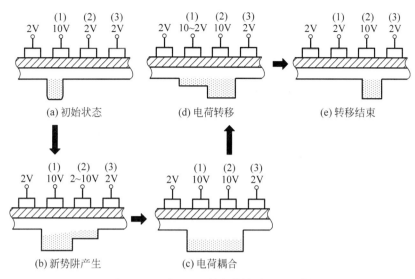

图 4-20 三相 CCD 的电荷转移过程示例

到(2)号电极下的势阱中,如图 4-20(e)所示。类似地,如果将多个电极按顺序分别连接在一起,那么在一定时序脉冲的驱动下,即可完成大量电荷的顺序转移。

③ 电荷输出。CCD 光电成像器件的电荷读出通常采用选通电荷积分器结构,如图 4-21所示。其工作过程为:假设图 4-21 中各电极存储的电荷包在驱动脉冲的作用下,进入与(3)号电极对应的最后一个势阱。此时,给复位脉冲 Φ_R 上电,使其为正电压,驱使场效应管 T_1 导通,输出二极管 D 反向偏置,二极管的极电容充电到 V_{CC},源极跟随器 T_2 的输出电平复位到一个固定且略低于 V_{CC} 的正电平上。Φ_R 的正脉冲结束时,T_1 截止,存储在势阱中的信号电荷流向高电位,使 A 点电位下降。信号电荷越多,A 点电位下降得越多,源极跟随器 T_2 的输出电平 V_o 也跟着下降,下降幅度为真正的信号电压。

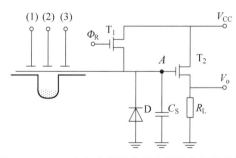

图 4-21 CCD 光电成像器件的电荷输出电路结构

以上是以单个电极电荷为例解释 CCD 各像素单元的转移和读出原理,实际上最常见的CCD 光电成像器件是面阵式 CCD,电荷的转移和读出是以一定规模同时进行的。

(2)**面阵式 CCD 的电荷转移与读出模式**。面阵式 CCD 的电荷转移与读出模式有以下3 种形式:

① **帧转移形式**。如图 4-22 所示,帧转移的面阵 CCD 结构分为大小相同的两部分:一部分是光敏成像区,用于记录景物的光强分布;另一部分为遮光暂存区,作为完成一帧数码数据转移和读出的中转站。其工作流程如下:

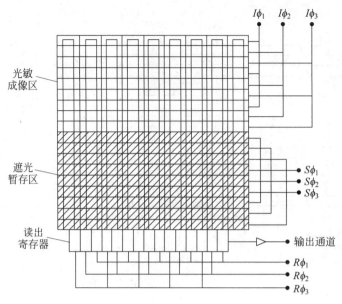

图 4-22 帧转移面阵 CCD 结构

第一步,在第一场的积分时间内,在整个光敏区形成一个与光强分布相对应的电荷图像;

第二步,发出帧转移脉冲,光敏区的信号电荷在垂直消隐期间平移到遮光暂存区。之后,光敏区脉冲又处于光积分电平阶段,进行第二场的积分;

第三步,在第二场积分的同时,暂存区的驱动脉冲为行转移脉冲,在水平消隐期间,暂存区将信号电荷逐行转移到水平寄存器读出;

第四步,已进入读出寄存器的信号电荷,在行正程期间由水平时钟驱动,快速地一行一行读出;

第五步,第一场信号电荷全部读出时,第二场的信号从光敏区平移到暂存区,光敏区开始新一场的积分,暂存区将第二场信号一行一行水平读到寄存器中转移,周而复始。

可见,帧转移面阵 CCD 的结构简单,易增加像素数,但是尺寸较大,易产生垂直拖影。

② **行间转移形式**。如图 4-23 所示,行间转移结构面阵 CCD 的光敏单元呈二维排列,每列光敏单元的右边是一一对应的垂直移位寄存器,二者之间由转移控制栅控制。底部仍是一个水平读出寄存器,其单元数等于垂直寄存器的个数。光敏单元在积分期积累的信号电荷包,在转移栅的控制下水平转移一步就可以进入垂直寄存器中,然后逐行读出信号电荷。行间转移模式多采用二相形式,隔行扫描容易实现。

③ **开关选择形式**。如图 4-24 所示,开关选择型面阵 CCD 由水平开关控制电路和垂直开关控制电路分别控制一个行开关和一个列开关,被选中的 CCD 单元上的信号,经闭合的开关传输到输出端。按照一定的顺序排列组合,即可在输出端得到一幅图像的信号序列。

2) CMOS 型光电成像器件

CMOS 型光电成像器件的发展稍晚于 CCD 型光电成像器件。早期的 CMOS 型光电成像器件受亚微米制作工艺的影响,暗电流(图像噪声)较大,成像质量不好。

进入 20 世纪 80 年代中期以后,CMOS 器件的制作工艺越来越成熟。1997 年,已有采

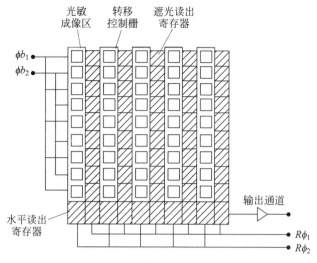

图 4-23　行间转移面阵 CCD 结构

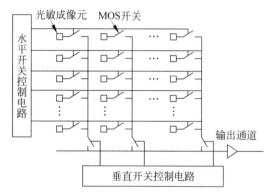

图 4-24　开关选择型面阵 CCD 结构

用 $0.15\mu m$ 设计规则试制成功高集成度元件的报道。与 CCD 型光电成像器件相比,CMOS 型光电成像器件的电路集成能力更强,甚至可以实现单芯片成像系统,具有体积小、工作电压单一、功耗和成本低、动态范围宽、抗辐射等优点。之后数十年来,电子产业一直因循摩尔定律(Moore's law),即晶片上可容纳的电晶体数量大约每两年增加 1 倍。芯片制程工艺的升级也从 90nm、65nm、45nm、32nm、22nm、14nm 到 2019 年的 10nm、7nm。所谓 xxnm 是指 CPU 上形成的互补氧化物金属半导体场效应晶体管栅极的宽度,也称为栅长。2019 年台积电宣布启动 2nm 的工艺制程研发,预计 2024 年投产。可以看出,CMOS 型光电成像器件具有光明的发展前景。

　　CMOS 型光电成像器件的像素可以分为无源像素型(Passive Pixel Style,PPS)和有源像素型(Active Pixel Style,APS),具体分为光电二极管无源像素结构、光电二极管有源像素结构和光栅型有源像素结构 3 种。

　　(1) 光电二极管无源像素结构。如图 4-25 所示,无源像素结构由一个反向偏置的光电二极管和一个开关管构成。开关管闭合时,列线电压保持一个常数,然后在读出信号的控制下,将与光信号成正比的电荷,由电荷积分放大器转换为电压输出。无源像素结构的特点是填充系数高,量子效率高。但是,由于传输线电容较大,使背景噪声增大(约 250 个均方根电子)。

(2)光电二极管有源像素结构。如图 4-26 所示,有源像素结构通过在像元内引入缓冲器或有源放大器以改善像元性能。由于每个放大器仅在读出期间被激发,所以,CMOS 有源像素传感器的功耗比 CCD 小。光电二极管型有源像素量子效率高,读出噪声较无源型有所降低,为 75~100 个均方根电子。

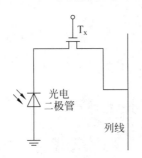

图 4-25 光敏二极管型无源像素

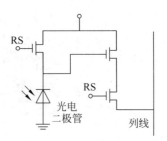

图 4-26 光敏二极管型有源像素

(3)光栅型有源像素结构。如图 4-27 所示,光栅型有源像素传感器结合了 CCD 和二维寻址的优点。光生电荷收集在光栅 PG 下,输出前,先由浮置扩散节点 A 复位,然后改变光栅脉冲,使收集在光栅下的信号电荷转移到扩散节点。复位电压水平与信号电压水平之差为传感器的输出信号。光栅型有源像素传感器暗电流噪声小,成像速度高。

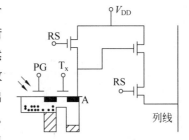

图 4-27 光栅型有源像素

光电成像器件处理色彩的方法有两种。一种是将彩色滤镜嵌在光电像素矩阵中,相近的像素使用不同颜色的滤镜。典型的有 G-R-G-B 和 C-Y-G-M 两种排列方式。在记录照片的过程中,相机内部的微处理器从每个像素获得信号,将相邻的 4 个点合成为一个像素点。由于微处理器的运算非常快,这种方法允许瞬间曝光,缺点是产生的图像边界不锐利。另一种处理方法是使用三棱镜将从镜头射入的光分成 3 束,每束光都由不同的内置光栅过滤出某一种三原色,然后使用 3 个光电像素分别感光,再合成出一个高分辨率、色彩精确的图像。

3)数码照相机光电成像器件的特性参数

(1)转移效率。电荷包从一个势阱向另一个势阱中转移,在一定的时钟脉冲驱动下,转移效率定义为:

$$\eta = \frac{Q_1}{Q_0} \tag{4-18}$$

式中,Q_0——电荷包的原电量;

Q_1——转移到下一个势阱时电荷包的电量。

(2)非均匀度。非均匀度包括光敏像元的非均匀性与光电器件的非均匀性。假设光电器件是近似均匀的,即每次转移的效率是一样的。光敏像元响应的不均匀是由于工艺过程及材料不均匀引起的,越大规模的器件,均匀性问题越突出。定义光敏像元响应的均方根偏差与平均响应的比值为光敏像元的非均匀度 σ:

$$\sigma = \frac{1}{\overline{V}_0} \sqrt{\frac{1}{N} \sum_{n=1}^{N} (V_{on} - \overline{V}_0)^2} \qquad (4\text{-}19)$$

式中，V_{on}——第 n 个光敏像元原始响应的等效电压；

　　$\overline{V}_0$——平均原始响应的等效电压，$\overline{V}_0 = \frac{1}{N} \sum_{n=1}^{N} V_{on}$；

　　N——线列光电器件像元的总位数。

（3）暗电流。光电成像器件在既无光注入又无电注入的情况下，对应的输出信号称为暗信号，也叫暗电流。暗电流的根本起因在于耗尽区产生复合中心的热激发。由于工艺过程不完善及材料不均匀等因素的影响，光电成像器件中的暗电流密度分布是不均匀的。暗电流的危害有两方面：一是限制器件的低频限，二是引起固定图像噪声。

（4）灵敏度。灵敏度也称响应度，指在一定光谱范围内，单位曝光量的输出信号电压或电流。

（5）光谱响应。光电成像器件的光谱响应指等能量相对光谱响应。最大响应值归一化为 100% 所对应的波长，称为峰值波长。将 10% 或更低的响应点所对应的波长称为截止波长。长波端的截止波长与短波端的截止波长之间所包括的波长范围称为光谱响应范围。

（6）噪声。光电成像器件的噪声可以归纳为散粒噪声、转移噪声和热噪声。

（7）动态范围与线性度。动态范围等于光敏元满阱信号与等效噪声信号的比值。线性度指在动态范围内，输出信号与曝光量的关系是否呈线性关系。

4）CCD 与 CMOS 型光电成像器件的比较

CCD 和 CMOS 光电器件在结构和工作方式上的差别，使得它们在应用中存在很大的不同，其性能比较见表 4-3。

表 4-3　CCD 与 CMOS 型成像光电器件的性能比较

性 能 指 标	CCD	CMOS
生产线	专用	通用
成本	高	低
集成状况	低，需外接芯片	高
系统功耗	高	低（1/10～1/100）
电源	多电源	单一电源
抗辐射	弱	强
电路结构	复杂	简单
灵敏度	优	良
信噪比	优	良
图像	顺次扫描	并行读取
红外线	灵敏度低	灵敏度高
动态范围	大于 70dB	大于 70dB（可达 120dB 以上）
模块体积	大	小

3. 数码照相机的取景系统

数码照相机的取景系统包括光学取景器和液晶取景器（LCD 取景器）两种。与传统照相机类似，数码照相机的光学取景器也分为平视取景器和镜头取景器。平视取景器结构简单,取景器光轴与镜头光轴不重合,存在位置误差和大小误差,取景视场约占实际拍摄视场的 $80\%\sim85\%$。镜头取景器的取景光轴与成像光轴重合,取景误差小,取景范围可达实拍画面的 95% 以上,一般用于专业相机。

现在的数码照相机大多配有彩色液晶显示屏供取景、预览和删除照片使用,大小一般为 1.8 英寸或 2 英寸。LCD 取景器(Liquid Crystal Display)是数码照相机特有的取景器,它利用液晶显示屏显示由光电器件接收并经 DSP 预处理的图像,取景视场精度高,具有"所见即所得"的特点。但是,LCD 取景器比较耗电,跟踪速度不高,对比度差,视角范围窄。

4. 数码照相机的变焦结构

数码照相机的变焦可以采用光学变焦或电子变焦。光学变焦能够真正改变成像系统的焦距,并且在变焦过程中能够保证系统的等效分辨率水平。在变焦过程中,一般将光学系统的光学像差控制在光电检测器像素宽的 0.75 倍。数码照相机的光学变焦能力一般为 2~4 倍,高的可达 8~12 倍。电子变焦是对已获得的数字图像进行处理,对其中的局部区域进行放大,电子变焦不能增加被放大部分的细节信息。

5. 数码照相机的图像存储器

数码照相机通过固体摄像光电器件将与景物亮度分布对应的电荷记录并转移、读出,最后存放于图像存储器中以便输出。目前,数码照相机主要使用移动式存储卡,指标主要考虑尺寸、功耗、价格、容量和兼容性等。常见的移动式存储卡有美国 SanDisk 公司推出的 CF 卡、日本东芝公司推出的 SM 卡(Smart Media)、日本索尼公司推出的记忆棒(Memory Stick)、由多个公司联合开发的 SD 卡(Secure Digital Memory Card),以及美国 SanDisk 公司推出的 TF 卡(Trans Flash Card)。

6. 数码照相机的图像处理技术

中央处理器的 DSP 电路是数码照相机的"大脑",几乎控制着所有电子元件的工作,包括 CCD、A/D 转换器件、LCD 以及数码照相机中的各种控制面板。图像通道是 DSP 的一个处理通道,可以进行多种高强度、高速度、多方位的图像处理过程,提高图像质量。数码照相机常用的数字图像处理功能如图 4-28 所示。

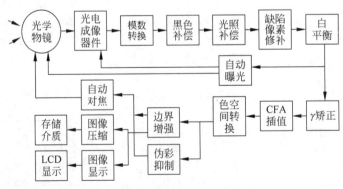

图 4-28　数码照相机数字图像处理的基本流程

1)黑色补偿

黑色补偿的作用主要是消除光电成像器件的暗电流噪声。光电成像器件的制造工艺和使用环境如温度、湿度都不可避免地存在噪声。为了减少噪声对成像质量的影响,光电成像器件需要在完全遮光的条件下先读取各像素上的暗电流值,拍摄后再从原始图像的像素信息中减去相应像素的暗电流信息。为此,数码照相机在设计快门的开启顺序时,将传统照相机快门的启动顺序由"关闭→开启→关闭"改变为"开启→关闭→开启→关闭→开启"。其中,第一个关闭过程为 1/3～1/5s,用于清除已有电荷,记录各像素的暗电流。第二个关闭过程为 1/3～1/5s,用来传输和处理与图像对应的电信号。

2）镜头光照度补偿

在像方视场中,光照度不均匀,即在器件的不同像素上所受的光照度不一致。一般而言,成像器件的中心照度最大,边缘照度最小。对于同一镜头,照度差别可以用下式表示:

$$E=\frac{\pi}{4}\tau L\left(\frac{s-f}{s}\right)^2\left(\frac{D}{f'}\right)^2\cos^4\omega=\frac{\pi}{4}\tau L\left(\frac{s-f}{s}\right)^2\left(\frac{1}{F}\right)^2\cos^4\omega \tag{4-20}$$

式中,ω——像方半视场角;

F——光圈数值;

τ——镜头透过率;

D——镜头的入瞳直径;

f——镜头焦距;

s——物距;

L——发光亮度。

可见,像面的照度与镜头的光圈数 F 的平方成反比。

3）缺陷像素修补

大面积、多像素的光电成像器件不可避免地存在有缺陷的像素或死像素。通过在内存中设定合适的阈值,可以确定缺陷像素的位置,然后运用插值方法(如平均插值或线性插值),根据该缺陷像素周围像素的灰度值,推算出缺陷像素的灰度值。

4）白平衡

白平衡属于色度调整,指以人眼的光谱响应曲线为标准,通过调整白色中三基色光的比例,使光电成像器件中的光谱特性与显示或打印设备的光谱特性相匹配,图像中的色彩更加完美。实现白平衡最常用的方法是使画面中三基色的光能量相平衡。

5）γ 矫正

γ 矫正属于亮度调整。光电成像器件中各像素得到的光电信息与该像素的光照度基本成线性关系。但是,在数字图像的显示和打印设备中,图像的亮度与记录的像素灰度值之间却是非线性对应关系。为了保证显示的图像能够正确反映被摄景物的可观灰度值,需要在显示之前将图像灰度值与显示亮度值调整成线性关系。设 Y 表示摄取图像的灰度值,Z 表示显示的亮度值,根据显示器件的特性,二者的非线性关系为:

$$Z=Y^{\gamma} \tag{4-21}$$

γ 值一般为 2.2。为了将两者的关系调整成线性关系,需要在显示前先对原像素的灰度 Y 进行 γ 矫正。假设校正后的亮度为 Y',则有:

$$Y'=Y^{1/\gamma} \tag{4-22}$$

将矫正后的 Y' 代入式(4-22),就会得到显示亮度值与像素原灰度值之间的线性关系:

$$Z=Y'^{\gamma}=Y^{(1/\gamma)\cdot\gamma}=Y \tag{4-23}$$

6)边界增强

常用的边界增强方法是先用边界检测算子找到位于边界的像素群,并计算边界像素的 Y 分量增益,然后将边界像素的 Y 分量增益放大并叠加到原像素的照度信息中。

7)伪彩色抑制

伪彩色是由于彩色滤光片阵列的色饱和因子、各像素亮度和色彩的带宽不同造成的,通常出现在图像亮度较高的部位和边界部位。对图像边界进行增强时,可能使伪彩色现象加重。所以,需要 DSP 调整色空间的 C_b、C_r 分量来抑制伪彩色现象。

4.4 全息成像技术

传统照相机和数码照相机都是利用光学透镜成像记录物光中的振幅信息,没有立体感。全息成像技术(Holographic imaging)也称虚拟成像技术,是一种用相干光干涉得到物体全部信息的成像技术。全息成像技术与普通照相技术的最大区别是,能够利用激光的相干性原理,将物体对光的振幅信息和相位反射或透射信息记录在感光板上,也就是把物体反射光的全部信息记录下来,并再现出立体的三维图像。全息成像所记录的不是图像,而是光波。

4.4.1 全息成像的基本原理

传统照相机使用透镜成像原理,底片上化学反应强度或光电器件上的电荷量由物体各处的明暗决定,即仅由入射波的强度决定。“全息”指物体发出的光波的全部信息,既包括振幅或强度,也包括相位。全息成像原理是 1948 年 Dennis Gabor 为了提高电子显微镜的分辨能力而提出的。全息成像技术利用干涉和衍射原理记录并再现物体真实的三维图像,如图 4-29 所示。

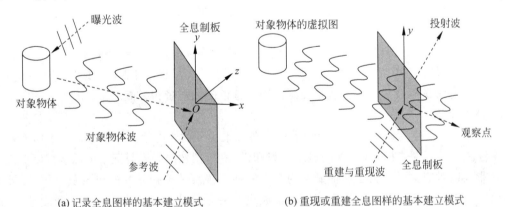

(a) 记录全息图样的基本建立模式   (b) 重现或重建全息图样的基本建立模式

图 4-29　全息成像原理示意图

第一步是波前记录或拍摄过程,即利用干涉原理记录物体的光波信息。被摄物体在激光辐射下形成漫射式的物光束,另一部分激光作为参考光束射到全息底片上,与物光束叠加产生干涉,把物体光波上各点的位相和振幅转换成在空间上变化的强度,从而利用干涉条纹间的反差和间隔将物体光波的全部信息记录下来。记录着干涉条纹的底片经过显影、定影处理程序后,形成一张全息图或全息照片。第二步是利用衍射原理再现物体光波信息,即成像过程。全息图犹如一个复杂的光栅,它的衍射波含有 3 种主要成分,包括物光波、物光波的共轭波和照明光波。在相干激光的照射下,一张线性记录的正弦形全息图的衍射光波可以给出两个像,即原始像和共轭像。再现的图像立体感强,具有真实的视觉效应。全息图的每一部分都记录了物体上各点的光信息,所以,原则上它的每一部分都能再现原物的整个图像,通过多次曝光还可以在同一张底片上记录多个不同的图像,而且能互不干扰地分别显示出来。利用全息照片可以重现逼真的三维物体图像。全息图有不同的分类依据。按制作全息图的方法,可以分成光学记录全息图和计算机制作全息图。按全息图复振幅的透射系数分,可以分成振幅型全息图、相位型全息图、混合型全息图。按全息图结构分,可以分为透射全息图和反射全息图。按参考光波和物光束的主光线方向分,可以分为同轴全息图和离轴全息图。按物体衍射光场分,可以分为索末菲全息图、菲涅尔全息图和夫琅禾费全息图。全息成像与普通成像的主要区别见表 4-4。

表 4-4　全息成像与普通成像的主要区别

类　　别	普 通 成 像	全 息 成 像
记录方式	光学镜头成像(物光束)	物光束与参考光束
记录内容	物体本身或反射光的强度	物体散射光的强度及相位信息
成像介质	感光胶片	记录后称全息片(全灰色调)
影像观察方式	眼睛直接观看	一般借助激光器还原观看
色彩表现	彩色物体图	色彩干涉条纹图像
影像特点	平面物体图像	3D 空间立体感的景物,只有散射光线而没有实物

4.4.2　全息成像的优势和应用

与常规成像技术相比,全息成像技术具有以下优势:

(1) 再造出来的立体影像有利于保存珍贵的艺术品资料;

(2) 拍摄时每一点的信息都记录在全息照片的任何一点上,一旦照片损坏影响也不大;

(3) 全息照片的景物立体感强,形象逼真,借助激光器可以在各种展览会上进行展示,视觉效果好。

全息成像技术在全息显示、全息干涉计量、无损检测、全息光学元件、全息显微术、全息信息存储等领域的应用越来越广泛。其中,民用应用主要集中在全息显示领域。大型全息图可用于文物展示、轿车展示、各类三维广告,亦可再现人物肖像、结婚纪念照等。小型全息图可以戴在颈项上形成美丽的装饰,再现多彩的花朵与蝴蝶等。另外,全息显示图可以用于摄影、室内装潢、舞台布景、建筑等,层面 X 射线照相技术、三维 CAD 技术、三维动画片、三维电影电视等,可以充分展示全息技术的创造性魅力和艺术美。

本章小结

本章介绍了传统照相机成像技术和数码照相机成像技术的成像原理与系统结构、主要组成部分的特点与分类以及技术指标等内容。传统照相机成像是基于光化学反应,在成像平面上用胶片作为图像的接收和记录介质,而数码照相机成像是基于光电子学理论,在成像平面上用光电器件作为图像的接收和记录介质。数码成像技术的摄影过程更为便捷,与计算机的信息交换也更为方便。

此外,本章简单介绍了全息成像技术。全息成像技术是一种可以记录被摄物体反射波的振幅和相位等全部信息的新型摄影技术。在底片上记录的不是三维物体的平面图像,而是光场本身。全息成像技术是信息存储和激光技术结合的产物。

思考题

(1) 传统照相机和数码照相机的组成分别是什么?

(2) 针孔成像的原理是什么? 针孔成像与透镜成像有何区别?

(3) 光电器件与传统胶片的区别是什么?

(4) 什么是相对孔径和光圈数? 光圈的作用是什么?

(5) 影响景深大小的因素有哪些?

(6) 常见的望远镜头结构有哪些? 举例说明。

第 5 章

电视成像原理与技术

电视成像技术是根据人眼的视觉特性,利用电子学的方法实时传送活动或静止图像,其核心问题是如何准确记录活动图像的内容并高速传送。所以,电视成像技术的关键是光电变换和图像的分解与合成。常用的视频图像分解与合成技术是电子扫描系统,分别在电视图像的发送端(摄像管)和接收端(显像管)完成光电转换和电光转换。从 1924 年英国人贝尔德第一次成功地传出静止图像开始,电视成像技术经历了从黑白到彩色、从模拟到数字、从普通分辨率到高清电视的发展阶段。目前,电视成像技术朝着智能化数字电视、大屏幕平板显示和三维电视的方向发展。

5.1 电视基础

5.1.1 视频信号

视频讲解

图像按其内容的变化性质可以分为静止图像和活动图像。活动图像也称为序列图像或视频(Video)。视频是由许许多多帧图像按时间序列构成的连续图像。电视的视频信号具有以下特点:

(1) 直观性。视频信息给人的印象更加生动、深刻、具体、直接,交流效果更好。

(2) 确定性。视频信息不易与其他内容相混淆,可以保证信息传递的准确性。例如,视频监控系统已经成为保证公共安全、协助侦破案件的重要工具。

(3) 高效性。人眼视觉是一个高度复杂的并行信息处理系统,能够快速观察一幅幅图像的细节。所以,视频信息的获取效率比语音信息高很多。

(4) 高带宽性。视频的信息量大,视频信号的带宽高,对视频的产生、处理、传输、存储和显示要求更高。例如,一路 PCM 数字电话所需的带宽为 64kb/s,而一路未压缩的高清晰度电视所需的带宽为 1Gb/s,压缩后也需要 20Mb/s。

5.1.2 像素传输

在图像处理系统中,组成画面的细小单元称为像素。像素越小,单位面积上的像素数目越大,图像越清晰。对于一幅黑白图像,其表征参量为亮度。组成黑白画面的每个像素,占据不同的几何位置,呈现不同的亮度。电视系统传送的是活动图像,每个确定位置上的像素亮度随时间不断变化。视频的像素亮度既是空间函数,又是时间函数,所以,二维黑白活动图像 I 可以表示为随时间和空间变化的函数:

$$I = f(x, y, t) \tag{5-1}$$

式中, x——空间水平方向的坐标,即横坐标;

$\quad\quad y$——空间垂直方向的坐标,即纵坐标;

$\quad\quad t$——时间变量。

根据三基色原理,二维彩色活动图像 I_c 可以表示为:

$$I_c = \{I_R(x, y, \lambda, t), I_G(x, y, \lambda, t), I_B(x, y, \lambda, t)\} \tag{5-2}$$

式中, I_R——彩色活动图像 I_c 的红色分量;

$\quad\quad I_G$——彩色活动图像 I_c 的绿色分量;

$\quad\quad I_B$——彩色活动图像 I_c 的蓝色分量;

$\quad\quad \lambda$——光波波长。

在电视系统中,把构成一帧图像的各像素传送一遍称为进行了一个帧处理。像素的传送方式可以同时传输,也可以顺序传输。同时传输制指每个像素占用一条传输通道,把所有像素的亮度信息同时转换成相应的电信号,并同时传输出去。一帧图像的画面分解成几十万个像素就需要几十万条通道。但是,在电路上同时提供几十万条通道是不经济的。顺序传输制基于人眼的视觉惯性,把一帧图像各个像素的亮度按一定顺序一个个地转换成相应的电信号并依次传送出去,接收端再按相同的顺序将各个电信号在对应位置上转变成具有相应亮度的像素。如图 5-1 所示,只要顺序传输的轮换传送速度足够快,人眼就会感到重现图像是同时出现的。顺序传输制有两个要求:一是要求传送时间小于视觉暂留时间(50~200ms),重现图像才会给人以连续无跳动的感觉;二是传送要准确。每个像素一定要在轮到它传送时才被转换和传送,并被接收方接收。收、发双方每个像素被转换和还原的几何位置要一一对应。电视系统通过光电转换和电子扫描,可以把反映一幅图像亮度的空间和时间函数,转换为只随时间变化的单值电信号函数,从而实现平面图像的顺序传送。

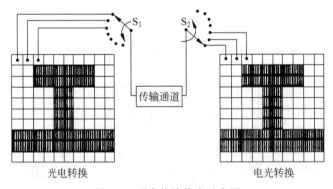

光电转换   电光转换

图 5-1   顺序传输像素示意图

5.1.3   电子扫描

将一帧图像的像素按顺序转换成电信号的过程或逆过程称为扫描,即通过扫描把原来随空间和时间变化的函数变成只随时间变化的亮度信息函数。规定从左至右的扫描为行扫描,自上而下的扫描为帧扫描或场扫描。假设电视视频的一幅图像有 40 万个像素,每秒分解和合成 24 帧以上图像,则每秒需要扫描 1000 万个像素。电视系统只有借助电子扫描才能达到这么高的扫描速度。

在电视系统中,摄像管和显像管都是利用电子枪来完成摄像和显像的扫描过程,即完成电视图像的分解与合成。电子枪提供真空环境,由阴极发射电子束,在电场或磁场的控制下形成沿一定轨迹运动的高速电子流,激励靶面或荧光屏显示图像。按照电子束的运动规律,电子扫描可以分为直线扫描、圆扫描、螺旋扫描等多种方式。对于矩形屏幕,电视系统通常采用匀速单向直线扫描方式。由于电磁偏转容易实现大偏转角,射线电流大、像差小,所以摄像管和显像管大多采用电磁偏转方式。

由电磁场原理可知,当线圈中通过电流时,会产生磁场,磁场的方向取决于线圈中的电流方向,其方向可以用右手定则判断。如果电子束穿过磁场,在磁力作用下电子束发生偏转,其偏转方向可以用左手定则判断。如果对电子束施加水平方向的磁场,则电子束做垂直方向偏转。如果对电子束施加垂直方向的磁场,则电子束做水平方向偏转。所以,流过线圈的电流大小和方向决定着线圈中磁场的强弱和方向,进而决定着电子束的偏转角度和方向。

电视系统进行扫描时,要求收发两端的扫描规律必须严格一致,称为同步。同步包含两方面的含义:一是两端的扫描速度相同,称作同频;二是两端画面的每行和每幅的扫描起始时刻相同,称作同相。电视系统必须既同频又同相才能实现同步扫描,保证重现图像时既无水平方向的扭曲现象,也无垂直方向的翻滚现象。

1. 逐行扫描

在电视系统中,电子扫描分为行扫描和帧扫描或场扫描。电子束从屏幕左上端开始,按照从左到右的扫描称为行扫描。电子束沿屏幕从上到下的扫描称为场扫描。摄像管或显像管的外部都装有行偏转线圈,该线圈分成两部分,分别安放在显像管管颈接近圆锥体部分的上方和下方,水平放置以产生垂直方向的磁场。场偏转线圈则是绕在磁环上,形成水平方向的磁场,使穿过它的电子束做垂直方向的偏转。实际应用中,行、场偏转线圈组合在一起安装在摄像管或显像管上。

如图 5-2 所示,如果同时给行、场偏转线圈加锯齿波电流,电子束会既做水平扫描又做垂直扫描,形成直线扫描光栅。这种按顺序以均匀速度一行接一行地扫描,一次连续扫描完成一帧电视画面的方式称为逐行扫描。在行扫描过程中,电子束从左到右的扫描称为行正程扫描,用 T_{HS} 表示行正程所需时间。电子束从右到左地回扫称为行逆程扫描,用 T_{HR} 表示所需时间。所以,行扫描周期 $T_H = T_{HS} + T_{HR}$,行扫描频率 $f_H = 1/T_H$。类似地,电子束从上到下的扫描称为帧正程扫描,用 T_{FS} 表示帧正程所需时间。电子束从下到上的回扫称为帧逆程扫描,所需时间用 T_{FR} 表示。所以,帧扫描周期 $T_F = T_{FS} + T_{FR}$,帧扫描频率 $f_F = 1/T_F$。

在图 5-2(a)中,当流过行偏转线圈的锯齿波电流从 a 变到 c 时,电子束从荧光屏的最左边移到最右边,完成一行的正程扫描。当锯齿波电流从 c 变到 e 时,电子束又从荧光屏的最右边返回到最左边,完成一行的逆扫描。此外,由 a 到 c 锯齿波电流的上升斜率较小,因而正程扫描时间长,由 c 到 e 的下降斜率大,因而逆程回扫时间短。行正程扫描时间与行逆程扫描时间的比值是电视制式中的一个重要指标。

同理,如图 5-2(b)所示,若要求电子束在荧光屏上下移动,在场偏转线圈中加入锯齿波电流,其周期比行扫描波形的周期长得多。由于电子束是在扫描正程期间传送图像信号,所以,要求在正程期间扫描速度均匀,流过偏转线圈的电流线性良好,否则会使图像产生非线

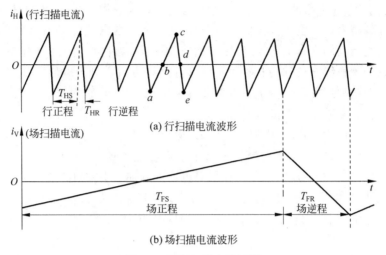

(a) 行扫描电流波形

(b) 场扫描电流波形

图 5-2　逐行扫描电流波形

性失真。当磁场较大时,屏幕边缘的扫描电流需要一定的非线性以避免延伸性失真。

2. 隔行扫描

在电视系统中,要使传送的图像清晰无闪烁,要求传送频率大于临界闪烁频率 46.8Hz,即每秒钟传送 46.8 场以上。我国的电视制式规定,场扫描频率为 50Hz,每帧图像的扫描行数为 625 行。在逐行扫描方式下,帧频与场频相等。但是,由于逐行扫描的带宽占用、图像闪烁感与清晰度存在不足,人们为了能够克服闪烁感,同时又不增加信号带宽,基于人眼视觉特性提出了隔行扫描方式。

所谓隔行扫描,就是将一帧电视图像分成两场交错地扫描,这两场分别称为奇数场和偶数场。奇数场传送 $1,3,5,\cdots$ 奇数行,偶数场传送 $2,4,6,\cdots$ 偶数行。由于扫完每一场屏幕从上到下整体亮一次,所以,扫完一帧图像屏幕亮了两次。这样,在隔行扫描方式下,场频是帧频的 2 倍。在保证无闪烁感的同时,使图像信号的传输带宽下降一半。隔行扫描两场的扫描光栅要镶嵌均匀,否则会出现并行现象,影响图像的清晰度。为此,一帧图像的行数一般选为奇数,每场均包含半行。奇数场的最后一行为半行,然后电子束返回到屏幕上方的中间,开始偶数场的扫描,偶数场第一行为半行,最后一行为整行。

如图 5-3(a)所示为隔行扫描光栅的示意图。为清楚起见,忽略了扫描的逆程。在图 5-3 中,第一场为奇数场,从左上角开始按 $1—1',3—3',\cdots\cdots$ 的顺序扫描,直到最下面的中点为止,共计 $5\frac{1}{2}$ 行,完成第一场的正程扫描。之后,电子束立即返回荧光屏的最上面 O',完成第一场的逆程扫描。第二场为偶数场,扫描从 O' 开始,先完成第一场扫描留下的半行 $O'—11'$ 的扫描,接着完成 $2—2',4—4',\cdots\cdots$ 偶数行的扫描。当电子束扫到荧光屏右下角 $10'$ 点处时,第二场正程扫描结束,同样完成 $5\frac{1}{2}$ 行扫描。接着,再返回到左上角第一场的开始位置。至此,电子束共分两场完成一帧的扫描。如此重复。如图 5-3(b)所示为隔行扫描方式的扫描电流波形。可见,整个画面的变化是按照场频重复的。但是,对每行来说,仍是按照帧频重复的。所以,当人们靠近电视机观看时,仍会感觉到行间闪烁。

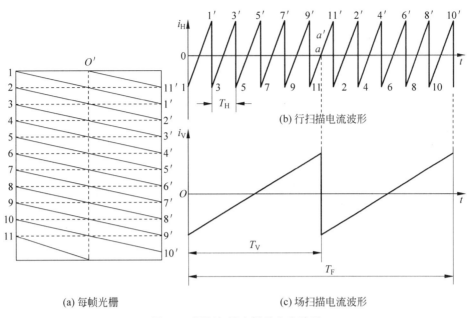

(a) 每帧光栅　　　　　　　　　(c) 场扫描电流波形

图 5-3　隔行扫描光栅及电流波形

5.1.4　光电变换与电光变换

电视图像的采集与传送,在发送端是基于光电转换器件,在接收端是基于电光转换器件。

1. 摄像原理

摄像管是实现光电转换的器件,它将客观景物的三维光照分布转换为二维空间分布的电位分布,并由电子扫描转换为随时间变化的一维视频电信号。如图 5-4 所示,摄像管的主要组成部分是镜头、光电靶、聚焦线圈和偏转线圈。

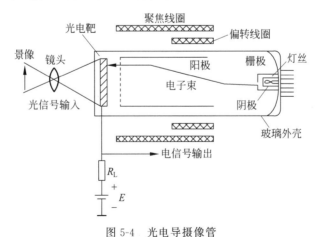

图 5-4　光电导摄像管

摄像过程分为 3 个步骤。

第一步,**光电转换与存储**。光信号通过镜头输入到光电靶上进行光电转换,将空间分布的光强转变为二维分布的电量。由于被摄景物的光像各点亮度不同,使靶面各单元受光照的强度不同,导致靶面各单元的电阻值不同。类似于数码照相机,光电摄像机的光电效应有外光电效应和内光电效应两种。外光电效应指一些金属如钾、铀在光能量激发下发射电子,内光电效应指一些半导体材料如硫化锑在光能量激发下改变其电阻。由于内光电效应转换效率高,材料可以存储和积累电荷,摄像管通常利用内光电效应。以图5-4中由光敏半导体材料构成的光电靶为例说明。摄像管未工作时,光电导靶的电阻率较高,在靶的两个表面间有数十伏的电压差。工作时,光照使受光面产生光生载流子,光电靶的电阻率变小,电导率上升,两表面间产生放电电流,正电荷从电位高的一边流向电位低的一边,光电靶的右侧正电荷增加,电位按照对应于该点输入图像的照度值上升。

第二步,**信号阅读**。信号阅读由电子枪扫描系统完成。电子枪发射的细电子束,在聚焦线圈的磁场和聚焦阳极的电场共同作用下,聚焦于光电靶。发射的电流密度一般为$0.5 \sim 1\mu A$。偏转线圈用来控制电子束的运动轨迹,电子束的偏转角一般小于$10°$。光电靶右侧的透明网电极使电子可以垂直着靶。由于输入的光学图像是连续照射在光电靶靶面上,所以,在电子束扫描一帧图像的时间间隔内,靶的两个表面间的放电电荷是连续积累的,即光电摄像管在摄取一帧图像时,其靶面连续放电形成电荷图像。

第三步,**输出视频信号**。以基于内光电效应的积电式摄像管为例,如图5-5所示为视频信号形成过程的等效回路。其中的E为靶电源,约$45V$,R_L为负载电阻,约$100k\Omega$,R为电子束的等效内阻,K为摄像管阴极,电位是零。当电子束扫描光电靶面时,可以视为电子束把光电靶分解为几十万像素,每个像素相当于一个大电阻R_e和小电容C_e的并联,并联阻容的一端接在信号极上,处于高电位,另一端悬空可以接受电子束的扫描。当电子束一行一行地扫过光电靶靶面时,依次接通靶上的等效电阻和电容。所以,电子束相当于单刀多掷开关,开关接通时,使某一像素的阻容形成闭合回路。

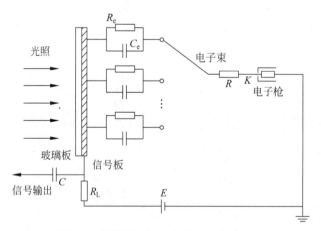

图 5-5　摄像管视频电流形成的等效回路

摄像管不进行摄像时,光电靶处于全黑状态。此时,R_e的数值很大并且处处相等。电子束扫描$C_e R_e$时,对C_e充电,充电回路为$E_+ \rightarrow R_L \rightarrow$信号极$\rightarrow C_e \rightarrow R \rightarrow K \rightarrow E_-$。$C_e$充满电后,右端接近于阴极零电位,左端保持$E$电位,此时$C_e$上的压降最大。在两次扫描之间$C_e$要通过$R_e$放电,由于无光照时$R_e$很大,放电电流非常小,因此$C_e$上电压变化很小。电子束扫描一遍后,第二次扫描$C_e$时,补充的充电电流极小,并且各处电流都相等,约为$0.5nA$,称为暗电流,相当于摄像机的背景噪声。此时的输出信号电压约为几十微伏。

摄像时,摄像管开始进行电子扫描,依次接通各个像素,形成电阻像。电阻大处放电慢,电阻小处放电快。C_e 放电时其右端电位上升,趋向 E,形成电位像。电子束对电位像扫描进行像素分解,使 C_e 右端电位重新下降到零。显然,电位像的电位高处下降到零所补充的电子多,充电电流大,电位像的电位低处下降到零所补充的电子少,充电电流小。流过负载 R_L 的充电电流反映了该电位的高低,即像素的亮度,所以,通过不停地提取 R_L 上的电压值(约几十毫伏),即可获得视频图像信号。

2. 显像原理

我们以早期最常见的阴极射线管显示器(CRT)为例进行介绍。CRT 显示器从 1897 年发明以来,在 20 世纪的图像显示领域一直占据着统治地位,其特点是显示可靠性高、温度稳定性好、寿命长、发光效率高、可视角大、响应速度快、彩色重现能力好。但是,CRT 也有明显的缺点,比如工作电压(达 2 万伏左右)和功耗高、体积和重量大、大屏幕显示困难、光栅几何失真和非线性扫描失真大、图像清晰度较差、受南北地磁场和外磁场影响大、图像不能存储等。CRT 利用电子束轰击荧光屏发光,在接收端重现图像。如图 5-6 所示,CRT 主要由电子枪、荧光屏、偏转线圈等组成。

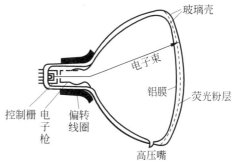

图 5-6　黑白显像管

1) 荧光屏

荧光屏由面玻璃、荧光粉和铝膜构成。面玻璃以适于人眼观察的平面最佳,平面上涂有荧光粉。荧光粉层由微细颗粒沉积而成,厚度约为 $5\sim8\mu m$。荧光粉的发光机理是含杂质和缺陷的离子晶体受激发吸收能量再作光发射的量子过程,要求电子跃迁的能级差必须与所发射的可见光的光子能量相同。荧光粉由母晶体和激活剂掺杂而成,例如 ZnS:Ag.Cl 表示以 ZnS 为母晶体,Ag 为激活剂,Cl 为共激活剂构成的荧光粉。在一定能量的电子冲击下,荧光粉发出可见光。荧光屏的亮度取决于荧光粉的发光效率、电子束流密度和阳极电压,大多数荧光粉的发光亮度可表示为:

$$B = KIU_A^2 \tag{5-3}$$

式中,K——常数,大小取决于荧光粉的材料和发光效率;

　　　I——电子束流密度;

　　　U_A——阳极高压。

可见,在荧光粉固定的情况下,提高阳极高压和电子束流密度均可提高亮度。但是,加大电子束流会缩短阴极的寿命,所以一般采用加大阳极电压的方法来提高亮度。

现代显像管在荧光粉层的里边还敷着一层非常平滑且很薄的铝膜,可以把向后散射的光线反射回来,增大荧光粉的发光效率和荧光屏亮度。同时,它也遮挡了来自荧光屏背面的杂散光,增强黑白显像管的对比度。

2) 电子枪

电子枪由发射系统和投射系统两部分组成。显像管中的电子束只有按一定规律偏转,且偏转规律与发送端一致时,才能重现原来的图像。电子枪的任务就是产生一束强度可调的聚焦电子束。由阴极发射出的电子束在偏转线圈磁场力的作用下,按从左到右、从上到下的顺序依次轰击荧光屏。只要将代表图像的电信号加到电子枪的阴极与栅极之间,就可以控制电子束的强弱,按摄像时的规律扫描荧光屏,完成由电到光的转换,重现电视图像。

发射系统由阴极、栅极(调制极)和加速极组成。电子枪的阴极一般为氧化物阴极,结构分直热式和间热式。灯丝用于加热阴极,其工作温度比阴极的工作温度高约200℃,可达1046℃。栅极上加负电压,用于控制阴极电子发射。加速极上加正电压,用于将发射电子从阴极表面拉出来。从阴极表面发出的电子在调制极孔外侧汇聚成一个最小截面点。投射系统也叫电子聚焦系统,其任务是将电子扫描路径上的交叉点成像在荧光屏上形成亮斑,通常由一些同轴圆筒电极或带孔圆片电极组成。

3) 偏转系统

与摄像管中的偏转系统类似,电视显像管中的偏转线圈由一对水平偏转线圈和一对垂直偏转线圈组成,每组线圈由两个圈数相等、形状完全一样的互相串联或并联的绕组组成。为了获得尽可能大的均匀磁场,将每个偏转线圈做成上下两半对称地包紧在管颈上。水平偏转线圈为空心绕组,安匝数大,工作频率为15.6kHz,放在垂直偏转线圈的里面。两瓣水平偏转线圈采用磁通串联结构,利用主磁通工作。垂直偏转线圈放在水平偏转线圈外,穿绕在磁环上,其工作频率为50Hz。一对垂直偏转线圈采用磁通并联式结构,利用漏磁通工作。

5.2 模拟电视信号

5.2.1 黑白电视信号

视频讲解

在电视系统中,黑白电视信号除了图像主体信号之外,还包括一些辅助信号,例如同步信号、消隐信号、伴音信号等,以保证不失真地传输和接收电视图像信号。

1. 主体信号——图像信号

图像信号是由摄像管将明暗不同的景象经过电子扫描得到的电信号,该信号有正负极性之分。光线越强,输出信号电平值越高的称为正极性图像信号,如图 5-7(a)所示;相反,光线越强,输出电平值越低的称为负极性图像信号,如图 5-7(b)所示。图 5-7 中的波形取相对幅度,所示波形为一个行正程(52μs)的对应波形。一般而言,图像信号是随机的。

电视图像信号具有以下特点。

(1)近似周期性。对于一般的活动图像,垂直方向变化相对缓慢,相邻两行或相邻两帧的图像信号差别很小,行或帧间具有较强的相关性,如图 5-8 所示。

(2)单极性。电视图像信号具有直流成分,其数值总是在零值以上或以下的一定范围内变化。因此,图像信号平均值的大小决定了图像的背景亮度。

2. 辅助信号

1) 复合同步信号

在电视系统中,为了做到收、发同步,电视发送端在每扫描完一行和一场时,需要分别加入一个行同步脉冲和场同步脉冲,它们分别在行与场的逆程期间传送,脉冲信号的宽度分别小于行、场逆程时间。我国电视标准规定,行同步脉冲宽度为 4.7μs,场同步脉冲宽度为160μs。在接收端,只有当行、场同步脉冲到来时才开始行和场的回扫,以保证收、发双方扫描电流的频率和相位都相同。通常将行、场同步信号合称为复合同步信号,如图 5-9(a)所示。

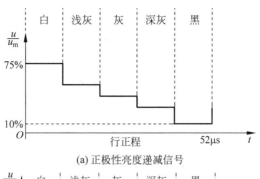

(a) 正极性亮度递减信号

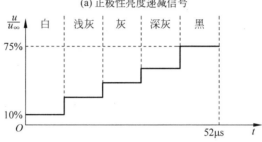

(b) 负极性亮度递减信号

图 5-7 电视图像信号

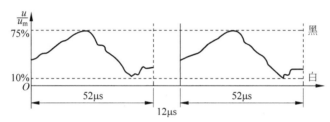

图 5-8 近似周期变化的电视图像信号波形

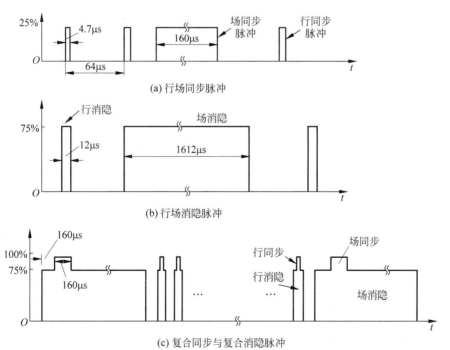

(a) 行场同步脉冲

(b) 行场消隐脉冲

(c) 复合同步与复合消隐脉冲

图 5-9 电视系统的同步与消隐信号

2) 复合消隐信号

电视图像的分解与合成都是通过电子扫描完成的。电子束在回扫时,若不采取措施,那么无论是行或场都将出现回扫线,干扰正程期间传送的图像信号。为了使图像均匀清晰,电视系统在逆程期间不传送图像信号,而是采用消隐脉冲截止扫描电子束,使逆程无扫描线。消除行逆程回扫线的消隐脉冲称为行消隐脉冲,消除场逆程回扫线的消隐脉冲称为场消隐脉冲,二者合成为复合消隐脉冲或复合消隐信号,如图 5-9(b)所示。在电视系统中,发送端在发送图像的同时,在逆程期间将消隐信号也发送出去。行、场消隐信号的周期应与行、场扫描周期相同。行消隐脉冲的宽度为 $12\mu s$,等于行扫描的逆程时间。场消隐脉冲的宽度为 $1612\mu s$,等于场扫描的逆程时间。在接收端,为了确保消除回扫光栅,消隐脉冲宽度稍有加宽。可见,同步与消隐信号都出现在行、场扫描的逆程期间,二者叠加后的合成波形如图 5-9(c)所示。

3) 槽脉冲和均衡脉冲

在电视系统中,由于场同步脉冲较宽,因而在场同步期间会丢失行同步信息,使每场开始时的前几行不能立刻同步,导致屏幕图像最上面的几行不稳定。为了不丢失行同步信息,可以在场同步脉冲上加开几个槽,称为槽脉冲。槽脉冲的宽度与行同步脉冲相同,槽脉冲的后沿对应原行同步脉冲的前沿,以保证在场同步脉冲期间可以准确检测出行同步脉冲。

另外,由于电视系统一般采用隔行扫描,相邻两场扫描的起点和终点位置都不相同。奇数场在半行处结束,场消隐信号和场同步信号应在串行时加入。偶数场在一个整行后结束,场消隐信号和场同步信号应在一个整行结束后加入。由于奇数场和偶数场同步脉冲前沿出现时,行同步脉冲相互错开半行,使两场的同步时间出现差异,对场同步脉冲的检测造成影响。

为了保证偶数场的扫描线准确地嵌套在奇数场各扫描线之间,必须保证相邻两场的场同步脉冲前沿到达场同步脉冲分离电路时有相同的起始电压,解决的办法是在场同步脉冲的前、后、中间每隔半行都增加一个行同步脉冲。为了使增加脉冲后的平均电平不增大,这部分行同步脉冲的宽度减少为原来的一半,即 $4.7/2=2.35\mu s$。同时,为了分离行场同步信号而开的槽脉冲也应每半行开一个,槽宽仍为 $4.7\mu s$。这样,场同步期间要开 5 个槽,且每个场同步脉冲前、后各有 5 个 $2.35\mu s$ 宽的脉冲,称为前、后均衡脉冲。可见,通过引入均衡脉冲,奇场和偶场的同步信号完全相同了。

3. 黑白全电视信号

1) 全电视信号的波形

如图 5-10 所示,黑白全电视信号由图像信号、复合同步信号、复合消隐信号以及槽脉冲和均衡脉冲叠加组成,通常也称为视频信号。我国的电视标准规定:以同步信号顶的幅值电平作为 100%,黑色电平和消隐电平的相对幅度为 75%,白色电平的相对幅度为 10%~12.5%,图像信号电平介于白色和黑色电平之间。各脉冲的宽度为:行周期 $64\mu s$,行正程 $52\mu s$,行同步脉冲宽度和槽脉冲宽度 $4.7\mu s$,行消隐脉冲宽度 $12\mu s$,场周期 $20\,000\mu s(20ms)$,场同步脉冲宽度 $160\mu s$,场消隐脉冲宽度 $1612\mu s$,均衡脉冲宽度 $2.35\mu s$。

2) 全电视信号的频谱

全电视信号的频谱是图像主体信号和辅助信号的频谱之和,反映其中各信号能量按频率的分布情况。电视图像信号是随时间变化的单极性信号,幅度与亮度成正比,频带宽度与

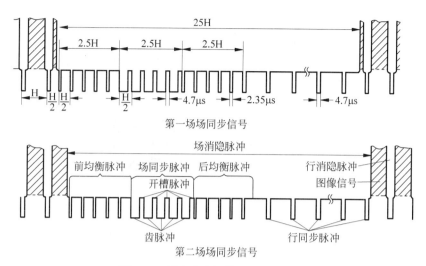

图 5-10　黑白全电视信号的时域波形

图像内容有关。欲求电视图像信号的频带宽度,需要知道其最低频率和最高频率。由于任一景物或图像都有一定的背景亮度,所以图像信号具有直流成分,其最低频率 f_{min} 接近于零。

　　电视图像信号的最高频率需要根据电视系统的分解力进行推算。图像的清晰度指人主观感觉到的图像重现景物细节的清晰程度。在电视系统中,清晰度既与电视系统本身的分解力有关,也与观察者的视力状况有关。垂直清晰度指人眼在垂直方向能分辨的像素数,水平清晰度指人眼在水平方向能分辨的像素数。相应地,电视系统分解力可以分为垂直分解力和水平分解力。

　　电视系统的垂直分解力指沿着图像垂直方向所能分解的像素数目,它受扫描行数的限制。由于在分解时,并非每一扫描行都有效,比如在场扫描的逆程期间,被消隐的行数不分解图像,所以,计算每幅图像的扫描行数时需要将其去除。假设 β 为场逆程系数,Z 为扫描行数,则图像分解的有效扫描行数为 $(1-\beta)Z$。最佳状况下,电视系统的垂直分解力等于有效扫描行数。由于扫描电子束和被扫描像素的相对位置关系,并非每一有效行都能代表垂直分解力。

　　实际上,由于图像内容的随机性,垂直分解力介于 $(1-\beta)Z$ 和 $(1-\beta)Z/2$ 之间,若用一个小于 1 的系数 K_e 乘以有效扫描行数,则垂直分解力可以表示为:

$$M = K_e(1-\beta)Z \tag{5-4}$$

式中,M——垂直分解力;

　　K_e——Kell 系数,约为 0.76;

　　β——场逆程系数;

　　Z——扫描行数。

　　按我国的电视标准,扫描行数 $Z=625$,场逆程系数 $\beta \approx 0.08(1612/20000)$,代入式(5-4),可以得到 $M \approx 440$ 线。

　　水平分解力指电视系统沿着图像水平方向所能分解的像素数目,与电子束孔径相对于图像细节宽度的大小有关。如图 5-11(a)所示,扫描电子束具有一定的截面积(图中的圆形面积),由其扫描黑白分明的图像边沿时,所形成的信号波形具有一定宽度的过渡边沿。另一方面,若黑白条纹的间距尺寸比电子束直径小得多,如图 5-11(b)右侧所示,则脉冲波的幅度将明显减小,甚至电压不再变化,造成图像边沿模糊、细节不清,使电视系统的水平分解力下降。这种分解力受到电子束孔径大小限制的现象,称为边界效应或孔阑效应。

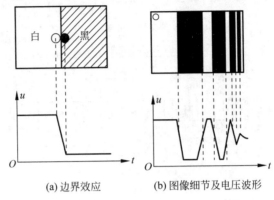

(a) 边界效应　　　　(b) 图像细节及电压波形

图 5-11　电子束孔径对图像细节的影响

实验表明,在同一电视系统中,当水平分解力与垂直分解力相当时,图像质量最佳。假设图像的宽高比为 K 时,水平分解力 N 可以根据垂直分解力 M 推算出来:

$$N = KM = KK_e(1-\beta)Z \tag{5-5}$$

假设在行正程时间内水平方向能分解 N 个像素,则沿水平方向扫过一个像素所需的时间为:

$$t_d = \frac{T_{HS}}{N} = \frac{(1-\alpha)T_H}{N} = \frac{1-\alpha}{Nf_H} = \frac{1-\alpha}{Nf_F Z} \tag{5-6}$$

式中,T_{HS}——行正程时间;

$\quad \alpha$——行逆程系数,取值约为 $0.18(12/64 \approx 0.18)$;

$\quad f_H$——行频;

$\quad f_F$——帧频;

$\quad Z$——扫描行数。

孔阑效应表明,当扫描电子束的直径与像素大小相当时,图像信号近似为正弦波,故图像信号的最高频率为:

$$f_{max} = \frac{1}{2t_d} = \frac{Nf_F Z}{2(1-\alpha)} \tag{5-7}$$

隔行扫描时,帧频为场频的一半,综合式(5-4)和式(5-6)可得:

$$f_{max} = \frac{1}{4}KK_e \frac{1-\beta}{1-\alpha}f_V Z^2 \tag{5-8}$$

式中,K——图像画面的幅型比;

$\quad f_V$——场频(我国制式为 50Hz)。

按照我国的隔行扫描电视标准,将 $K = 4/3, f_V = 50\mathrm{Hz}, Z = 625, \beta = 0.08, \alpha = 0.18, K_e = 0.76$ 等参数代入式(5-8),可得电视图像信号的最高频率 f_{max} 约为 5.6MHz,则电视图像信号的频谱宽度 $\Delta f = f_{max} - f_{min} \approx 5.6\mathrm{MHz}$。

电视图像信号经过逐行和逐场地扫描而成,具有一定的周期性。根据数字信号处理理论,周期信号的频谱是离散谱线。如图 5-12 所示,电视图像信号的频谱是形状像梳齿的离散谱线,由行频 f_H 及其谐波组成主谱线,在主谱线的两侧对称分布着由场频及其谐波组成的边带,各谱线间有很大的间隙。随着行频谐波次数的增大,谱线幅度逐渐减小,说明黑白图像信号的主要能量分布在视频信号的低频段。

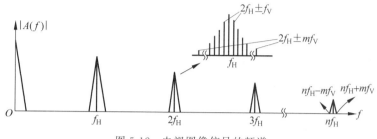

图 5-12 电视图像信号的频谱

此外,由于各辅助脉冲信号都是周期性脉冲,其频谱与脉冲宽度有关。若以 τ 表示脉冲宽度,如图 5-13 所示为周期性脉冲信号的频谱。一般而言,能量主要集中在 $f=3/\tau$ 以内,可以近似认为辅助脉冲信号的最高频率为 $3/\tau$。以行同步脉冲为例,$\tau=4.7\mu s$,则 $3/\tau\approx$ 638kHz。所以,各辅助脉冲信号的谱线也都在 6MHz 的范围以内。根据以上分析,全电视信号具有在 $0\sim6$MHz 范围内离散分布的频谱结构。

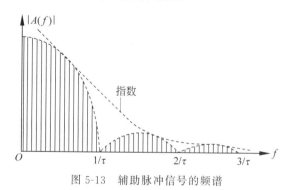

图 5-13 辅助脉冲信号的频谱

5.2.2 彩色电视信号

彩色电视是在黑白电视的基础上发展起来的,彩色电视系统根据三基色原理摄取和重现彩色图像。

1. 彩色图像的摄取

如图 5-14 所示,为彩色摄像机的彩色画面摄取示意图。该摄影系统由分色光学系统与 3 个黑白摄像管组合形成。彩色图像经物镜照射在分色棱镜上,三角棱镜的一个表面镀有反射膜,可以反射某基色光而使另外两种基色光透过,再经另一面镀有反射某基色光的表面,剩下的最后一种基色光继续透射过去,将进入镜头的彩色光束分解成三基色光。然后,3 种基色光分别由 3 个黑白摄像管进行光电转换。黑白摄像管本身并无辨色能力,只是记录下光的亮度,色度则由 3 种基色光的比例关系决定。摄像管的输出分别经红、绿、蓝通道放大与处理,再由编码器合成能由一个通道传送的彩色全电视信号。通常,3 只黑白摄像管的扫描电流由同一个扫描电路供给,以保证扫描完全一致。

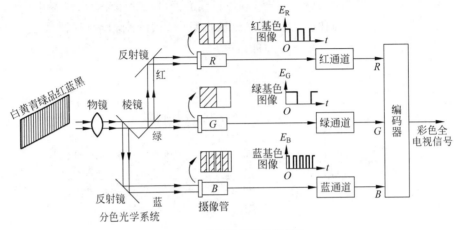

图 5-14　彩色画面的分解摄取

2. 彩色图像的重现

在电视系统中,为了重现彩色图像,彩色电视接收机必须把收到的彩色全电视信号恢复成三基色电信号并还原成三基色图像,然后由显像管将其叠加,恢复原彩色图像,彩色图像的重现一般是利用空间混色法。彩色显像管与黑白显像管最大的区别就是它有 3 个电子束,分别对应红、绿、蓝三基色。彩色显像管的荧光屏上布满三色荧光粉,以红、绿、蓝三基色点为一组以品字形排列。电子枪产生 3 条电子束,分别受红、绿、蓝 3 个基色信号激励,轰击对应的荧光粉点。混合色的色调及饱和度取决于三基色电压的大小。

荫罩管式显像管是常见的彩色显像管,如图 5-15 所示,结构为三枪三束管。荧光屏内壁是打有几十万个小圆孔的金属薄板(荫罩板),板厚度为 0.15mm,孔径为 0.25mm,电子可以通过这些小孔打到荧光屏上,起到选色机构的作用。荫罩孔和三色荧光点一一对应,荧光屏上每一组三色点相当于一个彩色像素。

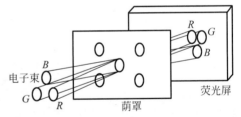

图 5-15　荫罩管式彩色显像管的工作示意图

由于电子束截面大于荫罩孔,一束电子同时可以激发好多像素,使图像模糊,为了消除这种孔阑效应,提高清晰度,3 组电子束要足够细。

视频讲解

5.3　模拟电视制式

5.3.1　彩色电视制式

彩色电视制式指对彩色电视信号加工处理和传输的特定方式。由于彩色电视是在黑白电视的基础上发展起来的,所以,在设计彩色电视制式时,需要考虑两方面。一是兼容性,即彩色电视信号能被黑白电视接收机接收,显示出通常质量的黑白图像。反之,彩色电视接收机也能够以黑白图像的方式收看黑白电视信号。二是频带压缩。传输彩色电视三基色电信号最简单的方法是用 3 个通道分别把它们送到接收端,在接收端分别用 R、G、B 电信号去控制红、绿、蓝电子束。这种方式原理简单,但是占用的设备和带宽不经济。所以,实际发送电视信号时,需要做频带压缩。一般的做法是在发送端对三基色信号进行编码,获得一个与黑白电视信号相类似的亮度信号和一个包含色度信息的色差信号,在接收端经过解码恢复原三基色信号的方式来传输彩色电视信号。彩色电视要实现与黑白电视的兼容,应满足以下基本条件:

(1) 彩色电视所传送的电视信号中应有亮度信号和色度信号。亮度信号包含彩色图像的亮度信息,色度信号包含彩色图像的色调与饱和度信息。

(2) 彩色电视信号通道的频率特性应与黑白电视通道频率特性基本一致,而且应该有相同的频带宽度、图像载频和伴音载频。

(3) 彩色电视与黑白电视有相同的扫描方式和扫描频率,相同的辅助脉冲信号和参数。

(4) 尽可能地减小亮度信号与色差信号之间的串扰。

根据对色差信号传输与处理方式的不同,常见的彩色电视制式可以分为 3 种兼容制式,即 NTSC 制式、PAL 制式和 SECAM 制式。

5.3.2　亮度信号与色差信号

从兼容的角度出发,彩色电视系统中应传送一个只反映图像亮度的信号,以 Y 表示。同时,还应传送彩色信息,以 R、G、B 表示。在彩色电视系统中,选用一个亮度信号和两个色差信号来传送彩色图像。由亮度方程 $Y=0.3R+0.59G+0.11B$ 可知,3 个色差信号可以通过 3 个基色与亮度信号相减求得:

$$\begin{cases} R-Y=R-(0.3R+0.59G+0.11B)=0.7R-0.59G-0.11B \\ B-Y=B-(0.3R+0.59G+0.11B)=-0.3R-0.59G+0.89B \\ G-Y=G-(0.3R+0.59G+0.11B)=-0.3R+0.41G-0.11B \end{cases} \tag{5-9}$$

由于在 Y、R、G、B 中只有 3 个是独立的,因此,在传送 Y 的同时,再传送 3 个基色中的任意两个,就可以既满足兼容,又满足传送亮度和色度信息的要求。一般都选用以上 3 个色差信号中的 $R-Y$ 和 $B-Y$ 进行传输。原因有二:一是因为对大多数彩色而言,$G-Y$ 比 $R-Y$ 和 $B-Y$ 的数值小,所以,$G-Y$ 信号的抗干扰能力差;二是因为在接收端用 $R-Y$ 和 $B-Y$ 可以比较方便地恢复出 $G-Y$:

$$G-Y=-0.51(R-Y)-0.19(B-Y) \tag{5-10}$$

而且,由于式(5-10)中的两个系数都小于 1,所以在电路上易于实现。接收端由矩阵电路把收到的色差信号 $R-Y$ 和 $B-Y$ 按式(5-10)恢复出 $G-Y$,再以矩阵电路使之分别与 Y 信号相加,恢复出三基色信号:

$$\begin{cases} (R-Y)+Y=R \\ (B-Y)+Y=B \\ (G-Y)+Y=G \end{cases} \tag{5-11}$$

对于黑白电视信号,反映色调与饱和度的色差信号为零,且亮度 Y 的电压值与三基色电压值相等。在传送彩色图像时,三基色电压 R、G、B 不相同,若 3 个值都不为零,则说明被传送的彩色是非饱和色。若 3 个分量中有一个或两个为零,所传送的彩色为饱和色。

如果显像管的 γ 失真和非线性传输特性影响足够小,重现图像的亮度将只由所传送的亮度信号决定,无须考虑色差信号的干扰,称为恒定亮度原理。但是,当需要考虑显像管的非线性电光转换特性时,将不再满足恒定亮度原理。对于黑白电视接收机,只有在接收黑白图像时亮度误差为零,接收彩色信号时会产生亮度误差。

5.3.3 彩色电视频带压缩原理

1. 高频混合原理

由于人眼对黑白对比细节的分辨能力强,对彩色对比细节的分辨率较弱,所以,在重现彩色图像时,对着色面积较大的各种颜色,显示其色度可以丰富图像内容,看上去生动逼真。但是,对彩色细节部分,人眼分辨不出色度差别,所以可以不必显示其色度差别,而是以亮度信号代替。据此,彩色电视系统在传送彩色图像的过程中,对大面积彩色部分在传送亮度信息的同时传送其色度成分,颜色的细节部分则用亮度信号取代。这种处理方法叫作"大面积着色原理"。所以,彩色电视系统可以用 6MHz 的带宽传送亮度信号,用较窄的频带传送色度信号。我国的电视制度规定,色度信号的频带宽度为 1.3MHz。

2. 频谱交错原理

为了满足与黑白电视兼容的条件,彩色电视信号只能占用 6MHz 频带范围,所以,1.3MHz 的色度信号不能额外占用频带,需要想办法将色度信号的频谱插到亮度信号的频谱空隙。

如图 5-16(a)所示,黑白电视亮度信号的频谱是梳齿状谱,中间有很大的空隙。色度信号也是由逐行和逐场扫描得到,其频谱同样是由一群群谱线构成的离散的梳齿状结构,如图 5-16(b)所示。色度信号的能量主要集中在行频及其谐波附近,群谱线的间距为行频 f_H。但是,色度信号如果加在亮度信号中传送,会使亮度信号的频谱与色度信号的频谱完全重合,产生严重的亮度色度相互串扰。为此,可行的做法是将色度信号的频谱搬移到亮度信号谱线的间隙内。为了实现频谱搬移,需要对色度信号进行调频处理,即使用副载频 f_{sc} 将亮度信号与色度信号的谱线彼此错开(如图 5-16(c)所示)。如图 5-16(d)所示为亮度信号的频谱与频谱搬移后色度信号频谱的叠加。

在对色度信号进行频谱搬移时,副载频 f_{sc} 的选择原则为:

(1) f_{sc} 必须是半行频的奇数倍,即 $f_{sc} = (2n-1) \times f_H/2$;

(2) f_{sc} 使色度信号与亮度信号之间的串扰最小;

(3) f_{sc} 应与半行频之间有简单的倍数关系,以便电路上容易实现。例如,取 $n = 284$,则 $f_{sc} = 567 \times f_H/2 = 7 \times 9 \times 9 \times f_H/2 \approx 4.43MHz$。

5.3.4 色度信号与色同步信号

如前所述,要在 6MHz 的带宽内传送彩色电视信号,必须将色差信号调制到副载频 f_{sc} 上才能实现频谱交错。但是,如何将两个色差信号调制到一个副载频上呢?实际上,不同彩色电视制式的主要区别正是体现在对不同色差信号采用不同的信号处理方法。

1. 平衡调幅

平衡调幅指抑制载波的调制方式,简称抑载调幅。它与普通调幅的不同之处在于不输出载波。设调制信号为 $u_\Omega = U_\Omega \cos\Omega t$,载波信号为 $u_s = U_s \cos\omega t$,则调幅后的一般调幅信号为:

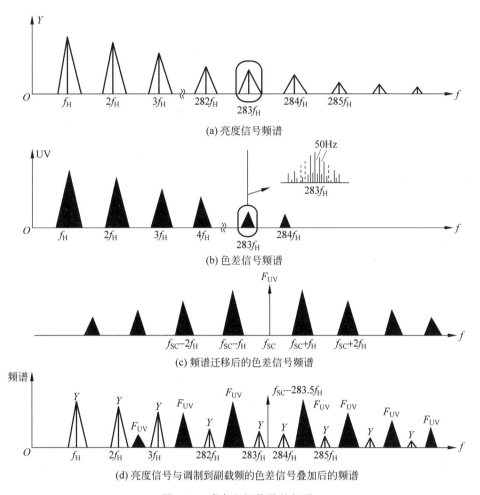

图 5-16　彩色电视信号的频谱

$$u_1 = (U_s + u_\Omega)\cos\omega t = (U_s + U_\Omega\cos\Omega t)\cos\omega t = U_s\cos\omega t + U_\Omega\cos\Omega t \cdot \cos\omega t$$

$$= U_s\cos\omega t + \frac{1}{2}U_\Omega\cos(\omega + \Omega)t + \frac{1}{2}U_\Omega\cos(\omega - \Omega)t \tag{5-12}$$

可见,普通调幅波的频谱由载频 ω 和两个边频 $\omega+\Omega$、$\omega-\Omega$ 组成,如图 5-17(a)所示。

平衡调幅要抑制载波分量,即从 3 个分量中去掉载波分量 $U_s\cos\omega t$,保留两个边频分量:

$$u_2 = U_\Omega\cos\Omega t \cdot \cos\omega t = \frac{1}{2}U_\Omega\cos(\omega + \Omega)t + \frac{1}{2}U_\Omega\cos(\omega - \Omega)t \tag{5-13}$$

可见,平衡调幅波为调制信号与载波信号之积。所以,平衡调制器实质上是一个乘法器,其频谱仅包括 $\omega\pm\Omega$ 两个边频分量,不含载波 ω 成分,如图 5-17(b)所示。这样,不仅使传输功率大为减少,而且在传输黑白图像或细节图像时,由于色差信号为零,平衡调幅信号既无边频,又无副载波信号,所以可以完全消除色差信号对亮度信号的干扰。

如图 5-18 所示为调制信号 u_Ω(见图 5-18(a))、载波 u_s(见图 5-18(b))、普通调幅波 u_1(见图 5-18(c))和平衡调幅波 u_2(见图 5-18(d))的时域波形对比。通过比较可以看出,平衡

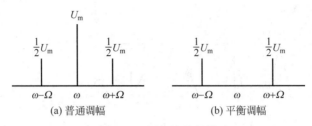

图 5-17 调幅波的频谱

调幅波的特点为:

(1)平衡调幅波的幅度与调制信号幅度的绝对值成正比。当调制信号的绝对值最大时,例如 t_1 和 t_3 时刻,平衡调幅波幅度最大。当调制信号等于零时,例如 t_2 和 t_4 时刻,平衡调幅波的幅度也为零。平衡调幅波的幅度与载波振幅 U_s 无关。

(2)调制信号为正值时,平衡调幅波与载波同相,调制信号电压为负值时,平衡调幅波与载波反相。当调制信号经过零电平而改变其电压极性时,平衡调幅波相位随之变化 $180°$。

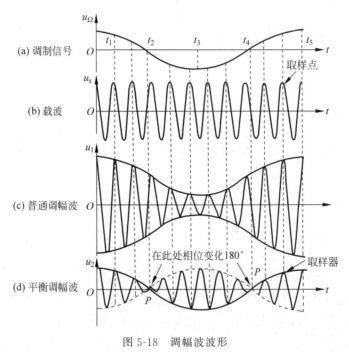

图 5-18 调幅波波形

2. 正交调幅

正交调幅指将两个调制信号分别对频率相等、相位相差 $90°$ 的两个正交载波进行调幅,然后再将这两个调幅波进行向量相加,这样得到的调幅信号称为正交调幅信号。如果两个调制信号分别对两个正交载波信号进行平衡调幅,称为正交平衡调幅,其合成信号即为正交平衡调幅信号。

3. 色度信号

NTSC 制式将正交调幅和平衡调幅结合起来,将两个色差信号分别加载到正交的两个副载波上进行平衡调幅,由此得到的调制信号称为彩色电视信号的色度信号。为了减小传输失真度,在将两个色差信号分别对两个正交副载波进行平衡调幅之前,需要先对其进行适当的幅度压缩,如式(5-14)所示,分别用 U 和 V 表示压缩后的蓝色色差信号和红色色差信号:

$$\begin{cases} U = 0.493(B-Y) \\ V = 0.877(R-Y) \end{cases} \quad (5\text{-}14)$$

式中,0.493 和 0.877 分别为两种色差信号的压缩系数。压缩后的色差信号分别对两个正交副载波 $\sin\omega_{sc}t$ 和 $\cos\omega_{sc}t$ 进行平衡调幅,得到两个平衡调幅信号 F_U 和 F_V:

$$\begin{cases} F_U = U\sin\omega_{sc}t \\ F_V = V\cos\omega_{sc}t \end{cases} \quad (5\text{-}15)$$

这两个平衡调幅信号的频率相等,相位相差 90°,将二者相加得到正交平衡调幅的色度信号:

$$F = F_U + F_V = U\sin\omega_{sc}t + V\cos\omega_{sc}t \quad (5\text{-}16)$$

通常称 F 为已调色差信号或色度信号。色度信号的振幅和相角分别为:

$$\begin{cases} F_m = \sqrt{U^2 + V^2} \\ \phi = \arctan\dfrac{V}{U} \end{cases} \quad (5\text{-}17)$$

可见,色度信号的振幅取决于 U、V 分量的大小,相角取决于 V 与 U 的比值,决定着彩色的色调,说明色度信号包含着色调和饱和度信息,是一个调幅又调相的信号。当色度信号的相位发生变化时,会引起色调的变化。当色度信号的振幅发生变化时,会引起饱和度的变化。

4. 色同步信号

NTSC 制式彩色电视系统的色度信号采用正交平衡调幅得到,所以,在发送端抑制了搬移色差频谱的副载波。但是,在彩色电视接收端,需要从彩色全电视信号中分离出色差信号。由于正交调制信号用包络检波技术不能解调,所以,通常根据色度信号两个分量相差 90°的特点,采用同步检波原理进行分离。但是,要实现同步解调,必须在彩色电视接收机中设置一个副载波产生电路,以恢复在发送端被抑制掉的副载波。为了保证接收端所产生的副载波与发送端的副载波同频同相,需要发送端在发送彩色全电视信号的同时,发出一个能反映发送端副载波频率和相位信息的信号,这个信号称为色同步信号。色同步信号由 8～12 个副载波周期组成,其出现周期与行周期相同,且位于行消隐脉冲的后肩上。色同步信号与彩色电视信号一起传送到接收端,彩色电视机将其从彩色全电视信号中分离出来控制接收机的副载波发生器,使之产生与发送端副载波同频同相的恢复副载波,再将恢复的副载波加到同步检波电路,解调出所需信号。

5.3.5 兼容制彩色电视制式

1. NTSC 制式

NTSC(National Television System Committee)制式是美国国家电视制式委员会于 1954 年制定的彩色电视制式,是世界上第一个成功的商业彩色电视广播制式。日本、加拿大等许多国家采用该电视制式。如前所述,出于兼容和压缩传输带宽的考虑,需要将两个色差信号调制在精确选定的副载频上,并采用正交平衡调幅的调制方式,这样做具有以下优点:

(1) 色度已调波对亮度信号的干扰最小；

(2) 已调波的彩色信噪比高；

(3) 两个色差信号互不干扰，在接收机中容易分开。

NTSC 制式在正交平衡调幅之前，基于人眼视觉的敏感性对压缩的色差信号 U 和 V 进行相角变换，即把 U 和 V 分量逆时针旋转 33°，将两个色差信号的相角变为 33°和 123°，产生 Q 和 I 信号，如图 5-19 所示。人眼对 I 轴表示的颜色最敏感，对其分配较宽的带宽(不对称带宽，+0.5MHz、−1.5MHz)，而对 Q 轴表示的颜色最不敏感，为其分配很窄的带宽(±0.5MHz)进行传输。通过非均匀的带宽分配策略，可以进一步压缩色差信号的频带。

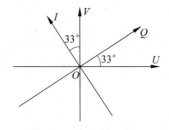

图 5-19　Q、I 轴与 U、V 轴的关系

I、Q 和 U、V 的关系可用下式表示：

$$\begin{cases} Q = U\cos33° + V\sin33° \\ I = U(-\sin33°) + V\cos33° \end{cases} \tag{5-18}$$

Y、I、Q 和三基色 R、G、B 的关系参看式(3-15)。NTSC 制式的优点是兼容性好，图像质量高，电路简单，信号处理容易；缺点是对相位失真十分敏感，调相误差要求控制在 ±10° 以内，容易产生明显的色调失真，对发射端与中间传送设备的性能指标要求较高。

2. PAL 制式

1967 年，德国和英国在正交平衡调幅和同步检波的基础上，将已调幅的红色差信号进行逐行倒相，形成了 PAL(Phase Alternation Line)制式。PAL 制式克服了 NTSC 制式的相位高度敏感性，是彩色电视系统使用最多的一种电视制式。

PAL 制式对正交平衡调幅之后的色度分量 F_V 进行逐行到相的具体做法是：在发送端周期性地改变彩色相序，在接收端采用平均措施，减轻传输相位误差带来的影响。PAL 制式色度信号的数学表达式为：

$$F = F_U + F_V = U\sin\omega_{sc}t \pm V\cos\omega_{sc}t \tag{5-19}$$

式中的正负号表示若第 n 行取正号，则第 $n+1$ 行取负号。对于隔行扫描来说，奇数帧的奇数行取正号，偶数行取负号。偶数帧的奇数行取负号，偶数行取正号。PAL 制式中 U、V 分量的相角分别为 0°和 90°。另外，PAL 制式根据对图像载频和伴音载频的改动，形成了若干种变体，比如 PAL/D、PAL/B、PAL/G、PAL/H 等具体形式，每种变体的视频带宽和音频副载波的位置有所不同，我国采用的是 PAL/D 制式。

PAL 制式的副载波频率 f_{sc} 采用 1/4 行间置再加 25Hz，可以有效地实现亮度信号和色度信号的频谱交错。梳状滤波器在分离色度信号的同时，可以使亮度串色的幅度下降 3dB，彩色信噪比提高 3dB。但是，PAL 制式的彩色清晰度略低于 NTSC 制式，存在行顺序效应(也称"百叶窗"效应)，信号处理较烦琐，接收机电路较复杂。

3. SECAM 制式

SECAM 是法文 Séquentiel Couleur à Mémoire 的缩写，意思是顺序传送彩色与存储，所以，该制式也叫顺序传送彩色与存储制式。SECAM 制式于 1967 年在法国正式使用，苏联、东欧等国家相继采用。

　　SECAM 制式与 NTSC 制式和 PAL 制式最大的不同,表现在它的两个色度信号不是采用同时传送,而是采用了顺序传送的方法。例如,第 n 行传送 R-Y,第 $n+1$ 行传送 B-Y,以此类推。由于两个色度信号不同时出现,可以从根本上消除两个色度信号互相串扰的问题。亮度信号 Y 仍然与 R-Y 或 B-Y 同时传送。

　　此外,SECAM 制式在发送端对 R-Y 和 B-Y 采用的是行轮换调频的方式,即两个色差信号对不同频率的副载波 f_{sc} 进行调频,然后将两个调频波轮换插入亮度信号频谱的高端,逐行轮流传送。这样,在接收端需要采用一个行延迟线,使每一行的色差信号可以使用两次,这种处理方法叫作存储复用技术。

　　SECAM 制式的优点如下:

　　(1) 传输失真小,图像录放性能好。

　　(2) 传输中引入的微分相位失真对大面积彩色的影响减小,微分相位容限可达 $\pm 40°$。

　　(3) 由于反映色差信号幅度的调频信号的频偏不受非线性增益的影响,所以,色度信号不受振幅失真及幅度型干扰的影响。

　　(4) 由于不采用正交平衡调幅,所以,不必传送色度副载波的相位基准信息。

　　但是,SCEAM 制式存在以下问题:

　　(1) 由于已调频波的瞬时频率会随着图像内容而变化,无法实现亮度信号与色度信号的频谱间置,所以,SECAM 制式副载波调频信号的频谱比较复杂,彩色副载波会对画面产生较严重的光点干扰。为了减小这一干扰,SECAM 制式对彩色副载波采用强行定相的方法,比如采用逐场倒相或三行倒相,但仍无法避免色度信号与亮度信号的相互干扰。

　　(2) 调频副载波周期不是常数,需要采取特殊措施使相邻两场的副载波干扰互相抵消。

　　(3) 即使没有色度信号,副载波依然存在,所以,副载波对亮度信号的干扰始终存在。

　　(4) SCEAM 制式的彩色图像垂直清晰度下降一半。

　　以上 3 种彩色电视制式的主要技术指标见表 5-1。

表 5-1 模拟电视系统制式的主要技术指标

相 关 参 数	PAL 制式	NTSC 制式	SECAM 制式
帧频(帧/秒)	25	29.97	25
场频(场/秒)	50	59.94	50
每帧行数(行/帧)	625	525	625
有效行数(行/帧)	576	480	576
行频(行/秒)	15 625	15 750	15 625
行周期(μs)	64	63.5	64
有效扫描时间(μs)	52	53.5	52
行消隐时间(μs)	12	10	12
场周期(ms)	20	16.7	20
场消隐时间(μs)	1612	1333	1568
图像宽高比	4∶3	4∶3	4∶3
彩色分量	YUV	YIQ	YUV
亮度带宽(MHz)	5.0,5.5	4.2	6.0
色度带宽(MHz)	1.3(U,V)	1.6(I),0.6(Q)	1.0(U,V)
复合信号带宽(MHz)	8.0	6.0	8.0

续表

相 关 参 数	PAL 制式	NTSC 制式	SECAM 制式
彩色副载波(MHz)	4.43	3.58	$4.25(D_b)$,$4.41(D_r)$
音频副载波(MHz)	5.5,6.0	4.5	6.5
色度调制方式	QAM	QAM	FM

4. 现行彩色电视制式的缺陷

上述 3 种兼容制模拟彩色电视制式都是行之有效的广播彩色电视制式。但是,这些彩色电视制式有以下主要缺陷:

(1) 受扫描行数和信号带宽的限制,图像清晰度低,细节分辨率差。

(2) 兼容制需要采用亮、色信号共用频带叠加传输,亮、色分离没有完善的措施,画面存在各种串扰,如亮-色串扰、色-色串扰等。

(3) 隔行扫描和较低的行、场频率会造成图像垂直清晰度下降,导致并行及行蠕动,行间闪烁,大面积闪烁等现象。

(4) 由于只能传送大面积彩色,窄带传送色差信号会使彩色细节有所失真。

(5) 由于存在微分相位和微分增益失真,色彩欠柔和。

(6) 模拟制式不利于信息传输、存储、处理和节目交流。

(7) 显像面积不够大,缺少临场感和逼真感。

5.4 模拟电视广播系统

视频讲解

一个完整的电视系统包括从景物信息摄取到景物信息再现的全过程,比如电视信号的产生、变换、处理、传输、记录与重放、接收与显像等环节。广播电视系统是一种用于广播的非专用电视系统,一般采用无线电方式进行信号传输。因此,也称为无线电视系统或开路电视系统。如图 5-20 所示为广播电视系统的组成方框图。电视中心或电视台负责电视信号的产生、处理与编辑是所有电视节目的来源。信号源通常为摄像机产生的视频信号,经过图像加工器进行放大、校正和处理后送至导演控制室,经过导演的控制再传送至图像发射机。

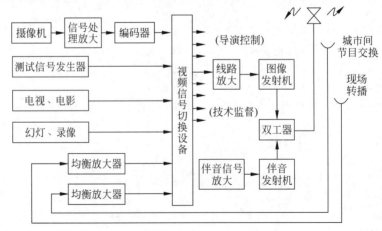

图 5-20　广播电视系统的组成方框图

图像发射机对图像信号进行放大、调制、上变频后经由双工器送到天线。类似地,伴音信号经伴音加工器送至伴音发射机,经放大、调制、上变频后由双工器送到天线。双工器可以使高频图像信号与高频伴音信号共用一副天线发射出去而互不影响。广播电视系统的终端是电视接收机,在接收高频电视信号后,经过一系列与发送端对应的相反变换和处理,恢复出原来的图像信号和伴音信号,分别加到电视机的显像管和扬声器上,再现发送端的图像和声音。

电视中心的设备统称为播控设备,表5-2列出了部分主要播控设备。

表 5-2　电视中心的主要播控设备

设 备 名 称	功　　能
摄像机、电视幻灯机、电视电影机、磁带录像机、测试信号发生器、激光视盘机、电视实况转播车、卫星地面接收设备等	产生图像信号源
同步机、脉冲分配器、同步信号延时、均衡及锁相设备	产生脉冲源和控制脉冲时序
示波器、向量仪、监视器	监测电视信号、判断图像质量
视频切换设备	对各种图像进行混合、切换等特技处理,记录、存储、重放、交换电视节目
声音及灯光设备	伴音信号、拍摄环境

5.4.1　电视信号的摄取

电视信号包括电视图像信号和电视伴音信号,由于伴音信号的产生和处理比较简单,因此,通常所说的电视信号指的是电视图像信号。摄像机是电视系统最重要的信号源,一般要求摄像机的分辨率要高,彩色逼真,失真干扰小,灵敏度高,使用简单方便等。在演播室里,为了得到不同景深及特写镜头,通常会设置多台摄像机。

5.4.2　电视信号的处理

从摄像管输出的信号,在进入编码器之前需要进行一系列的校正处理,例如预放及反杂波校正。有些处理是在摄像机机头内完成,有些则是在控制台或调像台进行。电视信号在发射前,中心机房的导演室会进行视频信号切换、特技处理等加工,如图5-21所示。

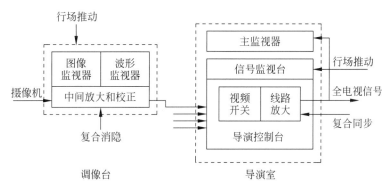

图 5-21　电视信号的处理流程

电视信号的具体处理方法及功能说明见表5-3。

表 5-3 电视信号的处理方法

信号处理方法	功 能 说 明
反杂波校正	摄像机机头内预放器的输入电路和第一级放大器选用高增益和低杂波系数的放大电路,高频补偿放大器使放大器的增益随频率升高而提高,可以抑制电视接收机屏幕上出现的雪花状杂波干扰
电缆校正	传输电缆较长时,其分布参数会使图像信号的高频分量跌落。所以,在调像台采用电缆校正放大器进行高频分量的提升,提高图像的清晰度
黑斑校正	在处理电路中产生与叠加型黑斑或乘积型黑斑波形相反的校正信号,克服由摄像机镜头各区域亮度不均匀引起的黑斑或色斑
孔阑校正	提升高频段的幅频特性可以突出图像轮廓,不改变相频特性,提高图像的清晰度,水平轮廓校正和垂直轮廓校正往往组合在一起
直流恢复	摄像机和电视接收机中采用箝位电路恢复由交流耦合放大器损失的图像直流和低频分量,提高图像的背景亮度
灰度校正	即 γ 校正,通常在调像台设置 γ 校正电路,用于消除由显像管和摄像管的非线性光电转换特性引起的图像灰度畸变
彩色校正	采用修正法或合成法使摄像机的光谱响应特性与显像管的三基色混色曲线一致
电子编辑	电子编辑机把在不同场合记录的内容以插入或组合的方式汇编在一起
切换	从多路电视信号中选出一路或从一路切换到另一路,有快切换和慢切换两种
划变特技	把两个信号源提供的图像按照一定的几何图形和比例关系组合成一个画面
键控特技	沿一定轮廓线抠去一个图像的一部分并嵌入到另一个图像,分为内键和外键
字幕叠加特技	在视频图像信号上叠加文字
数字特技	对视频信号进行尺寸、位置变化和亮度、色度信号变化的数字化处理,包括图像缩放、油画效果、瓷砖效果、画面冻结、裂像效果、镜像效果、倒影、多画面与画中画等

5.4.3 视频全电视信号和射频全电视信号

在广播电视系统中,电视信号源产生的电视信号称为视频电视信号,而发射机发射的信号称为射频电视信号。

1. 视频全电视信号

由摄像机输出的三基色信号,经过各种校正处理后,与各种同步信号一起送入编码器,再经过一系列的处理加工后形成彩色视频全电视信号输出。不同的电视制式,形成视频全电视信号的编码器结构不同,但是都包括矩阵电路、亮度信号通道、色度信号通道、同步信号电路和混合电路等。

2. 射频全电视信号

视频全电视信号(包括伴音信号)只有经过调制和混频,形成射频全电视信号,才能发射出去。对于射频全电视信号,不同的电视广播系统对视频图像信号和伴音信号采用的调制方式和频段分配均不相同。地面广播电视系统和卫星广播电视系统(BSTV)的射频电视信号的形成方式见表 5-4。在地面广播电视系统中,通常对视频图像信号残留边带调幅处理,对伴音信号进行调频处理,形成的射频全电视信号的频谱分布如图 5-22 所示。

表 5-4 地面广播电视系统和卫星广播电视系统的射频电视信号

电视广播系统	项目	方式	说明
地面广播电视系统	使用频段	甚高频(VHF)	48～223MHz,Ⅰ、Ⅱ波段共 12 个频道
		超高频(UHF)	470～960MHz,Ⅳ、Ⅴ波段共 56 个频道
		92～167MHz 566～606MHz	调频广播和无线电通信使用,有线电视可以设置增补频道
	图像信号调制	残留边带调幅	视频图像采用负极性残留边带调幅处理,下边带保留 1.25MHz,保留载波及上边带,可以将原来的 12MHz 占用带宽降至 7.25MHz。优点:(1)节省带宽;(2)降低发射和接收天线的带宽要求;(3)简化发射机和接收机的高频电路;(4)提高发射机的有效输出功率。
	伴音信号调制	调频	伴音信号采用调频方式处理,伴音信号的频率范围是 50～15 000Hz,载频比图像载频高 6.5MHz,经调频变成宽带信号 130kHz,伴音调制与图像调制互不干扰,接收质量高。高频端抗干扰能力差,需要预加重处理
	频道划分	频道带宽 8MHz	共 68 个频道
卫星广播电视系统	下行频段	0.7GHz	0.62～0.79GHz,只供调频电视广播用
		2.5GHz	2.5～2.69GHz,只供集体接收用
		12GHz	11.7～12.75GHz,按 3 个区分配
		23GHz	22.5～23.0GHz,仅 2、3 区使用
		42GHz	40.5～42.5GHz,全世界分配
		85GHz	84.0～86.0GHz,全世界分配
	上行频段	2GHz	从卫星固定通信的上行线路频段选用,与下行频段不应相距太远
	调制方式	FM-FM 方式	伴音信号先调频,再与图像信号混合成复合基带信号,然后用此复合基带信号对主载波调频
		PCM-FDM-FM 方式	伴音信号先数字化,此数字伴音信号对副载波调频或调相,实现频分复用。最后把已调数字伴音与图像信号混合成复合基带信号,再对主载波调频
		MAC 方式	即复用模拟分量方式,特点是对亮度信号及两个色差信号采用时分复用传送
	频道划分	频道带宽 27MHz	相邻频道重叠,邻国、邻地区之间常用不同频道和不同极化波进行广播

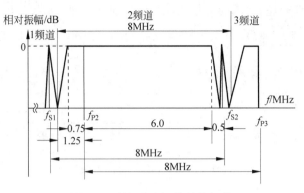

图 5-22　射频全电视信号的频谱

5.4.4　电视信号的发射

由摄像机等信号源直接产生的电视信号并不适合直接发射,需要经过调制和混频形成射频全电视信号才能发射。电视发射机由电视图像发射机和伴音信号发射机两部分组成。根据不同的分类标准,电视发射机的分类情况见表 5-5。

表 5-5　电视发射机的分类情况

分 类 标 准	类　　　型
工作频率	VHF 电视发射机、UHF 电视发射机
输出功率	小型电视发射机(1kW 以下)、中型电视发射机(1～10kW)、大型电视发射机(10kW 以上)
图像信号调制方式	直接调制式、中频调制式
放大方式	双通道电视发射机、单通道电视发射机

各国的电视系统都有自己严格的电视标准,我国电视标准规定的电视发射机的主要技术指标见表 5-6。

表 5-6　我国电视发射机的主要技术指标

项　　目	技 术 指 标
标称射频频道宽度	8MHz
伴音载频与图像载频的频距	±6.5MHz
频道下限与图像载频的频距	1.25MHz
图像信号主边带标称带宽	6MHz
图像信号残留边带调幅(VSB)标称带宽	0.75MHz
图像信号调制方式及调制极性	振幅调制负极性
伴音调制方式	调频,频偏 50kHz,预加重时常数为 $50\mu s$
图像发射机与伴音发射机的功率比	10∶1～15∶1

常用的中频调制电视发射机有两种形式,即双通道电视发射机和单通道电视发射机。如图 5-23 所示,双通道电视发射机对图像信号和伴音信号分两个通道分别进行调制和放大,加以合并后发送。单通道电视发射机的视频图像信号和伴音信号分别经过调制后送入

合成网络,合并后的信号经互调校正,再由变频器将其变成射频信号通过功放和天线发射出去。

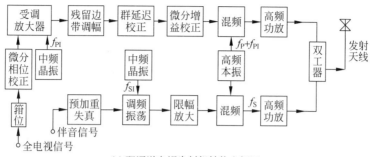

(a) 双通道电视发射机结构方框图

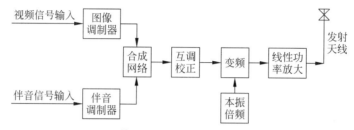

(b) 单通道电视发射机结构方框图

图 5-23　中频调制电视发射机的组成框图

5.4.5　电视信号的传输

电视信号在电视中心编辑和发射之后,经过传输通道才能到达接收系统。地面广播电视系统是最常见的电视系统,电视信号通过无线电波向远处传送,工作的频段在超短波波段。电视信号的无线传输具有视距传播、多径传播和绕射传播的特点。但是,这种空间波传播方式只能沿直线传播到直接可见的地方,在遇到地面或障碍物如高大建筑物时,电视接收信号会产生"重影"或接收质量变差。

视距传播的最大直视距离 d 可用下式估算:

$$d \approx 4.12\sqrt{h_1 + h_2} \qquad (5\text{-}20)$$

式中,h_1——发射天线的高度,m;

h_2——接收天线的高度,m。

由于地面电视广播的覆盖面主要局限于视距范围内,仅靠通过提高天线的高度来扩大电视覆盖范围会受到发射功率、造价和技术方面的限制。为了实现远距离传输,可以采用微波中继、电视差转和卫星电视广播来扩大电视覆盖范围。

1. 微波中继

微波中继也叫微波接力,就是在电视广播的传送路径中建立许多微波中继站,利用微波把电视信号一站一站地传送。每个接力站把前一站的微波信号接收下来,经过放大并变换载波频率再传向下一站。平原地区一般每隔 50km 设置一个接力站。微波中继传输是各国远距离传输电视信号的主要手段,所有的微波中继站均采用调频方式传输信号。

微波接力通道由端站、中继站和传输空间组成。端站设置在整个接力线路的两端,只有一个传输方向,是通信线路的始点和终点。端站的主要作用是将电视台送来的电视信号调制到微波上发送出去或将收到的微波信号解调出电视信号后送往电视台。端站的处理设备主要包括电视调制解调机、微波收发信号机和天线系统。

中继站的主要作用是放大所传输的电视信号,补偿信号在传输过程中的衰减,同时还要向两个方向转发信号,将收到的信号经过变频、放大等处理后再送至下一个接力站。中继站有3种类型,分别是可以分出和加入信号的主站、能够分出信号的分路站、仅对信号进行变频和放大的中间站。中继站的结构如图 5-24 所示。

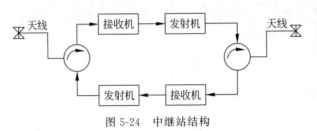

图 5-24　中继站结构

微波中继传输具有以下特点:

(1) 频带宽,调频传输抗干扰能力强;

(2) 传输信号质量高,不受电离层、天电,太阳黑子变化和工业的干扰;

(3) 直射性好,视距传播,需接力;

(4) 定向收发,需要方向性很强的高增益天线;

(5) 可以双向传输,实现各种电视节目的双向交流而不互相影响。

一个微波中继系统往往由许多中继站组成,进行多波道传输,而每一个中继站的双向波道又各有一套收发设备,这样,就需要正确合理地选择收发频率。微波传输的频率分配原则是使系统内部干扰最小,在给定频段内尽可能安排多的波道,增加通信容量。具体分配频段时需要注意:

(1) 同一站内,单向波道收、发频率必须分开;

(2) 多波道同时工作时,相邻波道要有足够的间隔;

(3) 合理分配频率,避免镜像干扰;

(4) 整个频谱安排应紧凑。

2. 电视差转

电视转播可以采用收转式和差转式。收转式设备庞杂,价格昂贵,所以,使用电视差转较多。电视差转是电视差频转播的简称,主要功能是将接收到的主台某频道的电视节目,经过差转机的频率变换和放大,再用另一频道发射出去,从而扩大主台的覆盖范围和服务面积。差转台一般设在主台服务区边缘地带的高处。

电视差转机一般包括接收和发射两大部分,如图 5-25(a)所示为一次变频式差转机,一次变频差转机的本振频率为接收频道和发射频道两个图像载频或伴音载频之差。一次变频差转机电路结构简单,成本低,但收发隔离度差,容易产生收发干扰。如图 5-25(b)所示为二次变频式差转机,结构较复杂,成本也较高。

3. 卫星电视广播

卫星电视广播利用地球同步卫星传递电视信号,其同步轨道在赤道上空约 36 000km

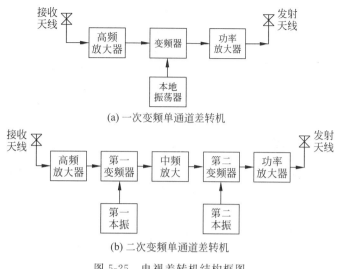

(a) 一次变频单通道差转机

(b) 二次变频单通道差转机

图 5-25　电视差转机结构框图

处。如图 5-26 所示,卫星电视广播系统主要由直播卫星、移动发射站、主发射站与测控站、地面接收网(包括家庭接收站、集体接收站、地面收转站)组成,图中实线箭头表示下行线路,虚线箭头表示上行线路和转发线路。

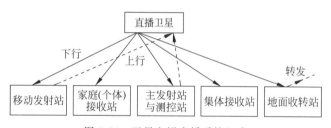

图 5-26　卫星电视广播系统组成

移动发射站及主发射站与测控站的主要任务是对来自电视中心的广播电视信号进行处理、调制、上变频和功率放大,通过定向天线向卫星发送上行微波信号,同时接收卫星发回的电视广播节目,以便监视节目播出的情况和质量。测控站通常与主发射站在一起,是与卫星对话并管理卫星的地球站,主要任务是测量、控制卫星的位置和姿态,以及调整转发器的工作状态。

卫星星体是卫星广播电视系统的核心,主要由转发器、收发天线、星载电源和控制系统等组成。卫星星体的任务是接收来自上行站的电视信号、放大、变频,用下行频率向用户转发节目。转发器可以是中频变换式,也可以是直接变换式。

地面接收网的接收形式有 3 种。第一种供转播用,采用较大口径的抛物面天线和专业用高灵敏度卫星广播接收机,把收到的微弱信号放大、解调后,作为地面发射机或差转机的调制信号。第二种是集体接收形式,将卫星电视信号接收下来,变成中频(1GHz)或 UHF 信号,再分配给用户。第三种是家庭直接接收卫星电视节目,即在普通家用电视机前加一个小型抛物面天线、一个室外微波头和一个室内单元。

使用通信卫星中继传输具有以下优点:

(1) 通信覆盖面大,距离远,适应性强,容易实现越洋和洲际通信;

（2）传输容量大，频带宽，效率高，节省功率；

（3）传输质量高，抗干扰能力强，通信稳定，转播节目质量高；

（4）具有多址联结特性，一个卫星能同时实现与多方向、多个地球站之间的相互联结；

（5）建设费用低。同样的覆盖面积，卫星广播电视系统的投资只是地面中继站投资的几分之一，且工作人员也大为减少。但是，卫星的寿命一般为 6～7 年，卫星转发器的损坏将会使整个系统停止工作。

5.4.6 电视信号的接收

电视信号的接收指利用电视接收机对传输过来的电视信号进行恢复和再现的过程。根据接收电视信号的不同，可以分为地面广播电视信号的接收和卫星广播电视信号的接收。

1. 地面广播电视信号的接收

地面广播电视信号的接收用普通的家用广播电视接收机即可实现。普通的广播电视接收机都具备兼容性，可以接收彩色或黑白电视节目。如图 5-27 所示，彩色电视接收机与黑白电视接收机的组成电路中有许多相同的部分，主要包括如下几部分。

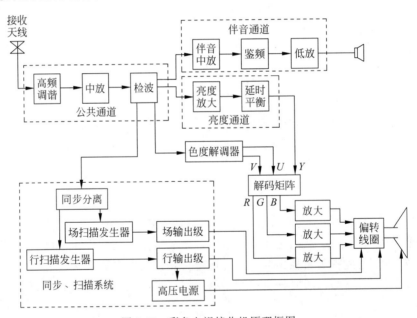

图 5-27 彩色电视接收机原理框图

1）公共通道

公共通道包括天线、高频调谐放大器、图像中频放大器、视频检波器等。该部分主要完成以下功能：

（1）天线收到的欲接收频道的射频信号及相邻频道的干扰信号，由阻抗变换器使其与高频头中输入电路所需的输入阻抗匹配；

（2）经高频放大器放大信号，由本地振荡器和混频器组成的变频器将射频信号变换为中频信号；

（3）中频放大器对图像信号放大 60dB 左右，并抑制某些特定频率的干扰；

（4）视频检波器利用二极管的非线性特性对图像信号进行峰值包络检波，变换出图像伴音信号,然后由视频前置级分离出视频图像信号和伴音信号。

2) 伴音通道

伴音信号经过伴音中放放大和限幅后,由鉴频器解调出原始声音信号,经音频放大后在扬声器中恢复原伴音。

3) 亮度通道

图像的亮度信号经视频放大器放大,恢复直流后送到显像管,控制电子束的强弱。

4) 色度通道

由色度放大电路、延迟解调器和同步检波器组成,其任务是从全电视信号中分离出色度信号并经同步解调得到 U、V 色差信号。

5) 解码矩阵

解码矩阵包括色差放大和解码矩阵电路,其作用是把 Y、U、V 信号通过线性变换形成三基色信号 R、G、B。

6) 稳定电路

自动杂波抑制(ANC)电路用于消除可能出现的大脉冲干扰,自动增益控制(AGC)电路控制中放和高放的电路增益,使输出的视频信号稳定在一定的幅度范围内,避免失真和过载。

7) 扫描电路

扫描电路产生与同步信号同步的水平、垂直锯齿电流,控制偏转线圈进行扫描。主要包括同步分离电路和行、场扫描电路,还有中、高压电源部分。

2. 卫星广播电视信号的接收

卫星广播电视信号的接收需要专门的卫星电视接收机,并配上普通电视接收机或监视器才能完成。卫星电视广播的地面接收部分一般包括接收天线、室外单元和室内单元 3 部分。

接收天线采用抛物面天线,具有接收增益高、方向性强等特点,通常用整体成型的铝合金材料制成。抛物面天线的直径取决于接收频段和增益,对于我国卫星电视采用的 C 波段的 BSTV 频道,天线直径要求不小于 1.3m。

室外单元由高频低噪声放大器、下变频器和中放组成。低噪声(Low Noise Block,LNB)下变频器俗称高频头,主要功能是把微弱的高频卫星电视信号变换成接收机所要求的具有良好载波噪声比的卫星接收机中频信号。为了减小噪声,高频头应尽量靠近天线馈源,且与之直接相连。此外,为了降低传输损耗,需要把微波频率信号降为中频频率信号,再用电缆传输。

室内单元是卫星电视接收机的控制中心和信号处理设备,主要作用是从室外单元送来的信号中选取所需要的某频道的信号,并将其解调成图像信号和伴音信号送至监视器,或者是再把图像信号和伴音信号调制到地面电视广播的某频道上,送至普通电视接收机。

5.4.7　有线电视系统

1. 有线电视系统的基本概念

有线电视系统是采用缆线作为传输介质来传送电视节目的一种闭路电视系统(Closed

Circuit Television,CCTV),它以有线的方式在电视中心和用户终端之间传递声像信息。按照用途,有线电视系统可以分为广播有线电视和专用有线电视两大类。不过,随着技术的发展,两类有线电视有逐渐融合和交叉的趋势。

广播有线电视系统通常采用射频信号传输方式,且保留着无线广播制式和信号调制制式。早期的广播有线电视是公用天线电视系统(Community Antenna Television System),该系统在有利位置架设高质量接收天线,经有源或无源分配网络,将收到的电视信号送到众多电视用户。随着电视技术的发展,逐渐把开路电视广播、调频广播以及录像机自行播放的节目,通过同轴电缆分配给广大电视用户,形成电缆电视系统(Cable Television System)。一般来讲,电缆电视系统在前端有接收和处理信号的功能,传输分配网络的规模、复杂程度和用户终端数量都比公用天线电视系统复杂得多。随着光缆技术、双向传输技术以及卫星和微波通信技术的发展,打破了有线电视闭路与开路的界限,其传输介质从传统的平衡电缆、同轴电缆发展到包括光缆、卫星和微波。当传输距离较近时,传输介质一般采用同轴电缆、光缆和平衡电缆等有线介质。当传输距离较远时,除了使用光缆、同轴电缆以及光缆混合方式外,还常用微波和卫星等无线传播介质。

专用有线电视采用视频信号传输方式,根据应用领域的不同可以进一步分为工业电视、教育电视、医用电视、电视电话、会议电视、交通管理电视、通信电视、监视电视、军用电视、农业电视、矿用电视等。

2. 有线电视系统的特性

有线电视系统的发展非常迅速,具有以下特性:

(1)接收质量高。有线电视能够改善开路电视中弱场强区和"阴影区"的电视接收质量,抗干扰性能好。

(2)宽带性。同轴电缆、光缆和微波链路以及卫星转发器的频带都很宽,可以容纳很多电视频道,并可传输其他信息。

(3)保密性和安全性。闭路传输的方式可以减少外部干扰和向外泄漏,加扰容易。有线电视的防雷效果好。

(4)反馈性。有线电视系统可以实现双向传输,既可由有线电视中心向用户传送各种电视节目,也可以由用户向电视中心方向传送节目或其他信息。

(5)控制性。有线电视中心可以监控各干线放大器,可以实现对各电视用户的寻址,便于开展付费电视或有偿服务。

(6)功能扩展性。有线电视除了传送电视和调频广播节目之外,还可以实现计算机联网、市话入网、图文电视、付费电视和电视购物等,是实现"三网合一"的理想途径。

3. 有线电视系统的工作频段及频道

有线电视系统的工作频段及频道指在干线中传输信号的频段及频道,分布如图 5-28 所示。可见,有线电视的工作频段包含 VHF 和 UHF 两个频段。图 5-28 中的 DS 表示与开路电视广播系统对应的标准电视频道,一共 68 个。图 5-28 中的 Z 表示有线电视增补的非标准频道,在 300MHz 系统中共有 16 个有线增补频道。工作频段不同,增补频道的设置和频道数不一样。

有线电视的频道划分见表 5-7。

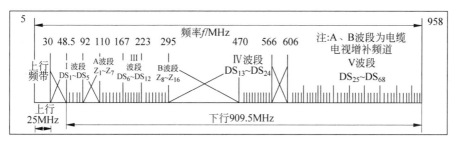

图 5-28 有线电视的工作频段及频道分布

表 5-7 有线电视的频道划分表

频道范围（MHz）	系 统 种 类	国际电视频道数	增补频道数	总频道数
48.5～223	VHF 系统	12	7	19
48.5～300	300MHz 系统	12	16	28
48.5～223	450MHz 系统	12	35	47
48.5～223	550MHz 系统	22	36	58
48.5～223	600MHz 系统	24	40	64
48.5～223	750MHz 系统	42	41	83
48.5～223	860MHz 系统	55	41	96
48.5～223	V+U 系统(含增补)	68	41	109

$Z_1 \sim Z_{16}$ 增补频道的频道分配见表 5-8。

表 5-8 $Z_1 \sim Z_{16}$ 频道分配表

频 道	图像载频/MHz	伴音载频/MHz	频带/MHz	中心频率/MHz
Z_1	112.25	118.75	111～119	115
Z_2	120.25	126.75	119～127	123
Z_3	128.25	134.75	127～135	131
Z_4	136.25	142.75	135～143	139
Z_5	144.25	150.75	143～151	147
Z_6	152.25	158.75	151～159	155
Z_7	160.25	166.75	159～167	163
Z_8	224.25	230.75	223～231	227
Z_9	232.25	238.75	231～239	235
Z_{10}	240.25	246.75	239～247	243
Z_{11}	248.25	254.75	247～255	251
Z_{12}	256.25	262.75	255～263	259
Z_{13}	264.25	270.75	223～231	267
Z_{14}	272.25	278.75	223～231	275
Z_{15}	280.25	286.75	223～231	283
Z_{16}	288.25	294.75	223～231	291

4. 有线电视系统的构成

有线电视系统一般由接收信号源、前端信号处理单元、干线传输分配系统、用户分配网络和用户终端几部分组成。如图 5-29 所示为有线电视系统的基本组成。

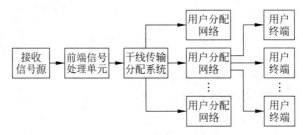

图 5-29 有线电视系统的基本组成

接收信号源通常包括卫星地面站、微波站、无线接收天线、有线电视网、电视转播车、录像机、摄像机、电视电影机、字幕机等。其中,无线接收天线是主要的电视节目信号源。天线有无源天线和有源天线两种,有源天线可以提高天线系统的增益和信噪比。

前端信号处理单元对天线接收的电视信号进行必要处理,再把全部信号经混合网络送到干线传输分配系统。目前大都采用技术结构复杂的信号处理器来实现频率变换、调制和放大等功能。

干线传输分配系统包括把前端设备输出的宽带复合信号传输到用户分配网络的一系列传输设备,主要有各类干线放大器和干线电缆和光缆。干线放大器通常具有自动增益控制和自动斜率控制功能。

用户分配网络是连接传输系统和用户终端的中间环节,主要包括延长分配放大器、分配器、串接单元、分支器和用户线等,用户分配网络的电缆可以用细一点的电缆,以降低成本。

用户终端是有线电视系统的最后部分,每个用户终端都装有终端盒,其功能是从分配网中获取信号。

视频讲解

5.5 数字电视系统

5.5.1 数字电视的基本概念

数字电视(Digital Television,DTV)指一个从节目摄制、制作、编辑、存储、发射、传输,到接收、处理、显示等全过程完全数字化的电视系统。从 20 世纪 70 年代末开始,在大规模和超大规模集成电路、计算机技术、显示技术、数字信号处理理论和技术以及压缩编码理论不断发展的推动下,数字电视迅速发展起来。我国于 2003 年全面启动国内有线数字电视的整体平移。数字电视与传统模拟电视相比具有以下优点:

(1) 数字电视抗干扰能力强,传输不会产生噪声累积,收视质量高。二进制或多进制的编码信号经过长距离传输或反复记录,仍可以几乎无失真地复原。

(2) 数字电视能够实现包括成帧图像的存储,可以实现模拟方法难以进行的信号处理功能,从而明显改善节目的保存和复制质量,提高观赏性和娱乐性。

(3) 数字电视稳定可靠,易于调整,存储电路和信号电路易于大规模和超大规模集成,便于生产和减小设备的体积。

(4) 数字电视的信号便于融入公用数据通信网,以及计算机或其他数字设备。

(5) 数字电视的彩色逼真,无串色,不会产生信号的非线性和相位失真累积。

(6) 数字电视可以实现不同分辨率等级的接收,适合大屏幕及各种显示器。

（7）数字电视可以移动接收，无重影，可以增加节目频道，减少传输成本。

（8）数字电视可以实现数字环绕立体声，同时还有多语种功能。

（9）数字电视易于加密/解密和加扰/解扰处理，便于开展收费业务。

（10）从被动收看发展为交互收看，便于开展多种信息服务，如数据广播、节目指南等。

如图 5-30 所示为数字电视系统的组成示意框图。其中，编码指从模拟电视信号变换到数字电视信号的基本编码，这种编码码流不能或不适合直接通过传输信道进行传输。为了克服数字信号在传输过程中的误码，需要经过某种处理使之变成适合在规定信道中传输的形式，即信道编码与调制。而且，不同的传输信道需要设计不同的信道编码和调制方案。数字信号处理单元可以完成某些相当于模拟处理的功能，例如图像增强、滤波、同步提取和抑噪等。数字电视信号可以采用各种半导体存储电路 RAM、ROM、EPROM 进行半永久性存储，也可以采用视频激光光盘进行永久性存储。

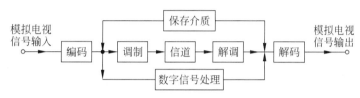

图 5-30　数字电视系统的示意框图

5.5.2　模拟电视信号数字化

模拟电视信号的数字化包括采样和量化两个过程。在模数（A/D）转换器中，由时钟和同步信号控制对模拟信号进行采样，采样后的信号称为脉冲幅度调制（Pulse Amplitude Modulation，PAM）信号。PAM 信号的幅值经过量化，变为幅度取有限个离散值的信号。然后，再根据取样点的离散值，将其编码为 n 位的二进制数字码，即 PCM 信号。若量化分层是均匀的，则称为均匀量化。这种码称为线性码。编码过程可以理解为将采样值与各量化值进行比较，取最接近它的样值，再给出对应的码，舍去或补足小于二分之一量化层值的量化误差，得到量化后的数字信号。为了能恢复原图像信号，采样频率应满足奈奎斯特采样定理，即采样频率应大于信号最高频率的 2 倍，通常取倍数为 2.2。实际上，PCM 系统中的取样、量化、编码 3 个过程现在可以由一块集成化的模数转换器完成。

1. 图像信号的编码方案与参数确定

彩色视频图像信号通常有两种形式：一种是彩色全电视信号，就是亮度信号 Y 与调制在彩色副载波上的色度信号 C 相加的信号，比较适合采用全信号编码方式进行 PCM 编码；另一种是以亮度 Y 和两个色差信号 $R-Y$、$B-Y$ 分别出现的彩色信号，比较适合用分量编码方式进行 PCM 编码。

1）全电视信号编码

全电视信号的编码主要考虑如何选择采样和量化参数，使数字化引起的误差最小。

对于采样而言，主要是采样频率的选择，需要考虑的因素有 3 个：一是满足奈奎斯特采样定理的要求；二是采样频率应取彩色副载波频率 f_{sc} 的整数倍，以减小差拍分量 $|pf_s - qf_{sc}|$ 对图像的影响，一般采样频率取副载波频率 f_{sc} 的 3～4 倍；三是考虑采样点在屏幕上的位置，应使采样点形成正交采样结构，即点阵空间位置固定，垂直对齐，采样频率取负载

波频率 f_{sc} 的 4 倍可以较好地满足这个要求。

对于量化而言,主要考虑图像信号的编码位数,可以用由量化引起的信号与量化噪声的比值定量分析。以线性编码或均匀量化为例,若单极性图像信号的变化范围为 $0\sim1$,分为 2^n 个量化层,每个量化层高为 $1/2^n$,则满量程的信噪比为 $6n+10.8\text{dB}$。当量化位数 $n=7$ 或 8 时,对应的量化信噪比范围为 $50\sim60\text{dB}$。

2) 分量编码

分量编码指对亮度 Y 和两个色差信号 $R\text{-}Y$、$B\text{-}Y$ 或三基色分量 R、G、B 分别进行编码,进行并行传输或时分复用传输。

对于分量编码,采样频率的选择也需要考虑 3 个因素:一是考虑分量信号的频谱宽度。例如,亮度信号的带宽为 $5.8\sim6\text{MHz}$,色差信号的带宽为 2MHz,则亮度信号的采样频率应是色差信号采样频率的 3 倍左右;二是取样频率应为行频的整数倍,以获得正交采样的点阵结构;三是考虑不同电视制式间的方便转换,例如,采样频率应是 625 行和 525 行两种制式行频的公倍数,亮度信号的采样频率与色差信号的采样频率应是整数倍关系等。1982年,国际无线电咨询委员会规定对亮度信号、红色差信号和蓝色差信号的采样频率分别为 13.5MHz、6.75MHz 和 6.75MHz,简称为 4:2:2 标准。该标准是为演播室制定的高质量分量编码标准,在其他场合,指标可以适当降低,例如,采用 4:1:1 或 2:1:1 标准。

对于编码位数,分量编码标准规定,亮度信号和色差信号先分别归一化为 $0\sim1$ 和 $-0.5\sim+0.5$ 范围,并编为 8 位线性码。归一化过程需要对色差信号进行压缩,压缩比分别为 $K_{R\text{-}Y}=0.5/0.701$,$K_{B\text{-}Y}=0.5/0.886$,压缩后 3 个分量的表示式为:

$$Y=0.299R+0.587G+0.114B$$
$$R-Y=0.5R-0.419G-0.081B \qquad (5\text{-}21)$$
$$B-Y=-0.169R-0.331G+0.5B$$

2. 电视伴音信号的编码

数字电视中的伴音信号采用 PCM 进行编码。当模拟伴音信号的最高频率为 15kHz 时,采样频率一般取 32kHz,当模拟伴音信号的最高频率为 20kHz 时,采样频率一般取 48kHz。当数字伴音信号与图像信号时分复用时,采样频率应与图像采样频率保持固定关系。声音信号量化时,要满足高保真的声音质量。所以,伴音编码的位数要比图像编码位数多,声音对量化噪声的平均值为 $60\sim65\text{dB}$,有的甚至高达 $85\sim90\text{dB}$。由于伴音信号的幅度分布具有随机性,所以,也可以采用非线性编码,量化位数为 11 或 12 时可以得到高质量的声音。

5.5.3 数字电视信号频带压缩

数字电视信号的传输速率为 200Mb/s,传输频带和存储资源成本很高。为此,必须在保持图像质量的前提下压缩数字电视信号的频带。对电视图像信号进行数据压缩以客观和主观感觉为依据。客观依据是电视图像信号在行的相邻像素、相邻行以及相邻帧之间具有冗余性。主观感觉依据是人眼难以觉察压缩后恢复图像的失真。研究表明,人眼对图像细节的分辨能力和对图像幅度变化的区别能力,以及对图像运动的分辨能力不能同时达到最高。而且,人眼对空间和时间的分辨能力是可以交换的。这样,对于图像中相对静止或慢变化的部分,可以每两帧传送一次。对于快速运动部分,可以将采样频率降低一半,也可以在图像轮廓处减小量化电平数和编码位数。图像数据压缩就是要去除时间冗余和空间冗余。

去除时间冗余的方法有去除行、场逆程时间对有效区域信号编码的方法,将色度信号频谱嵌在亮度信号频谱间隙的亚奈奎斯特编码方法,以及对不同颜色和信号分配不同比特数的编码方法等。

去除空间冗余的方法有利用像素相关特性的编码方法,结合离散余弦变换(DCT)和变长编码的方法等。MPEG-2 编码是一种典型的压缩编码方法,它支持 HDTV 和 SDTV 标准,码率可以在 1.5～50Mb/s 范围内变化。利用数字音频和视频压缩技术,可以在一个模拟电视频道中传送 4～6 路标准清晰度的电视节目或 1 路 HDTV 节目。

全球的数字电视广播制式根据不同的传输结构和音频编码方式,可以分为 3 种相对成熟的标准,即 ATSC 制式、DVB 制式和 ISDB-T 制式。ATSC 制式由美国在 1996 年提出,采用的国家和地区有加拿大、韩国、阿根廷、中国台湾等,DVB 制式大多在欧洲国家、澳大利亚、印度、巴西、新加坡采用,ISDB-T 制式为日本所采用。不同数字广播电视系统的调制和编码方式见表 5-9。

表 5-9 不同数字广播电视系统的调制和编码方式

	美国地面 广播电视	欧洲地面 广播电视	欧洲有线 广播电视	欧洲卫星 电视	日本 卫星电视
视频编码	MPEG-2	MPEG-2	MPEG-2	MPEG-2	MPEG-2
音频编码	AC-3	MPEG-2	MPEG-2	MPEG-2	MPEG-2
复用方式	MPEG-2	MPEG-2	MPEG-2	MPEG-2	MPEG-2
调制方式	8VSB	COFDM	QAM	QPSK	QPSK
带宽/MHz	6	8			27

5.5.4 电视信号的数字处理

数字信号处理具有运算精度高、稳定性好、容易调节和控制等优点,可以完成许多模拟电视中难以完成的功能。例如,采用数字相加器可以完成电视信号的叠加,数字乘法器可以放大或衰减信号,数字信号处理的信号存储与延时功能可以为电视信号的时基变换、图像几何变换以及数字滤波器的设计提供方便。

1. 数字滤波器

在电视信号的数字处理中,数字滤波器可以更好地完成诸如信号的频带限制、高频提升、高低频信号提取、信号分离和解调、帧间滤波以及信道动态均衡等操作。数字滤波器有两个主要特点:

(1)数字滤波器的频率特性具有周期性。在电视信号中,常常以行频或帧频为周期,设计梳状滤波器进行电视信号的频带处理。

(2)若数字信号序列具有对称性(偶对称或奇对称),则该滤波器具有线性相位特性(模拟滤波器较难得到线性相位特性)。当信号通过这种滤波器时,各频率分量虽然相对大小改变,但是各频率分量具有相同的延时,这样恢复的图像不会有重影或轮廓模糊现象。

在电视信号的数字处理中,常用的数字滤波器有低通性质的亮度水平滤波器、分离亮色信号的梳状滤波器和 PAL 色度解调器。

2. 电视信号的时基处理

电视信号的时基处理指在存储过程中,对电视信号采用不同的存取定时信号,将电视信号在时间上进行变换。

数字时基校正器(Digital Time Basic Corrector,DTBC)是一种电视时基处理设备,主要用来校正视频磁带录像机重放时输出信号的时基误差。来自放像机的重放视频信号经同步分离电路取出行同步或色同步信号,再经写时钟电路,产生数字编码的采样脉冲进行模数变换。该采样脉冲同时提供给写地址发生器,产生随时间变化的写地址信号。经数字编码后的重放视频信号,在写地址信号的控制下均匀地排列于存储器中。读地址发生器的控制信号是由电视台基准同步信号而来的精确时钟信号,能够保证从存储器读出的视频信号在时间上是均匀的,得到无时基误差的视频信号。

另外,倍行频显示技术和数字制式转换器都会用到电视信号的时基变换。

3. 数字视频特技

目前,数字视频特技可以充分应用各种数字信号处理技术和微机控制技术,完成上百种特技节目的制作,大大提高了演播室节目的制作质量。

数字电视信号如果以帧存储,则存储地址和图像在显示时的空间位置有确定的对应关系。若人为改变这种关系,就会产生图像的几何变换。常见的图像几何变换有图像平移、扩大或缩小、图像旋转等。

如果在对图像进行空间变换的同时,对图像的内容也进行变换,则可以产生许多图像特技效果。例如,将两个不同画面的图像通过取舍缩小,然后组合成一帧显示,可以实现电视图像的镶嵌特技,表现为多画面或画中画。如果将一幅图像扩大并显示在多个屏幕,可以实现电视墙特技。

5.5.5 数字电视信号接收

1. 数字电视接收机

电视接收机的数字化指在不改变现有广播电视运行机制的条件下,将电视接收机中的部分或大部分功能和电路由数字信号处理电路来完成。由于数字电视接收机采用了超大规模集成电路专用系列芯片,数字电视接收机的图像质量、功能、接收的稳定性和可靠性都有很大的提高。如图 5-31 所示为数字电视接收机的原理框图。

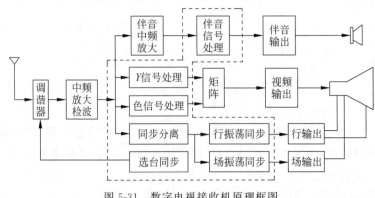

图 5-31　数字电视接收机原理框图

可见,电视信号经模拟电路变换到图像中频(38.75MHz)经放大检波后,一路全电视信号送给亮度、色度和同步分离电路的数字处理电路,另一路伴音中频(4.5MHz)经模拟伴音中频放大、模拟鉴频形成音频基带信号,送入数字化的伴音信号处理电路。除了高、中频部分及大功率行输出、场输出部分的电路与模拟电视接收机相同外,虚线框内的其他部分均由数字处理技术和电路完成。

2. 数字电视机顶盒

在整个广电传播系统中,电视节目的采集、制作、播出、传输已经基本数字化。由于传统模拟电视机不能直接接收数字电视信号,如果全部更换成数字电视接收机成本太高。另一方面,各地数字电视节目的加密方式不同,开展的业务和具体要求也不同。另外,数字电视信号源分为地面、有线和卫星 3 种方式,如果电视机内置机顶盒(Set Top Box,STB),则需要针对每个运营商专门定制开发,集成不同的加密技术、业务模式和接收方式,技术难度大。所以,为了能够经济、高效地推动我国数字电视的整体平移,实现国家的广播电视数字化战略,机顶盒成为连接数字电视信号与模拟电视接收机的中间桥梁。用户通过数字电视机顶盒,接收、解密数字电视信号并解码还原成模拟电视信号,模拟电视机才能正常接收数字电视节目。由于数字电视信号分为地面、有线和卫星 3 种传输方式,因此,数字电视机顶盒也相应地分为地面、有线和卫星 3 种类型。其中,有线和地面数字机顶盒需要对接收的数字信号解压缩、解密收费、交互控制等,卫星数字电视机顶盒无须上行数据,只是单向接收数字电视信号。

如图 5-32 所示为有线数字电视机顶盒的结构。有线数字电视机顶盒一般包括高频头、QAM 解码、TS 流解复用、解扰模块、MPEG-2 解码、Flash、ROM、PAL/NTSC 视频编解码、音频 DAC、智能卡等模块。射频信号经过调谐器,从多个 8MHz 数字调制频道中选择一个所需频道,下变频为中频信号,经 QAM 解调器解调,输出串行或并行的 MPEG 传送流。然后,通过条件接收模块,处理信息认证授权、安全及解扰后,解码出透明传送流数据。该传送流在 MPEG-2 解复用器中拆分数据包,提取其中所需的业务信息和节目内容,经过数字音视频解码图形处理器,还原出非压缩的数字音视频解码信号。在接收器控制单元的控制下,将图像、声音、图形的数字信号转换成模拟音视频信号输出。

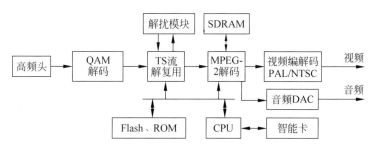

图 5-32　有线数字电视机顶盒的结构

机顶盒中使用不同的存储器存储软件、缓冲视频和完成其他功能。其中,Flash 用于存储应用程序,适于运行机顶盒的主软件,电视运营商可以方便地在 Flash 中更新软件。DRAM 只有在通电时才能保持所存储的信息,适于作设备运行时的工作存储器,主要用于存储数据、视频/图形解码和视频输出缓存。CPU 则用 DRAM 执行其软件,并存储当前应用需要的信息。非易失存储器 NVRAM 用于存储掉电后需要恢复的数据,一般包括当前频道、用户设定的参数、条件接收数据和各种配置参数。数字机顶盒的软件采用分层体系结构,每层软件各自完成自己的功能,并通过接口函数调用来实现各层之间的功能交换,使整个系统软件具有良好的可操作性和可移植性。

如图 5-33 所示为典型的数字电视机顶盒的软件结构。驱动程序指对串口、解调模块、解复用模块和音视频解码模块等进行驱动的程序。OS 核指实时操作系统。API 是专门在驱动程序基础上封装的通用接口函数。段引擎对解复用资源的操作进行管理,避免各个不同任务或应用对解复用及过滤器操作的冲突。系统控制负责完成系统各个模块之间的调度。一些高端机顶盒除了支持数字电视接收、EPG 电子节目指南、NVOD 准视频点播和数据广播等功能外,还支持一些新的业务功能。

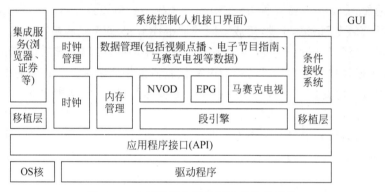

图 5-33 典型数字电视机顶盒的软件结构

视频讲解

5.6 电视显示技术

电视系统传输的视频信号要通过终端显示出来。传统的电视显示设备是阴极射线管(Cathode-Ray Tube,CRT),它在 20 世纪的图像显示领域占据统治地位。进入 21 世纪以后,随着液晶平板显示器(Liquid Crystal Display,LCD)的质量不断提高,价格持续下降,LCD 在中小屏幕的电视显示和计算机显示方面已经逐步取代了 CRT。本节简单介绍 LCD 的显示原理。

5.6.1 电子显示器件的分类

电子显示器可以按照不同的方式进行分类,常见的电子显示器分类情况见表 5-10。

表 5-10 电子显示器的不同分类方式

分 类 方 式	类 型
按发光原理分	主动发光型和非主动发光型。主动发光型指利用信息调制各像素的发光亮度和颜色,直接显示。非主动发光型指利用信息调制外光源使其进行显示
按显示原理分	阴极射线管(CRT)、液晶(LCD)显示、等离子体显示板(PDP)、有机发光二极管(OLED)、发光二极管(LED)、电致发光(ELD)、真空荧光管(VFD)、场发射管(FED)等
按显示屏幕面积分	中、小型(约 $0.2 m^2$)、大型(大于 $1 m^2$)、超大型(大于 $4 m^2$)

续表

分 类 方 式	类 型
按颜色分	黑白、单色、多色、彩色
按显示内容分	数码、字符、轨迹、图表、图像
按所用显示材料分	固体(晶体和非晶体)、液体、气体、等离子体、液晶
按显示器件厚度分	平板显示(FPD)和非平板显示

5.6.2 液晶显示器

1. 液晶的基本概念

液晶是介于固态和液态之间的一种有机化合物,其分子多为细长状,长度为几十埃,宽度为几埃。液晶具有像液体一样的流动性和连续性,也具有像晶体一样的各向异性和电光效应等物理性质。液晶可以分为热致液晶和溶致液晶。热致液晶是当液晶物质加热时,在某一温度范围内呈现出各向异性的熔体,用于显示的液晶都是可以工作于室温的热致液晶。溶致液晶是将一种溶质溶于一种溶剂而形成的液晶态物质,广泛存在于自然界和生物体中,但在显示技术领域尚无应用。

如图 5-34 所示,热致液晶根据分子排列形式的不同可以分为向列型(Nematic)液晶、胆甾型(Cholesteric)液晶、近晶型(Smectic)液晶 3 种。向列型液晶由长径比很大的棒状分子组成,分子质心没有长程有序性,不能排列成层,能上下、左右、前后滑动,只在分子长轴方向上保持平行或近于平行。向列型液晶具有明显的电学和光学各向异性,黏度小,流动性强,是显示器件中应用最为广泛的一类液晶。胆甾型液晶的分子呈扁平状,排列成层,层内分子互相平行。分子长轴平行于层平面,不同层的分子长轴方向稍有变化,则沿层的法线方向排列成螺旋状结构。胆甾型液晶与向列型液晶可以互相转换。比如,在向列型液晶中加入旋光物质会形成胆甾型液晶,而在胆甾型液晶中加入消旋向列型液晶,则可以变为向列型液晶。胆甾型液晶在显示技术中主要用作向列型液晶的添加剂。近晶型液晶由棒状或条状分子组成,分子排列成层,层内分子长轴互相平行,排列整齐,呈二维流动性,黏度比向列型大,其方向可以垂直于层面,或与层面成倾斜排列。近晶型液晶在光学上具有正性双折射性,分子不易转动,响应速度慢,一般不适宜制作显示器件。

(a) 向列型液晶　　　　(b) 胆甾型液晶　　　　(c) 近晶型液晶

图 5-34　液晶分子排列示意图

2. 液晶的电光效应

在外加电场、磁场或热能下,液晶可以改变分子结构的排列方向或者使分子运动发生紊乱,改变光学性质。目前,液晶显示主要是利用液晶的电光效应,即通过施加电压改变液晶的光学特性,形成对入射光的调制,使液晶的透射光或反射光受到所加信号电压的控制,达到显示目的。

　　液晶的电光效应可以分为动态散射效应、扭曲向列型效应、电控双折射效应、相变效应和宾主效应5种。动态散射效应的原理是在液晶材料中掺入有机电解质等离子型导电物质并对玻璃基片进行预处理,使液晶分子沿面排列。当对液晶盒施加的电压大于阈值电压时,会产生周期性的液晶分子环流,再增加电压,盒内液晶会出现紊流,呈乳白色,此时会使入射光强烈地向前散射,称为动态散射效应。基于动态散射效应的液晶显示器件是唯一的电流型器件,电流较大、对比度差、图像边缘不清晰、工作寿命不长。扭曲向列型效应也是通过外加电场改变液晶分子的排列方向,但是不在液晶盒内掺杂其他物质。一般做法是在两块导电玻璃基片之间充入厚约 $10\mu m$ 具有正介电各向异性的向列型液晶,液晶分子沿面排列。如果上、下偏振片的偏振方向互相平行,则液晶盒可以遮光,如果偏振方向互相垂直,则液晶盒可以透光。扭曲向列型效应是应用最广泛的液晶显示机理,常见的液晶手表、液晶数字仪器、电子钟及大部分计算器中使用的液晶显示器件都是扭曲向列型液晶显示器。但是,该型液晶显示器的电光特性不陡,点阵显示方式下交叉效应严重,电光响应速度慢,光透过和关闭不彻底,限于液晶显示器中的低档产品。电控双折射效应基于液晶的双折射特性,即液晶可以将垂直入射到液晶表面的自然光分解成偏振面互相正交的两束光,当光线从液晶层出射后,可以看到两束光或两个叠影。所以,利用外加电压可以改变液晶盒分子沿面排列的方式,比如垂直排列相畸变方式、沿面排列方式或混合排列方式。电控双折射液晶显示器件的特点是可以利用外加电压来控制出射光的颜色,但是由于受温度影响大,重现的色域小,一般多用于实现多色显示。相变效应是指在电场作用下,可以使液晶从胆甾型转变为向列型或反之。比如,在玻璃基片中注入正型胆甾型液晶,初始化为螺旋轴与基片平行,且随机取向。当有外电场时,胆甾型液晶的螺旋开始松弛而伸长,液晶分子的排列开始倾向于外加电场。当外加电场大于阈值时,液晶分子均平行于电场排列,螺旋轴的螺距趋于无穷,液晶变成垂直排列的向列液晶,对入射光均可透过。撤去外电场时,液晶分子重新恢复到胆甾型液晶分子的排列。相变效应液晶显示器件的优点是可以不用偏振片进行黑白显示,亮度高、视角宽,缺点是无法实现灰度显示,对温度敏感,驱动复杂。宾主效应指将正性二色性染料分子融入液晶中的正性液晶,染料分子称为"宾",液晶分子称为"主"。盒内分子同方向沿面排列于上、下基片表面。当施加电压时,液晶分子转向电场方向,染料分子也随之转向电场方向,这时入射偏振光的电向量与染料分子垂直,透射光呈白色,略带一点彩色。宾主型液晶显示器件可作彩色显示,但电光特性差、对比度低、响应时间长,工作电压高(达 $10\sim15V$)。

3. 液晶显示器原理

　　液晶显示器在电场或热场等外场的作用下,使液晶分子从特定的初始排列状态转变为其他分子排列状态,从而改变液晶元件的光学特性。液晶分子的排列方式可以采用垂直取向处理、平行取向处理和倾斜取向处理。如图 5-35 所示为典型液晶显示器件的基本结构。加工流程为:将两片已经光刻的透明导电电极平板玻璃相对放置(间距 $6\sim7\mu m$)在一起。

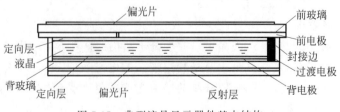

图 5-35　典型液晶显示器件基本结构

在一个侧面封接边上留一个开口后,周围用环氧树脂密封。抽真空后将反复精制的高纯度液晶注入,然后用胶将此口封死,这样可以延长液晶寿命,减小特性偏差,防止水分进入。然后,在前后导电玻璃的外侧,正交地贴上偏振片,构成一个完整的液晶显示器。

　　液晶显示器件在显示像素上分为段形和点阵形,点阵形又分为普通矩阵和有源矩阵两种。为了使各像素正常工作,需要采用合适的驱动技术。普通点矩阵又称为无源矩阵(PM-LCD),驱动电压是直接施加于像素电极上的,也称为直接驱动法。按寻址方式又可以分为静态驱动和动态驱动两种。静态驱动指在像素前后的电极上施加电压时呈显示状态,不施加电压时呈非显示状态,适用于总引线数比较少的情况。静态驱动一般有 3 种形式,即笔段式数码显示、棒形模拟显示和示波器显示。在静态驱动的液晶显示器件上,各液晶像素的背电极连在一起引出,段电极分立引出。若在背电极上加 5V 正电压,在显示段上加 0V 电压,该段像素电极间电压为 5V,呈显示态。在不显示段上加与背电极相同的 5V 电压,该段像素电极间电压为 0V,呈不显示态。电路实现时可以采用一个异或门,一端接序列脉冲,一端接控制电压,可以将多段液晶显示的驱动电路用集成电路实现。但是,不同形式的驱动需要设计不同的驱动波形。如果普通矩阵液晶显示器件的总电极引线较多时,需要采用动态驱动技术,减少引线数目,降低外围电路的复杂度。一种简单的动态驱动技术是将各数码的对应笔段互相连在一起,包括小数点的连线共 8 根引出线,各数码的背电极单独引出,共 n 根,这样,总引出线为 $n+8$ 根。工作时,各位数码的各笔段上同时接通笔段显示电压或不显示电压,具体显示哪一位则由各背电极上的电压轮流接通控制。如果背电极扫描速度足够快,就会感觉到所有的数码都在同时显示。另外一种动态驱动技术是无源矩阵动态驱动技术。无源矩阵由液晶上、下玻璃基片内表面的水平直线电极组和垂直直线电极组构成。水平电极叫作扫描电极,垂直电极叫作选通电极。水平电极上将按时间顺序施加一串扫描脉冲电压,垂直电极则与水平电极同步输入选通电压波形和非选通电压波形。在双方同步输入驱动电压波形的一瞬,在该行与各列电极交点像素上合成一个驱动波形,使该行上有若干像素点被选通。所有行被扫描一遍,则全部被选通的像素点组成一幅画面。

　　有源矩阵液晶显示器(AM-LCD)也是采用矩阵驱动,但是扫描方式有所变化。AM-LCD 通过在扫描电极和信号电极交叉处安装薄膜晶体管开关或非线性元件,进行像素的显示或不显示控制。这种驱动方式可以克服像素间的交叉效应,改善图像对比度和清晰度。如果像素串联的是二极管或其他二端器件,称为二端有源器件,例如金属－绝缘体－金属二极管(MIM)。如果像素串联的是薄膜场效应晶体管等三端器件,称为三端有源器件。三端有源器件品种多样,最主要的是 TFT(Thin Film Transistor)三端有源器件。TFT-LCD 使液晶显示器进入高画质、真彩色显示的新阶段。

　　液晶显示器件的性能可以用电光特性、温度特性和伏安特性来表征。电光特性指液晶在电场作用下透光强度与外加电压的关系。随外电压增加而透光度减弱的电光曲线称为正型电光曲线,随外电压增加而透光度增加的电光曲线称为负型曲线。液晶显示器件的使用温度范围较窄,当温度高于清亮点时液晶态消失,不能显示。当温度过低时,响应速度会明显变慢,直至结晶,使显示器件损坏。实用的液晶显示器件是典型的微功耗器件,内阻高,电容小,交流驱动频率对驱动电流影响很大。

　　除了上述几种基于液晶电光效应的显示器件之外,人们针对常规液晶显示的电光特性、响应速度以及视角等性能,提出了一些新的基于不同原理的液晶显示器件,比如超扭曲向列型液晶显示器件(扭曲角大于 90°)、铁电液晶显示器件、固态液晶膜液晶显示器件、多稳态液晶显示器件等。

总体而言,液晶显示器既能满足低驱动电压,又能满足低消耗电流,具有以下优点:

(1) 低压、微功耗。液晶的工作电压极低,只要 2~3V,工作电流只有几个微安,功耗只有 $10^{-6} \sim 10^{-5} \mathrm{W/cm^2}$,正好与大规模集成电路相适应。

(2) 平板型结构。液晶显示结构一般为两片玻璃组成的夹层盒,使用方便,显示面积大,适合批量生产,器件很薄。

(3) 被动型显示。液晶本身不发光,靠调制外界光达到显示目的,更适合人眼视觉,不易引起眼部疲劳。

(4) 显示信息量大。没有荫罩限制,像素小,显示窗口内可以容纳更多像素,利于制成高清晰度电视。

(5) 易于彩色化。液晶一般为无色,便于采用滤色膜实现彩色。

(6) 寿命长。液晶本身电压低,工作电流小,几乎不会劣化。

(7) 无辐射,无污染。

(8) 交流驱动。液晶在直流电压作用下会发生电解作用,必须使用交流驱动。

但是,液晶显示器也具有以下不足:

(1) 显示视角小。液晶分子的各向异性对不同方向入射光的反射率是不一样的,视角只有 30°~40°。

(2) 响应速度慢。液晶的响应速度受材料的黏滞度影响很大,一般为 100~200ms。而且,在零下几十度的低温下无法工作。

(3) 非主动发光在暗环境中看不清楚。

5.7 高清晰度电视

5.7.1 高清晰度电视的基本概念

高清晰度电视(High Definition Television,HDTV)是广播电视发展的一个新领域,也可以理解为一种电视业务。20 世纪 70 年代以来,各国开始发展以改善传送图像质量为主要目的的高清晰度电视。高清晰度电视有模拟和数字两种,但现在的 HDTV 一般指建立在数字电视基础上的数字高清晰度电视。

高清晰度电视要求电视具有高分辨率的图像、纯净绚丽的彩色画面、很强的临场感觉以及高保真的立体声伴音等。国际无线电咨询委员会(CCIR)给出的高清晰度电视的定义是:"高清晰度电视是一个透明的系统,一个视力正常的观众在观看距离为显示屏高度的 3 倍处所看到的图像的清晰程度,与观看原始景物或表演的感觉相同。"即图像质量的效果可以达到或接近 35mm 宽银幕电影的水平。为此,高清晰度电视应满足以下要求:

(1) 图像清晰度在水平和垂直方向均是常规电视的 2 倍以上。例如,目前提出的 1050 行、1125 行、1250 行制式分别比原来的 525 行和 625 行增加一倍。数字高清晰度电视(HDTV)、数字标准清晰度电视(SDTV)和数字低清晰度电视(LDTV)的清晰度比较见表 5-11。

表 5-11　3 种清晰度的电视分辨率比较

业　　务	分辨率(px)	幅　型　比	备　　注
HDTV	1920×1080	16：9	相当于宽银幕电影水平
SDTV	720×576(PAL) 720×480(NTSC)	4：3	相当于演播室水平
LDTV	200～300		相当于 VCD 的图像分辨率

（2）隔行扫描改为逐行扫描以提高场频。逐行扫描可以消除由于隔行扫描引起的垂直分辨率下降及行闪烁、行蠕动等现象。但是，帧频和场频必须同步提高。

（3）采用更好的亮色复用方法，保证亮、色信号的完全分离，扩大彩色重显范围，使彩色更加逼真。

（4）配置大屏幕显示器，画面幅型比从 4：3 变为 16：9。

（5）配置高保真、多声道环绕立体声。

（6）高清晰度电视与常规电视兼容。

5.7.2　几种 HDTV 制式

1. NHK1125 行制式及 MUSE 制式

NHK1125 行制式是日本广播协会（Nippon Hōsō Kyōkai, NHK）于 20 世纪 70 年代中期提出的 HDTV 体制，是一种不兼容的电视制式，总信号带宽为 27MHz，主要用于卫星广播。由于 NHK1125 行制式占用频带宽，亮色复合信号调频与卫星信道匹配不好。1984年，日本又提出一种 MUSE（Multiple Sub-Nyquist Sampling Encoding）制式，它采用时分复用和带宽压缩技术传送亮度和色度信号，仅在一个普通电视频道上就能传送 5：3 幅型比的 1125 行 HDTV 信号。MUSE 制式的技术特点为：

（1）亮度和色度信号采用时间压缩多工组合方式（TCM）。

（2）色度信号采用时间压缩的 CW、CN 按行顺序轮流传送。

（3）色度信号的时间压缩比为 4：1。

（4）TCM 经亚奈抽样压缩后，把 20～30MHz 的视频带宽压缩为约 8MHz。

（5）数字编码的伴音与视频信号一起经时分复用。

2. 1250 行制式及平场重现技术

20 世纪 80 年代后，欧洲开发了自己的高清晰度电视制式，其基本参数为 1250 行、顺序扫描、50Hz 场频和 16：9 的幅型比。这是一种可以兼容的过渡制式，其技术核心是采用滤波扫描变换实现平场重现。发送端采用高扫描频率的摄像机，经前置滤波和扫描变换转换成常规标准扫描制式。接收端经扫描逆变换和后置滤波器处理后，恢复高扫描频率的高质量图像。

3. 地面兼容 ATV 制式

美国在 1987 年后提出一种 Advanced TV（ATV）电视制式，包括 HDTV 和质量增强型电视 EDTV。这里介绍一种称作高级兼容电视 ACTV 的特点。ACTV 在发送端采用 16：9 的幅型比和 525/59.94 的逐行扫描，传输时采用隔行扫描，接收时再恢复为逐行扫描显示。ACTV 的核心思想是把原始图像分成中央画面区、左右边幅区 3 个区域，然后对这 3 个分区分别进行不同的编码处理。16∶9画面中对应于4∶3的中央画面传送的是NTSC的主信号,将这个信号在时间轴上进行扩展可以压缩频带。亮度信号经空间滤波和对色度负载波调制产生与NTSC制式兼容的色度混合信号。两个边幅区的亮度信号的低频分量放在正程两边1.5μs的空隙传送,扫描制式与常规电视兼容。原图像中两边幅信号中的亮度信号的高频分量及差值信号Q分量构成分量2,在时间上扩展为行正程的左右两边,两边幅信号中的I分量和亮度差值信号经时间扩展形成分量3,分量2和分量3对同一副载波进行正交调制后也用隔行扫描方式输出。原图像中频率在4.5～6.5MHz的亮度分量构成分量4,用于提高ACTV接收机的水平分辨率。在接收端,4.2MHz以下的NTSC视频信号可以通过对射频信号的同步解调提取。对于ACTV接收机,从各分量中既可恢复边幅图像,又可保证水平图像细节,显示时改为逐行扫描。

本章小结

本章首先介绍了电视成像系统的基本原理和光电转换原理,从画面高速分解与重建的角度引入电子扫描技术以及逐行扫描和隔行扫描的设计思想。电子扫描技术是摄像和显像器件的核心。其次,从信号分析的角度介绍了构成全电视信号的组成及其频谱,并从信号有效传输的角度引出亮度信号和色差信号的压缩传输策略,以及与色差信号不同处理方式对应的模拟电视制式。然后,以模拟电视广播系统为重点,从视频信号的产生、发射前的预处理、传输和接收等方面进行了详细介绍。接着,对数字电视系统展开介绍,包括数字电视的基本概念、数字信号处理、数字电视接收等。最后,对液晶显示技术和高清晰度电视技术进行了简单介绍。

思 考 题

(1) 什么是平衡调幅? 什么是正交平衡调幅? 电视系统中为什么要采用平衡调幅来传送色差信号?

(2) 什么是主载频和副载频? 区别是什么?

(3) 什么是频谱交错原理?

(4) 简述激光电视的成像原理和成像特点,以及技术发展趋势。

(5) 除液晶显示之外,还有哪些平板显示技术?

第 6 章
CHAPTER 6

红外成像原理与技术

红外成像(Infrared Imaging)技术指以红外线为传输介质,将物体辐射、反射或透射的红外线用红外检测器进行接收,从中提取目标信息并成像的光电成像技术,也可以将其理解为一种把不可见的红外光转换为可见光的光谱转换技术。目前,红外成像技术已经广泛应用于航空、军事、导航与定位、交通、临床辅助诊断和生物特征识别等众多领域。

6.1　引言

视频讲解

人们对红外线的认识可以追溯到 1800 年英国科学家海谢尔的一个实验。海谢尔用温度计测量由阳光分出的彩色光带,发现靠近深红色光外的不可见部分温度比红光还高。海谢尔大胆设想在太阳光的辐射中,除了可见光以外,一定还包含着一种肉眼看不见的辐射。后来的实验证明,这种辐射同样存在于其他物体发出的辐射中。由于这种"不可见辐射"是在红光外侧发现的,所以称它为红外辐射或红外线。1835 年,安培经研究后宣告光和热射线具有同一性。自此,后来的研究通常取红光波长末端为 780nm,比它长的光就是红外光,或称为热射线。1870 年,兰利制成了面积只有针孔大小的红外检测器,并通过凹面反射光栅、岩盐及氟化物棱镜来提高测量色散的能力,为红外成像技术在航空摄影领域的应用奠定了基础。1929 年,柯勒发明了银氧铯(Ag-O-Cs)光阴极,开创了红外成像器件的先河。20 世纪 30 年代中期,荷兰、德国和美国分别独立研制出红外变像管,成为推动红外成像技术发展的关键器件。

根据是否需要红外光源辅助成像,红外成像技术可以分为主动式红外成像技术和被动式红外成像技术。其中,主动式红外成像技术指自身带有红外光源,以红外变像管作为光电成像器件反映目标对红外光源的不同反射率。被动式红外成像技术也称红外热成像技术,指利用红外检测器检测目标不断发射的红外辐射,形成与景物温度分布相对应的热图像,反映景物各部分温度和辐射发射率的差异。1930 年左右的蒸汽热像仪可以算是最初的热成像系统。随后,在 20 世纪 40 年代,热成像系统出现了两种不同的发展思路:一种是发展分立式红外检测器,采用光学机械扫描方法获取红外图像;另一种是发展红外光导摄像管或其他面阵式成像器件,属于非扫描式热成像系统。第一台热像记录仪诞生于 1952 年。由于热成像技术可以全天候地工作,因此在航空和军事领域具有重要应用。1965 年,美国空军和德州仪器公司将红外成像仪成功应用于飞机之中。另外,医学影像也是热成像技术发挥重要作用的领域。1933 年,丹麦哥本哈根大学国家医学院的哈克塞森首次将红外热成像技术用于皮肤病学的研究。此后,基于红外热成像技术的各种方法被广泛应用于静脉摄影和观察血液循环等。由于人体的病变部位温度会升高,比如炎症病变部位的温度比周围正常组织增高 0.5℃~0.7℃,溃疡病变部位的温度比周围正常组织增高 0.7℃~1.0℃,癌变病变部位的温度比周围正常组织增高≥1.0℃。如果红外检测器能够分辨出这种温度变化,并用伪彩编码清晰地辨别这种差异性,则红外热图像可以成为判断疾病和疗效观察的客观依据。事实上,红外热成像技术已经广泛应用于肝病和肿瘤检测。

另一种较为常见的红外成像技术是微光夜视系统,它利用红外像增强器来适应微光成像环境,广泛应用于军事、安全、资源探测与保护、工业、农业等领域。微光夜视系统的发展得益于 1936 年格利希发明的 Sb-Cs 阴极和 1955 年萨默发明的 Sb-K-Na-Cs 光阴极。第二次世界大战后期,微光夜视系统研制成功并开始应用于实战。1962 年,美国在光学纤维面板和高性能荧光粉的基础上,研制出了 PIP-1 型像增强器。至此,世界上第一代微光夜视系统诞生。1970 年,微通道电子倍增器研制成功,以此为核心部件的第二代微光夜视系统随之出现。1979 年,在砷化镓(GaAs)光阴极的基础上,利用负电子亲和势光阴极和微通道板技术的红外成像器件研制成功,出现了第三代微光夜视系统。

视频讲解

6.2 红外辐射的物理性质

6.2.1 红外辐射的基本概念

光是一种波谱范围分布极广的电磁波。人眼可见的电磁波波长范围为 380~780nm,波长比可见光更短的电磁波是紫外辐射、X 射线、γ 射线和宇宙射线,波长比可见光更长的电磁波是红外辐射、微波和无线电波。

理论分析和实验研究均表明,自然界中任何温度高于绝对零度的物体,如人体、冰、雪等,都在不停地发出红外辐射。因此,红外辐射普遍存在于自然界中。人们通常将红外辐射按照波长大致分为 3 个波段,即近红外(0.78~3.0μm)、中红外(3.0~20μm)和远红外(20~1000μm)。红外辐射具有与可见光等其他波段相同的物理性质,如波动性和量子性的双重特性。波动性表现为反射、折射和干涉等,量子性则表现为黑体辐射和光电效应。

不同物体的表面温度不同,其红外辐射或红外吸收能力也不同。如果有一个理想的物体,它对红外辐射的辐射率、吸收率、波长与表面温度无关,并且辐射率和吸收率等于 1,即全部辐射或全部吸收,那么,这种理想的辐射体和吸收体就称为黑体。客观世界中,绝对黑体并不存在。一般物体的辐射率都小于 1,并且它们的辐射和吸收能力都与表面温度和波长等因素有关。

在理论研究和工程实践中,常用物体的比辐射率来定量描述物体辐射和吸收红外电磁波的能力,它等于物体的实际红外辐射与同温度下黑体红外辐射之比值,常用符号 ε 表示:

$$\varepsilon = \frac{I}{I_b} \tag{6-1}$$

式中,I——物体的辐射强度;

I_b——黑体的辐射强度。

自然界中有很多物体的比辐射率接近于 1,如石墨粗糙的表面以及黑色的漆面等,而另一些物体的比辐射率却很小,如抛光的铝表面。常用材料不同温度下的比辐射率见表 6-1。

表 6-1　常见材料在不同温度下的比辐射率

材　　料	表　面　状　态	温度/℃	比辐射率 ε
铝	抛光	100	0.05
	氧化	100	0.55
黄铜	抛光	100	0.03
	氧化	100	0.61
铸铁	抛光	40	0.21
	氧化	100	0.64
	生锈	20	0.69
钢	抛光	100	0.07
	氧化	200	0.79
砖	粗糙	20	0.93
混凝土	粗糙	20	0.92
石墨	粗糙	20	0.98
玻璃	抛光平面	20	0.94
漆	白色	100	0.92
	黑色	100	0.97
泥土	干燥	20	0.92
	水饱和	20	0.95
	液态	20	0.96
水	冰	−10	0.96
	雪	−10	0.85
木材	刨光	20	0.9
人体	皮肤	32	0.98

6.2.2　红外辐射定律及特性

红外辐射的基本特性可以由基尔霍夫定律、斯蒂芬-玻尔兹曼定律、维恩位移定律和普朗克定律描述。

1. 基尔霍夫定律

1879 年,德国物理学家基尔霍夫根据大量的试验,总结出了有关物体热辐射的定律,用于描述物体的红外辐射率与吸收本领之间的关系,即在相同的温度下,各种不同物体对相同波长的出射辐射度 $M_{\lambda T}$ 与其吸收能力 $\alpha_{\lambda T}$ 之比值都相等,并等于该温度下黑体对同一波长的出射辐射度 M_b,其表达式为:

$$M_\text{b} = \frac{M_{\lambda T}}{\alpha_{\lambda T}} \tag{6-2}$$

式中,λ——波长;

$\quad\quad T$——温度。

该定律表明,当几个物体处于同一温度时,各物体发射红外线的能力正比于它吸收红外线的能力。当物体处于红外辐射平衡状态时,它所吸收的红外能量总是恒等于它所发射的红外能量。如果物体不能发射某波长的辐射能,那么,它也绝对不能吸收该波长的辐射能;反之亦然。实际应用中,常用增加物体发射红外线能力的方法,使它的表面具有最小的反射红外线能力。

2. 斯蒂芬-玻尔兹曼定律

斯蒂芬-玻尔兹曼定律描述的是一个物体红外辐射能量与其温度之间的关系。1879年,斯蒂芬在实验中发现该定律,玻尔兹曼于1884年从理论上加以证明。该定律指出:物体的红外辐射度W与其自身热力学温度的4次方成正比,并与它表面的比辐射率ε成正比:

$$W = \varepsilon\sigma T^4 \tag{6-3}$$

式中,ε——物体表面的比辐射率,绝对黑体的ε等于1;

σ——斯蒂芬-玻尔兹曼常数,数值为5.67×10^{-12} W/(cm^{2}K^4);

T——物体的热力学温度。

可以看出,物体的温度越高,其红外辐射能量越多。基于该定律可以做如下估算:正常人体皮肤的平均温度为30℃,表面面积为$1.5\mathrm{m}^2$,红外辐射功率将接近1kW。由于人体在辐射红外能量的同时,也吸收周围物体辐射的红外能量,所以人体真正向外界释放的净红外功率远小于1kW。

3. 维恩位移定律

物体的红外辐射具有不同的波长,其能量的大小也不一样。如图6-1所示,辐射红外能量密度的大小随波长或频率的不同而变化,整体呈现出一条连续而平滑的曲线,能量密度的单位为(W·cm^{-2}·μm)。可以看出,所有的曲线都具有一个确定的峰值,并且每条曲线随温度的升高而向上平移。在图6-1中,与辐射能量密度最大峰值相对应的波长称为峰值波长$\lambda_{\max}$。

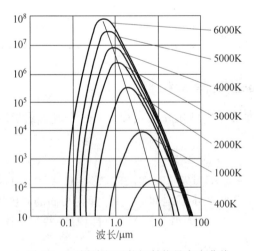

图6-1 不同波长下的辐射能量密度曲线

维恩通过大量实验得到了峰值波长$\lambda_{\max}$和物体热力学温度之间的关系,即维恩位移定律:

$$\lambda_{\max} = \frac{b}{T} \tag{6-4}$$

式中，λ_{max}——峰值波长，单位是 μm；

　　T——物体的热力学温度，单位是 K；

　　b——常数，与温度无关，近似值为 0.2892 cm·K。

维恩位移定律表明，随着物体温度的升高，峰值波长将变短。常见物体(温度)的峰值波长见表 6-2。

表 6-2　常见物体(温度)的峰值波长

物　体　名　称	温度 T/K	峰值波长 $\lambda_{max}/\mu m$
太阳	11 000	0.26
融化的铁	1803	1.61
融化的铜	1173	2.47
融化的蜡	336	8.62
人体	305	9.50
地球大气	300	9.66
冰	273	10.6
液态氮	77.2	37.53

4. 普朗克定律

1900 年，普朗克突破了物理经典理论的束缚，提出了量子假设，得出了黑体辐射的普朗克定律，即绝对黑体的辐射出射度 M_b(单位为 $\mathrm{W}\cdot\mathrm{cm}^2\cdot\mu m^{-1}$)可以表示为：

$$M_b(\lambda, T) = \frac{c_1}{\lambda^5(e^{\frac{c_2}{\lambda T}} - 1)} \tag{6-5}$$

式中，c_1——第一辐射常数，值为 $3.71\times10^{-16}(\mathrm{W}\cdot\mathrm{m}^2)$；

　　c_2——第二辐射常数，值为 $1.44\times10^{-2}(\mathrm{W}\cdot\mathrm{K})$；

　　λ——波长，单位为 μm；

　　T——物体的热力学温度，单位为 K。

式(6-5)描述了在任意温度下，从一个黑体中发射出电磁辐射的辐射率与频率之间的关系。可以看出，黑体辐射具有以下特点：

(1) 辐射出射度是随温度的升高而迅速增大的；

(2) 光谱辐射出射度的峰值波长随温度的升高向短波方向移动；

(3) 温度越高，光谱辐射出射度越大。

6.2.3　红外辐射在大气中的传输

1. 红外辐射的大气窗口

当红外辐射在大气中传播时，其能量会因大气的吸收而逐渐衰减。大气对红外辐射的吸收是选择性的，即大气对不同波长的红外辐射的吸收与衰减程度是有差别的。大气对红外辐射的吸收，实际上是由于大气中的水蒸气、二氧化碳、臭氧、氧化氮等不同气体的分子有选择地吸收某一特定波长的红外辐射所造成的。水和部分气体的红外吸收带中心波长见表 6-3。

表 6-3　气体分子红外吸收带中心波长

气 体 名 称	吸收带中心波长/μm
水	0.9　1.14　1.38　1.87　2.7　3.2　6.3
二氧化碳	1.4　1.6　2.0　4.3　4.8　5.2　15
臭氧	4.5　9.6　14
氧化氮	4.7　7.8
甲烷	3.2　7.5
一氧化碳	4.8

实验结果表明,能够顺利通过大气的红外辐射主要有 3 个波段,即 1～2.5μm、3～5μm 和 8～14μm,通常把这 3 个波段范围称为红外辐射的大气窗口。事实上,即使红外辐射在 3 个大气窗口中传播,由于大气中尘埃及其悬浮粒子的散射作用,也会不可避免地存在一定的能量衰减,使红外辐射偏离原来的传播方向。人们把红外辐射穿过大气未被吸收衰减的能量与总能量之比称为大气透过率。如图 6-2 所示为 1～15μm 波长的红外辐射穿过 1 海里大气的透过率曲线。

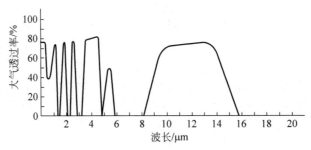

图 6-2　红外线的大气透过率

2. 红外辐射介质的传输特性

人们通常把可以透过红外辐射的介质称为红外光学材料。许多对可见光透明的介质,对红外辐射并不透明。任何介质都不可能对所有波长的红外线都透明,通常只是对某些特定波长范围的红外线具有较高的透过率。如图 6-3 所示为一些常见红外光学材料的透过率曲线。

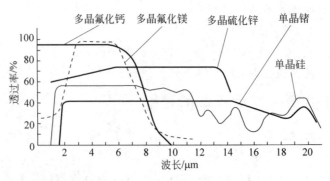

图 6-3　常见红外光学材料的透过率

红外光学材料可以分为晶体材料、玻璃材料和塑性材料 3 种,每种材料都对某些波长范围的红外辐射具有较高的透过率。

视频讲解

6.3　主动式红外成像系统

主动式红外成像系统指自身带有红外光源,根据被成像物体对红外光源的不同反射率进行成像的系统。主动式红外成像系统成像清晰、对比度高、不受环境光源的影响,广泛应用于工业自动化、公安、军事等领域中。

主动式红外成像系统主要由光学系统、红外变像管、高压电源和红外探照灯组成,如图 6-4 所示。红外变像管是核心器件,主要进行光电转换和电荷存储。红外探照灯是红外光源,将红外辐射照向被观测目标,被观测目标反射的红外辐射由光学系统的物镜组接收,并在红外变像管的光阴极面上成像。由于这个像是肉眼无法看见的红外图像,所以还需要将该红外图像进行光谱转换,经亮度增强后显示在荧光屏上,形成肉眼可见的光图像。

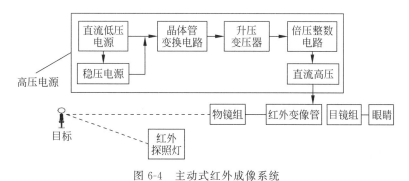

图 6-4　主动式红外成像系统

主动式红外成像系统具有以下特点:

(1) 能够轻易区分探测目标和自然景物对红外反射能力的差异,可以在一定程度上识别伪装,适用于军事、救援等领域。如图 6-5 所示,自然界生长的绿色植物和人造物体(如粗糙混凝土和暗绿色漆)在可见光和近红外两个光谱区域内具有明显的反射比差异。

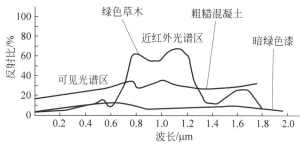

图 6-5　典型目标的红外线反射比曲线

(2) 相对于可见光,近红外区域的辐射受大气散射的影响较小。因此,近红外辐射比较容易通过大气层。但是,恶劣天气仍然会对近红外辐射的穿透性产生影响。

(3) 主动式红外成像系统自带光源,即使是在"全黑"的条件下也能工作。但是,在军事应用中,光源本身是系统容易暴露的原因。

6.3.1 红外光学系统

主动式红外成像系统中的光学系统由物镜组和目镜组构成,物镜的作用是将目标成像到变像管的光阴极面上,目镜的作用是把变像管荧光屏上的可见像放大,从而便于人眼观察。与普通光学系统不同的是,主动式红外成像系统在物镜组和目镜组之间增加了一个变像管,来自目标的红外辐射经物镜成像后,通过变像管进行光谱转换和目镜放大。因此,这种光学系统的入瞳和出瞳不存在物像共轭关系。红外光学系统的其他光学性能如放大率、分辨率、视场等概念与普通光学系统相同,只是在消除像差范围时需要注意与变像管光阴极灵敏度范围相吻合。

1. 视场

红外成像系统的视场光阑为变像管内光阴极面的有效工作范围。

物镜半视场角可以表示为:

$$\omega = \arctan\left(\frac{D_e}{2f'_0}\right) \tag{6-6}$$

式中,D_e——红外光阴极面的有效工作直径;

f'_0——物镜焦距。

可以看出,当物镜确定后,视场越大,使用的光阴极直径越大。同样地,在变像管选定后,应通过调整物镜焦距来满足视场的要求。另外,主动式红外成像系统对物镜的要求为:

(1) 大通光口径以便获得大的像面照度;

(2) 渐晕最小以使光阴极上产生均匀照度;

(3) 宽光谱范围便于校正色差;

(4) 有较好的低频调制传递特性。

类似地,目镜半视场角可以表示为:

$$\omega' = \arctan\left(\frac{D_s}{2f'_e}\right) \tag{6-7}$$

式中,D_s——荧光屏的有效工作直径;

f'_e——目镜焦距。

主动式红外成像系统对目镜的要求为:

(1) 合适的焦距和放大率;

(2) 足够的视场,观察固定目标小视场,观察运动目标大视场;

(3) 合适的出瞳距离和出瞳直径;

(4) 目镜前表面和前焦点之间的距离适当;

(5) 像差校正,视场过大会产生轴外像差,口径过大会产生球差和彗差。

2. 角放大率

红外成像系统的角放大率 M 可以表示为:

$$M = \frac{\tan\omega'}{\tan\omega} = -\frac{f'_0}{f'_e}\beta \tag{6-8}$$

式中,β——红外变像管的放大率。

可以看出,当变像管确定时,系统的放大率由物镜和目镜的焦距之比决定。主动式红外成像系统对角放大率的要求为：

(1) 在目镜选定的情况下增加放大率要牺牲一定的物方视场，因此应选大视场目镜；

(2) 增大角放大率意味着增大物镜焦距，需考虑系统外观尺寸的选择。

3．分辨率

在红外成像系统中，红外变像管是限制系统分辨率的主要器件。若以 m 表示红外变像管光阴极面的分辨率(线对/毫米)，则红外成像系统的分辨角可以表示为：

$$\theta = \frac{1}{m f_0'} \tag{6-9}$$

光阴极面的分辨率 m 与物镜焦距 f_0' 和角放大率 M 之间满足关系：$f_0' \geqslant 573M/m$。

若以 m' 表示屏分辨率，则式(6-9)可以改写为：

$$\theta = \frac{1}{\beta m' f_0'} \tag{6-10}$$

可以看出，红外变像管一旦确定，若要提高系统分辨率，则需要增大物镜焦距。

4．入瞳、出瞳和出瞳距离

对于红外成像系统而言，物镜框因限制成像光束而成为孔径光阑，光阴极面有效工作直径因限制成像范围而成为视场光阑。孔径光阑经前面光学系统所成的像称为入射光瞳，简称入瞳。孔径光阑在光学系统像空间所成的像称为系统的出瞳。出瞳的位置和直径分别代表了出射光束的位置和口径。直视型红外成像系统是人眼通过目镜观察到的，因此人眼瞳孔即为系统的出瞳孔径，眼睛到目镜后表面的距离就是出瞳距离。

6.3.2　红外变像管

红外变像管是一种高真空图像转换器件，作为主动式红外成像系统的核心部件，其主要功能是完成从近红外图像到可见光图像的转换并增强图像。从结构的材料分，红外变像管可以分为金属结构型和玻璃结构型。从工作方法分，红外变像管可以分为连续工作式和选通工作式。

红外变像管的工作过程为：被检测目标的近红外辐射图像成像在光阴极面上，光阴极产生正比于各点入射辐射强度的电子并形成电子流，进而形成与红外辐射强度空间分布相对应的电子图像。随后，该电子图像被电子光学系统成像到荧光屏上，荧光屏在高能电子轰击下发射出正比于电子密度的可见光图像，完成从近红外图像到可见光图像的转换过程。

如图 6-6 所示，红外变像管一般由 3 部分组成，即红外光阴极、电子光学系统和荧光屏。通常，红外变像管的光阴极采用对近红外光敏感的银氧铯光阴极。电子光学系统采用静电聚焦系统，一般为双电极系统。玻璃外壳的红外变像管由不等直径的双圆筒组成，其中阴极外筒由阴极端玻璃壳内壁上涂覆导电层形成，阳极外筒则为镍筒，其前端带有小孔光阑。红外变像管的荧光屏通常采用(Zn,Cd)S-Ag 荧光粉。

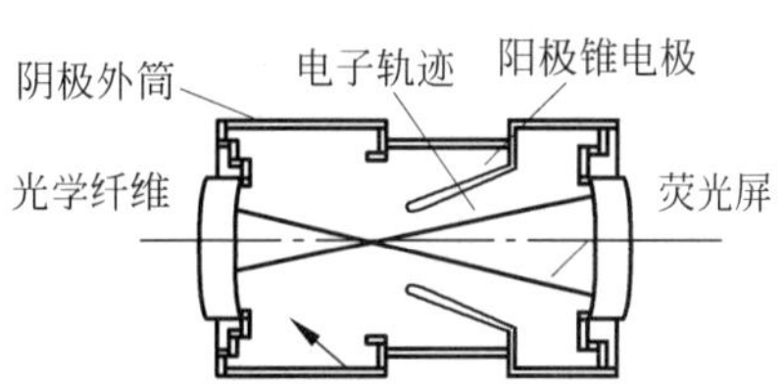

图 6-6　红外变像管结构示意图

6.3.3　直流高压电源

红外成像系统中的变像管和像增强器需要高电压提供能量。红外变像管的工作电压通常为 1.2～2.9 万伏,像增强器则需要几千至几万伏的工作电压。主动式红外成像系统对高压电源的技术要求为:

(1) 输出稳定的直流高压;

(2) 性能稳定,在高、低温环境下能保证系统正常工作;

(3) 防潮、防震、体积小、重量轻、耗电省。

6.3.4　红外探照灯

红外探照灯是主动式红外成像系统的红外光源。目前,市场上使用的红外探照灯通常都由光源、抛物面反射镜、红外滤光片和灯座等几部分组成。红外探照灯中的光源可以分成热辐射型、气体放电型和激光型 3 种。

热辐射型红外光源一般是黑体或通电碳化硅棒。当黑体处在相同温度的时候,黑体的辐射功率密度比其他热辐射的红外光源都要大得多,所以,黑体是最佳的热辐射型光源。白炽灯泡可以把自身 75% 的电能转化成红外辐射光,因此也称为红外光源。但是,白炽灯辐射出的红外辐射光极易被它外面的玻璃壳吸收,所以辐射出来的红外线并不多。

气体放电型红外光源指一些气体能够在放电的同时发生红外线辐射现象。例如,氙灯的光谱是连续的,可以在接近红外区域的波段发生比较激烈的辐射反应。因此,在做太阳模拟光源、熔炼金属的热源时,可以使用这种灯作为光源。由于氙灯的红外辐射能力比较容易控制,所以也可以用于红外光线通信。

一些激光器也能够当作红外光源使用。例如,玻璃固体激光器和半导体激光器,通过各种加工和处理可以用作红外光源。

主动式红外成像系统对红外探照灯的技术要求为:

(1) 红外探照灯的辐射光谱要与红外变像管光阴极的光谱响应有效匹配,在匹配的光谱范围内有高的辐射效率;

(2) 红外探照灯的照射范围与仪器的视场角基本吻合;

(3) 红外光暴露距离要短,结构上要容易调焦,滤光片和光源更换方便;

(4) 体积要小,重量轻,寿命长,工作可靠。

6.3.5　红外选通技术

红外探照灯向目标发出的红外光束通过大气时,其中的一部分辐射会产生后向散射进入观察系统,即大气后向散射现象。大气后向散射现象使得主动式红外成像系统的像平面上产生附加背景,引入背景噪声,降低图像的对比度和清晰度。在能见度较差的条件下,大气后向散射的影响往往成为限制主动式红外系统成像性能的一个主要因素。

那么如何减小大气后向散射的影响呢?常用的思路是采用门电路技术对在大气中传播的红外光进行距离选通。所谓距离选通技术,是指利用发出短脉冲光的探照灯和在相应时间工作的选通型变像管,以时间的先后分开不同距离上的大气散射光和目标的反射光,使被观察目标反射回来的红外辐射脉冲刚好在变像管选通时到达并成像,而变像管在后向散射

辐射到达接收器时恰好处于非工作状态,从而减小后向散射对成像的影响。如图 6-7 所示,
为红外选通成像系统的示意图。

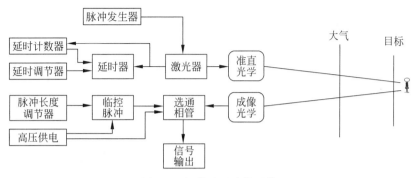

图 6-7　红外选通成像系统

红外选通成像系统通常选用激光光源作为探照灯。激光器由脉冲发生器控制,选通变
像管的选通电极由延时器通过临空脉冲控制。当脉冲发生器给激光发生器发出控制脉冲
时,发射光脉冲辐射,同时延时器控制选通变像管,通过合理的时序配合进行工作。选通技
术的另一个优点是可以精确测量从辐射发出到返回接收器的时间,从而精确测量目标与观
察者之间的距离。

6.4　红外热成像系统

视频讲解

红外热成像系统属于被动式红外成像技术。自然界中温度高于绝对零度的一切物体,
总是在不断地发射红外辐射。因此,从理论上讲,只要能收集并探测这些辐射,就可以形成
与景物温度分布相对应的热图像,再现景物各部分温度或辐射发射率的差异。

红外热成像系统根据扫描结构的不同,可以分为光机扫描型和非扫描型。在光机扫描
型红外热成像系统中,红外检测器把接收的辐射信号转换成电信号,并通过隔直流或交流耦
合电路把背景从目标信号中消除,获得对比度良好的热图像。如图 6-8 所示为光机扫描型
热成像系统的示意图。光学系统将目标发射的红外辐射收集起来,经过光学滤波后将景物
的辐射通量分布汇聚并成像到单元检测器所在的光学系统焦平面上。光学扫描器包括两个

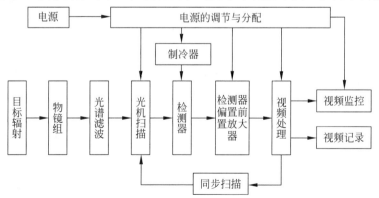

图 6-8　光机扫描型红外热成像系统框图

扫描镜组,位于聚焦光学系统和检测器之间:一个用于垂直扫描,另一个用于水平扫描。当扫描器转动时,从景物到达检测器的光束随之移动,在物空间扫出像电视一样的光栅。在扫描器以电视光栅形式将检测器像扫过景物时,检测器逐点接收景物的辐射并转换成相应的电信号,经过视频处理的信号,在同步扫描的显示器中显示出景物图像。这种类型的红外热成像系统结构复杂、成本高。

非扫描型热成像系统则利用多阵元检测器面阵,使检测器中的每个单元与景物的一个微面元对应。因此,可以取消复杂的光机扫描系统。

6.4.1 热成像光学系统

以光机扫描型热成像系统为例,它的光学系统中包括扫描光学系统和聚光光学系统两个组成部分。扫描光学系统的作用是产生扫描光栅,使分立探测元件获取大范围景物图像。聚光光学系统的作用是接收目标或景物的红外辐射,并将其聚焦于检测器上。

1. 扫描系统

热成像系统的扫描方式一般分为平行光束扫描和汇聚光束扫描。

平行光束扫描是在平行光路中置入扫描器,将扫描器置于聚光系统之前,以此改变光线方向对被观察景物进行扫描,也称为物方扫描。这种扫描方式的优点是对聚光光学系统的要求不高,像差校正比较简单。然而,这种扫描方式一般需要有一个比聚光光学系统的口径还要大的扫描镜,口径随聚光光学系统光束的增大而增大。由于扫描器比较大,扫描速度的提高受到限制。

汇聚光束扫描是在物镜汇聚光束中置入扫描器,将扫描器安置在聚光光学系统和检测器之间,实现对像方光束的扫描,也称像方扫描。汇聚光束扫描的检测器可以做得比较小,易于实现高速扫描。但是,这种扫描方式需要使用后截距长的聚光光学系统。而且,由于在像方扫描,将导致像平面的扫描散焦,所以,对聚光光学系统有较高的要求。

2. 红外物镜系统

红外物镜系统有反射式、折射式和折返式3种类型。

反射式物镜可以进一步分为单反射镜和双反射镜系统,著名的牛顿系统、卡塞格伦系统以及格里高利系统都是常用的双反射系统。反射式物镜的光能损失小、不产生色差,但是具有视场小、体积大、有次镜遮挡等缺点。

折射式物镜的结构简单,装校方便,可以由单片构成,也可由多片组成。通常,折射式物镜可以通过组合的方式来满足大视场和大孔径成像的要求。

折返式物镜是在反射系统的基础上,主镜与次镜均采用球面镜,可以加入补偿透镜来校正球面镜的像差。常用的折返式物镜系统有施密特系统、曼金折反射镜以及包沃斯-马克苏托夫系统。

3. 辅助光学系统

为了提高热成像系统的性能,在设计光学系统时,除了聚光光学系统和光机扫描系统等核心部分外,还有辅助光学系统,也称检测器光学系统或二次聚焦系统。主要结构包括场镜、光锥、中继光学系统和前置望远系统。

场镜是指加在像平面或像平面附近的透镜,在光学系统中主要起扩大视场和均衡检测器接收的辐照的作用。受加工工艺以及灵敏度的限制,红外检测器的尺寸无法无限制地增大,所以,在焦平面或附近放入场镜成为扩大视场的另一途径。该场镜将边缘光束折向光轴,可以利用较小的检测器接收更大视场范围的光线。另外,场镜可以使经过物镜出瞳的光线尽可能多地到达检测器,从而使检测器光敏面上的辐照度均匀分布,减少伪信号。

光锥是一种空腔圆锥或由具有合适折射率的材料制成的实心圆锥,其形状可以分为圆锥形、二次曲面形或角锥形等。与场镜类似,光锥主要利用圆锥的高反射率进行聚光,从而缩小检测器尺寸。

中继光学系统能把像沿轴向从一个位置传送到另一个位置,便于检测器件的结构安排。

前置望远系统指在采用平行光束扫描的热成像系统中,在成像物镜前增加一组前置望远系统,以此来减小光学扫描器件的尺寸。

6.4.2 红外热成像系统的摄像方式

采用单元检测器的红外热成像系统,由于检测器的基本限制,通常不具备足够的热灵敏度。因此,必须提高检测器阵元数,以此来改进每帧和每分辨单元的信噪比,提高红外热成像系统的分辨性能。在红外热成像系统中,将多元检测器按照不同方式排列起来分解景物,以并联扫描或串联扫描的方式对物体进行摄像。

1. 并联扫描摄像方式

并联扫描是利用一个与行扫描方向垂直的检测器阵列来分解景物,阵列中的每个检测器平行地扫过景物,每个检测器扫过一行。如果整个景物区域所对应的行数大于检测器阵元数,那么为了得到一幅完整的图像,还需要慢速场扫描。每个检测器输出的信号经过多路传输和扫描转换后送给显示器。图 6-9 为并联扫描方式的示意图。并联扫描方式的优点是提高了系统的灵敏度,降低了对检测器速度的要求;缺点是检测器数量多,电路和材料工艺复杂。

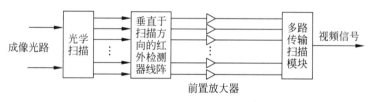

图 6-9 红外热成像的并联扫描摄像方式

2. 串联扫描摄像方式

串联扫描方式中检测器阵列的排列方向平行于扫描方向。串联扫描中的每个单元检测器都扫过成像的总视场。各路探测信号经相应的延迟后叠加,形成单一通道的视频信号输入显示器,如图 6-10 所示。串联扫描也需要进行快速的行扫描和慢速的场扫描。由于阵列中的每个检测器都要扫描整个视场,检测器的驻留时间与单元扫描相同,因此,串联扫描要求检测器响应速度快、时间常数小。

串联扫描的一个突出优点是可以消除并联扫描时由于检测器性能不均匀造成的图像缺陷。串联扫描等效于用一个检测器分解景物。与并联扫描相似,串联扫描系统的信噪比比单元检测器提高了 n 倍。此外,在串联扫描方式下信号处理容易,不需要扫描变换就可以得到标准的视频信号,送入闭路电视显示。但是,串联扫描摄像方式对检测器的速度要求高。

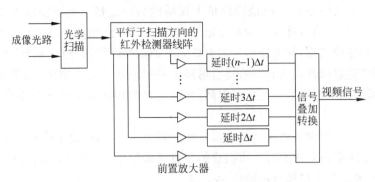

图 6-10　红外热成像的串联扫描摄像方式

6.4.3　红外检测器

从 20 世纪 50 年代开始,伴随着半导体技术的迅速发展,以硫化铅(PbS)、锑化铟(InSb)、碲镉汞(HgCdTe)材料为代表的光电检测器,经过从单元检测器发展到多元线性检测器、小面阵检测器、长线阵检测器和大面阵检测器,衍生出大量的红外热成像系统。

1. 红外检测器的类型

红外检测器作为红外辐射能的接收器,通过光电变换作用,将接收到的红外辐射能变为电信号,经过放大处理后形成图像。红外检测器是构成红外热成像系统的核心器件,主要有热检测器和光子检测器两大类。

热检测器较为常见的形式有热敏电阻、热电偶和热释电检测器等,其主要原理是吸收红外辐射,使敏感元件的温度上升,由此引起检测器物理参数的改变。

光子检测器是通过光子与物质内部电子的相互作用,产生电子能态变化而完成光电转换的检测器。由于光子检测器无论在响应灵敏度或响应速度方面均优于热检测器,所以在红外热成像系统中主要利用光子检测器。光子检测器又分为光导型和光伏型两类。光导型检测器利用半导体的光电导效应而工作。半导体在吸收光子能量后,产生非平衡载流子,如自由电子或空穴,这些载流子参与导电,使半导体的电导率增加。光伏型检测器利用半导体的光伏效应而工作,即在本征半导体上形成 P-N 结,在入射光子的作用下产生电子-空穴对,P-N 结间电场使两类载流子分开而产生电势。

2. 红外检测器的性能参数

表征红外检测器性能的参数主要有响应度、噪声等效功率、探测率、比探测率、时间常数及光谱效应等。

响应度是描述检测器灵敏度的参数,它表征检测器将入射的红外辐射转变为电信号的能力。若以 V_s 表示检测器的输出电压,I_s 表示检测器的输出电流,则检测器的响应度可以分别定义为二者与入射到检测器光敏面积上的辐射通量 Φ 之比:

$$R = \frac{V_s}{\Phi} \tag{6-11a}$$

或

$$R = \frac{I_s}{\Phi} \tag{6-11b}$$

在实际应用中,红外检测器接收的信号不仅包含入射的红外辐射,也包含各种各样的噪声,对探测微弱红外辐射信号的能力造成限制。因此,用噪声等效功率来表征检测器所能探测的最小辐射功率的能力。当检测器的输出信号功率等于检测器的噪声功率时,入射到检测器上的辐射功率可以表示为:

$$\text{NEP} = \frac{HA_d}{V_s/V_n} = \frac{P}{V_s/V_n} \tag{6-12}$$

式中,H——辐照度,单位是 W/cm^2;

A_d——检测器光敏面面积,单位是 cm^2;

V_s——信号电压基波的均方根值,单位是 V;

V_n——噪声电压均方根值,单位是 V。

可见,NEP 的值越小,表示检测器的性能越好。

探测率 D 定义为噪声等效功率的倒数。如下式所示:

$$D = \frac{1}{\text{NEP}} \tag{6-13}$$

显然,D 越大则检测器性能越好,该参数描述的是检测器在它的噪声电平之上产生一个可测量的电信号的能力。检测器能响应的入射功率越小,探测率越高。

比探测率 D^* 指归一化的探测率,目的是方便地比较不同的检测器。通常将探测率归一化到测量带宽为 1Hz、探测面积为 1cm^2。比探测率可以用下式计算:

$$D^* = D\sqrt{A_d \Delta f} \tag{6-14}$$

式中,Δf——测量带宽。

比探测率与测试条件有关,在给出 D^* 值时应说明测试条件,例如 $D^*(500,800,1)$ 表示对 500K 黑体探测、调制频率为 800Hz、放大器带宽为 1Hz 时的比探测率。

红外检测器的时间常数指当一定功率的辐射突然照射到检测器上时,检测器的输出信号要经过一定时间才能上升到与这一辐射功率相对应的稳定值,或当辐射突然消失时,输出信号也要经过一定时间才能下降到辐照之前的值。这种上升或下降所需的时间也叫作检测器的响应时间,该响应时间直接反映检测器的频率响应特性。红外检测器的低通频率响应特性可以表示为:

$$R_f = \frac{R_0}{\sqrt{1 + 4\pi^2 f^2 \tau^2}} \tag{6-15}$$

式中,R_f——调制频率为 f 时的响应率;

R_0——调制频率为零时的响应率;

τ——检测器的响应时间。

当 f 远小于 $1/2\pi\tau$ 时,响应率与频率无关;当 f 远大于 $1/2\pi\tau$ 时,响应率和频率成反比。设计红外热成像系统时,应保证检测器在系统带宽范围内响应率与频率无关。光子检测器的时间常数可达数十纳秒至数微秒,所以,光子检测器的频率响应在很宽的频率范围内是平坦的。相反,热检测器的时间常数较大,比如热敏电阻的时间常数为数毫秒至数十毫秒,因此,热检测器的频率响应平坦的范围仅有几十赫兹。

另外,在设计光机扫描型红外热成像系统时,红外检测器的时间常数应当选择比检测器在瞬时视场上的驻留时间短,否则红外检测器的响应速度将跟不上扫描速度。当对突发的红外辐射信号进行检测时,应根据入射红外辐射的时频特性选择响应速度较快的红外检测器。例如,利用激光功率计检测连续波激光时,探头的检测器可以用响应较慢的热电堆。但是,在检测脉冲激光时则必须用响应速度较快的热释电检测器。

红外检测器的光谱响应是指相同功率的各单色光辐射到红外检测器上时,产生的信号电压与辐射波长的关系。通常以光谱响应率来量化这一指标。如图 6-11 所示,图中的横坐标表示波长,纵坐标表示光谱响应率,虚线和实线分别表示理想情况下热检测器和光子检测器的光谱响应曲线。可以看出,热检测器的响应只与吸收的辐射功率有关,与波长无关,这是因为热检测器的温度变化只取决于吸收的能量。对于光子检测器,其光谱响应随波长线性上升,到某一波长时突然下降为零,该波长称为截止波长 λ_c。

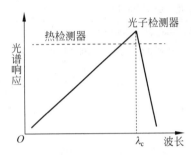

图 6-11　理想情况下光子检测器和热检测器的光谱响应曲线

6.4.4　制冷器

制冷器的作用是使红外检测器工作在低温状态,降低背景噪声。红外热成像系统常用的制冷原理有相变制冷、焦耳-汤姆逊效应制冷、辐射热交换制冷和温差电制冷。

相变制冷指由制冷剂物质相变吸收热量而制冷。将制冷剂例如液态空气、液氮或者干冰等装在绝热良好的杜瓦瓶中,当有热负载时,通过消耗制冷剂,使制冷剂由液相变为气相或固相升华为气相而排掉。

焦耳-汤姆逊效应指气体通过多孔塞膨胀后所引起的温度变化现象,即当高压气体温度低于本身的转换温度,并通过一个很小的节流孔膨胀时,气体温度就降低。焦耳-汤姆逊效应制冷是通过制冷高压气体节流循环制冷。如果使节流后的低温气体返回,用于冷却随后进入的高压气体,则会使高压气体在越来越低的温度下节流。不断重复这个过程,就可以获得所需的低温,达到制冷目的。

辐射热交换制冷通过高温物体辐射能量降温。如果两个物体温度不同,那么高温物体就要辐射能量,降低温度;低温物体则相反。太空中应用的红外检测器就是利用这种方法制冷。

温差电制冷指利用电偶对的珀尔帖效应进行制冷。由珀尔帖效应可知,若把任何两种导体联结成电偶对,构成闭合电路,当有电流通过时,电偶对的一头发热,另一头则变冷。一般物体的珀尔帖效应并不明显。如果用两块 N 型和 P 型半导体作电偶对,就会产生非常明显的珀尔帖效应,冷端可以用于检测器的制冷。

6.4.5　信号处理与显示

在红外热成像系统中,信号处理与显示的基本任务是形成与景物温度分布相对应的视频信号,根据景物各单元对应的视频信号标出景物各部分的温度,并显示景物的热图像。在实际应用时,通常还需要对图像进行图像增强、图像修复等。

红外热成像系统的信号处理系统与电视接收系统类似,主要包括前置放大、主放、自动增益控制、限制带宽、检波、鉴幅、多路传输和线性变换电路。红外热成像系统的显示方式可以采用电视兼容显示、发光二极管显示和阴极射线管显示。显示模式有等温显示、放大显示、调偏显示、水平波显示和经时显示等。

电视兼容显示指红外热成像系统采用串联扫描,将输出信号直接以标准视频信号输出,实现电视兼容显示。相比之下,并联扫描系统需要经过扫描转换才能实现电视兼容显示。

发光二极管阵列显示指发光二极管阵列与检测器阵列一一对应,每个检测器的输出信号激励一个发光二极管,信号的大小直接控制发光二极管的亮度强弱,是一种多元并扫的方式。

阴极射线管显示指阴极射线管根据输入的行同步信号和帧同步信号,按照预定的扫描方式进行扫描,扫描光点的亮度由输入的视频信号控制,视频信号的大小与被观察景物的温度分布相对应,阴极射线管的荧光屏上会出现景物的热图像。

6.4.6 基本技术参数

红外热成像系统的基本技术参数有瞬时视场(IFOV)、总视场(TFOV)、帧周期和帧频、扫描效率、驻留时间等。

瞬时视场指红外检测器线性尺寸对系统物空间的二维张角,由红外检测器的形状和尺寸以及光学系统的焦距 f' 决定。若红外检测器为矩形,尺寸为 $a \times b$,则瞬时视场的平面角 α 和 β 分别为:

$$\alpha = \frac{a}{f'} \tag{6-16a}$$

和

$$\beta = \frac{b}{f'} \tag{6-16b}$$

通常,瞬时视场以弧度或毫弧度为单位。瞬时视场在一定程度上表示了系统的空间分辨率。

总视场指光学系统所能观察到的物空间的二维视场角,由物方空间大小和焦距决定。如果总视场在垂直和水平两个方向的分量分别为 W_α 和 W_β,那么系统的一帧图像中包含的像素总数为:

$$m = \frac{W_\alpha W_\beta}{\alpha \beta} \tag{6-17}$$

像素的总数越多,检测器的尺寸越小,系统的分辨率越高。

帧周期指系统扫过一幅完整画面所需的时间,也称为帧时,记为 T_f,单位为秒(s)。系统1秒扫过的帧数称为帧频,记为 f_p,单位为 Hz。显然,帧周期和帧频的关系为:

$$f_p = \frac{1}{T_f} \tag{6-18}$$

扫描效率指有效扫描时间与帧周期之比。红外热成像系统对景物进行扫描时,由于同步扫描、回扫、直流恢复等均需要占用时间,这个时间内不产生视频信号,称为空载时间,用

T_f'表示。有效扫描时间是帧周期与空载时间的差。所以,扫描效率可以由下式计算:

$$\eta_{sc} = \frac{T_f - T_f'}{T_f} \tag{6-19}$$

驻留时间是光机扫描型红外热成像系统的一个重要参数。通俗地讲,红外检测器的驻留时间就是扫过一个检测器张角所需要的时间。当扫描速度为常数、系统的空载时间为零时,单元检测器的驻留时间可以由下式计算:

$$\tau_d = \frac{T_f}{m} = \frac{\alpha\beta T_f}{W_\alpha W_\beta} \tag{6-20}$$

若红外检测器为 n 元并联线列检测器,则驻留时间为:

$$\tau_d' = n\tau_d \tag{6-21}$$

视频讲解

6.5 微光成像系统

微光成像技术是基于光电器件的外光电效应,以光子-光电子为景物图像的信息载体,通过电子倍增和电光转换,对微弱光或其他非可见光照明下的景物进行成像的技术。微光成像技术可以明显改善人眼在微光环境下的视觉性能,广泛应用于夜间侦察、瞄准、车辆驾驶、光电火控等军事领域。另外,微光成像技术与激光、雷达等技术结合,可以组成完整的光电侦察、测量和预警系统。

6.5.1 微光夜视仪

微光夜视仪是直接观察型微光夜视系统,主要结构包括光学系统(物镜和目镜)、像增强器和高压电源。其中,像增强器是微光夜视仪的核心部件,具有光增强的作用,可以使人在极低照度条件下(10^{-5}lx)有效地获取景物图像信息。微光夜视仪的成像过程可以简单描述为:夜空自然微光照射目标,经目标反射的微光辐射进入光学系统物镜,物镜把目标成像于焦平面的像增强器光阴极面上,像增强器对目标像进行光电转换、电子成像和亮度增强,目标的增强图像随之显示于荧光屏上,形成人眼可以通过目镜系统观察的图像。如图 6-12 所示为直视式微光夜视系统的示意图。

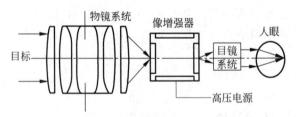

图 6-12 直视式微光夜视系统示意图

根据所用像增强器的类型,可以将微光夜视仪分为第一代、第二代和第三代微光夜视仪。第一代微光夜视仪诞生于 20 世纪 60 年代初,是在多碱光阴极(Sb-Na-K-Cs)、光学纤维面板和同心球电子光学系统技术完善的基础上发展起来的。其缺点是体积大,防强光能力差。第二代微光夜视仪将微通道板(Micro Channel Plate,MCP)电子倍增器引入单级微光管中,使用多碱光阴极,灵敏度达到 225～450A/lm,可以在星空夜晚照度下正常工作。

其缺点是信噪比低,探测距离有限。第三代微光夜视仪将透射式砷化镓(GaAs)光阴极和带 Al_2O_3 离子壁垒膜的 MCP 引入近贴微光管,使微光器件的灵敏度增加了 4~8 倍,寿命延长了 3 倍,显著提高了夜光光谱的利用率,在漆黑夜晚(10^{-4}lx)的目标视距延伸了 50%~ 100%,可以更加充分地利用夜光丰富的近红外光谱能量。其优点是体积小,灵敏度高;缺点是成本高。

6.5.2　微光电视

微光电视也叫低光照度电视,是工作在微弱照度条件下的电视摄像与显示设备,也是微光像增强技术与电视和图像技术相结合的产物。如图 6-13 所示,微光电视系统主要包括微光电视摄像机、传输通道和接收显示装置。其中,微光电视摄像机除了具有普通电视摄像机的功能之外,微光图像增强作用表现比较突出。微光摄像机将目标及其背景在黑夜辐照下的反射光亮度分布,通过电视扫描的方法变成按时序分布的视频信号。经控制器进行处理后,输入监视器进行显示。微光电视的传输通道可以是电缆或光缆闭路传输,也可以利用微波、超短波做开路空间传输,接收与显示装置与一般电视没有明显区别。

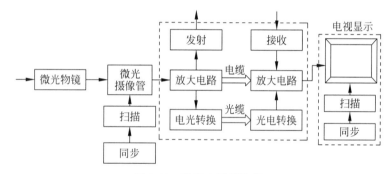

图 6-13　微光电视系统图

微光电视系统与肉眼或普通光学仪器相比,具有以下特点:
(1) 入瞳直径大,光子数可以达人眼的 1000 倍以上;
(2) 光阴极的面积比人眼视网膜大很多;
(3) 作为第一检测器的光阴极量子效率极高;
(4) 可以利用数字图像处理技术提高图像质量;
(5) 可以在一帧时间内积累信息,提高信噪比。
微光电视系统与直视式微光夜视系统相比,具有以下优势:
(1) 可以实现图像的远距离传输,可以多人、多地点同时观察;
(2) 便于录像和遥控摄像;
(3) 可以与光电自动控制系统结合构成电视跟踪系统。

本章小结

本章在介绍红外辐射物理性质和相关定律的基础上,介绍了主动式红外成像技术、红外热成像技术以及微光成像技术的成像原理、系统结构、成像特点及技术指标。其中,红外变像管、红外检测器以及像增强器是各类红外成像系统的核心部件,也是提升红外成像质量主要考虑的焦点。红外成像技术的主要应用领域有军事、民用、医学、交通、导航、定位等。

思考题

(1) 在客观世界中,绝对黑体并不存在。列举现实中近似黑体的例子。

(2) 为什么红外夜视仪的红外光谱成像是绿色的而不是呈红色的?

(3) 如何减小大气后向散射影响?

(4) 红外检测器有哪些类型和哪些特征参数?解释其意义。

(5) 简述主动式红外成像系统的主要构成及工作过程。

(6) 目前,热成像系统可以分为光机扫描型和非扫描型两种,简述其各自的特点。

第7章 X 射线成像原理与技术

CHAPTER 7

X 射线(X-ray)是波长介于紫外线和 γ 射线之间的电磁波。1895 年,德国著名物理学家伦琴做实验时偶然发现了 X 射线。X 射线强大的穿透性使人们很快意识到它在医学成像领域的应用前景。在经历了常规的 X 射线摄影和 X 射线透视之后,1983 年,日本富士公司首先推出了计算机 X 射线摄影系统(Computed Radiography,CR),解决了常规 X 射线数字化的问题。1997 年以后,数字 X 射线摄影(Digital Radiography,DR)设备相继问世,为 X 射线医学成像系统的全面数字化奠定了基础。目前,包括 CT(Computed Tomography)和 DSA(Digital Subtraction Angiography)在内的 X 射线成像占到临床医学成像的 70%。本章将介绍 X 射线成像的基本原理以及各种常见的 X 射线成像技术。

7.1　X 射线成像的物理基础

7.1.1　X 射线的性质

视频讲解

在各向同性的均匀介质中,X 射线直线传播且不可见,具有波粒二象性。X 射线在传播时,波动性占主导地位,且有干涉、衍射等现象发生。X 射线与物质相互作用时表现出粒子性,具有质量、能量和动量。X 射线除了具有电磁波的共性外,还具有以下与成像相关的基本特性。

强穿透性。X 射线的波长范围为 $0.001 \sim 10\mathrm{nm}$,具有较高的能量,物质对其吸收较弱,因此,大多数物质对于 X 射线是透明或者半透明的。出射 X 射线的强度变化,反映被穿透物质或组织内部的性质差异。通常 X 射线能量越高,穿透性越强,被穿透物质的原子序数越大,X 射线的贯穿本领越弱。强穿透性是 X 射线检测物体或人体内部结构的物理基础。

荧光效应。人的肉眼是看不见 X 射线的。但是,当 X 射线照射钨酸钙、铂氰化钡、硫化锌镉等荧光物质时,物质原子被激发或者电离。当激发态的原子恢复到基态时,便放出特定频率的可见荧光。荧光效应是利用透视荧光屏、摄影增感屏、影像增强器、闪烁计数器以及荧光玻璃成像的物理基础。

摄影效应。X 射线能使涂有溴化银的胶片感光出现银粒的还原沉淀,X 射线的照射量决定还原银粒数量的多少,再经显影变成黑色的金属银,未感光的溴化银被定影液溶掉,最终形成黑白的 X 射线影像。摄影效应是 X 射线摄影成像的物理基础。

生物效应。生物效应指生物组织经一定量的 X 射线照射后,会产生电离和激发,使细胞受到损伤、抑制、死亡或通过遗传变异影响下一代。X 射线虽然不带电,但是具有足够能量的 X 射线的光子通过任何物质时都能够撞击原子核中的轨道电子,使之脱离原子产生电离效应。不同生物组织对 X 射线的敏感程度不同,表现出来的反应也不同。常见的反应有脱发、白细胞减少等。生物效应是利用 X 射线进行肿瘤放射治疗的基础,也是放射科医师或病人需要进行 X 射线防护的原因。

7.1.2　X 射线管

自然界中的 X 射线由于强度和散射的关系,不能直接用于医学或其他领域的成像或检测,需要设计能够产生定向发射和一定强度的 X 射线的设备。通常采用高速行进的电子流突然受阻的原理来激发 X 射线。如图 7-1 所示为固定阳极 X 射线管的主要结构示意图。产生定向实用的 X 射线需要具备 4 个基本条件:

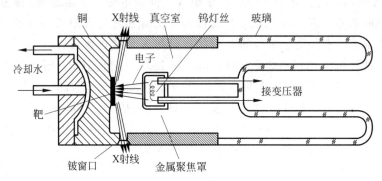

图 7-1　固定阳极 X 射线管的主要结构

(1) 提供近似真空环境,使电子在运动过程中尽可能减少能量损耗,同时保护灯丝不致因高温下的氧化而烧毁。

(2) 阴极电子源发射足够能量的电子。

(3) 提供足够的电位差使电子加速,获得很大的动能。

(4) 提供一个阳极作为靶物质,接受高速电子的轰击而辐射 X 射线。

固定阳极的 X 射线管仅适用于管电流较小、曝光时间较长的便携式牙科和骨科 X 光机。

在近似真空环境下,高速电子撞击阳极靶与靶物质发生作用,高速电子动能的 99% 以上在轰击处转变成大量热能。在正常工作时,阳极靶上轰击点的温度可达到 2700℃(稍低于钨的熔点 3400℃)。为了提高阳极靶的使用寿命,避免局部过热,人们采用了不同的散热方法。第一种方法是将阳极靶镶嵌在铜制衬底上便于散热。第二种方法是采用旋转式阳极,即把阳极和阳极体做成圆盘状,并用小电机带动以 2800～8500r/min 的速度旋转,使阳极时刻以新的靶面接受电子束的撞击,产生的热量均匀分散到整个靶面。如图 7-2 所示为旋转式阳极 X 射线管的结构示意,可以提高 X 射线管的功率。

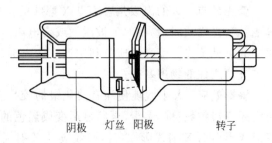

图 7-2　旋转式阳极 X 射线管结构

7.1.3　X射线与人体的作用机制

X射线与人体相互作用时,宏观上会表现出衰减、穿透和滤过现象,这些也是X射线影像技术中需要考虑的因素。在X射线诊断技术中,光子能量范围是10～300keV,属于低能范畴,生物体内的作用形式主要包括光电效应(Photoelectric Effect)和康普顿效应(Compton Effect)。当光子能量大于1.022MeV时,也会发生电子对效应。如图7-3所示为X射线在生物体内的作用过程。

光电效应是X射线成像中主要利用的相互作用机制。首先,光电转换过程中不产生散射X射线,可以大大减少X射线照片的灰雾度。其次,光电效应是X射线造影技术的基础。由于造影剂与人体组织的原子序数差别很大,使得二者的衰减系数也相差很大,从而可以增加人体组织与造影剂之间的吸收差别,提高X射线影像的对比度。最后,光电效应是软X射线摄影的基础。低能X射线在软组织中因光电吸收的明显差别从而产生高对比度的照片。但是,由于人体吸收率高,需要增加受检者的入射X射线剂量才能提高低能X射线透过人体时的成像效果。在实际工作中,人们可以采用高千伏摄影,减少光电效应的发生。

康普顿效应也叫康普顿散射,是由人体组织引起的重要衰减因素。散射线会增加X射线照片的灰雾,降低图像的对比度。而且,患者身上散射的X射线能量会照射在放射医师及检查人员身上,所以在进行X射线检查或成像时,应注意做好防护。

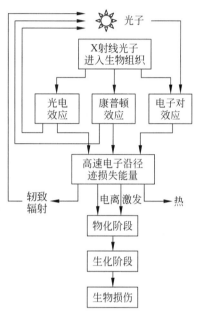

图7-3　X射线光子在生物体内的作用过程

7.1.4　X射线的衰减规律

当X射线通过物质时,由于光电效应、康普顿散射和电子对效应的作用,使X射线的强度减弱。如图7-4所示为理想情况下单能窄束X射线在均匀介质(水模型)中的衰减规律,可以用郎伯定律表示为:

$$I = I_0 e^{-\mu x} \tag{7-1}$$

式中,I_0——入射X射线强度;

I——穿透厚度为x的均匀物质后的X射线强度;

μ——线性衰减系数,与物质的密度成正比。

大部分情况下,被检测的物体或人体不是单一的物质,各部分的元素组成也不尽相同。例如,软组织中水占75%,蛋白质、脂肪、碳水化合物占23%,K、Na、Cl、Fe等元素占2%。所以,人体中物质与X射线的相互作用比较复杂。而且,医用X射线也不是单能窄束,而是连续能谱的X射线束。所以,处于不同能量值的各种光子组合成的混合射线束的衰减规律可以校正为:

$$I = I_{01} e^{-\mu_1 x} + I_{02} e^{-\mu_2 x} + I_{03} e^{-\mu_3 x} + \cdots + I_{0n} e^{-\mu_n x} \tag{7-2}$$

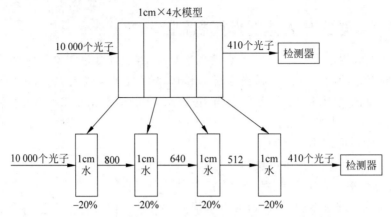

图 7-4 单能窄束 X 射线在均匀水介质中的衰减模型

式中,$\mu_1,\mu_2,\cdots,\mu_n$——各个能量的光子所对应的衰减系数;

$\quad\quad I_{01},I_{02},\cdots,I_{0n}$——各种能量 X 射线束的入射强度。

如图 7-5 所示为连续 X 射线通过均匀介质(水模型)时的衰减模型。

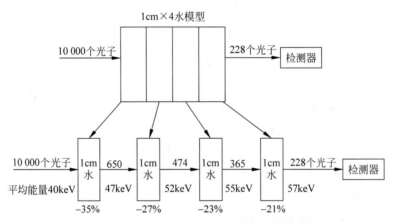

图 7-5 连续 X 射线在均匀水介质中的衰减模型

可见,连续能谱 X 射线比单能 X 射线衰减更大。X 射线量减小,强度变小,低能光子易被吸收,X 射线束通过被检物质后高能成分所占比率相对增大,X 射线的质提高,硬度变大。所以,综合考虑 X 射线的衰减规律时,必须考虑 X 射线的软硬、物质的原子序数、物质的密度、物质的厚度以及每千克物质所含电子数。如图 7-6 所示为 X 射线穿透人体不同密度组

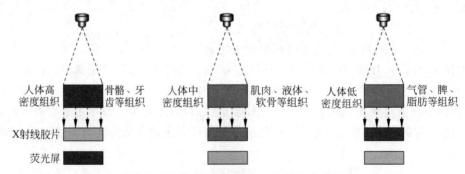

图 7-6 X 射线透过人体不同密度组织在胶片和荧光屏的不同显示

织后两种成像模式的不同显示对比示意,当用胶片作为影像记录介质时(X射线摄影),组织密度越高,X射线衰减越大,胶片上显示为浅色;相反,当用荧光屏作为影像记录介质时(X射线透视),组织密度越高,X射线衰减越大,荧光屏上显示为深色。

当X射线穿透密度相同、厚度不同的组织时,入射光子能量越小,吸收物质的密度越大,物质越厚,原子序数越高,每千克电子数越多时,衰减越大。如图7-7所示为X射线穿透相同密度、不同厚度和形状的介质时,在荧光屏和胶片上的不同显示情况,反映了X射线透视和X射线摄影不同的成像特点。

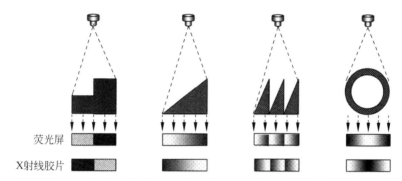

图7-7 X射线透过密度相同、厚度和形状不同物体时在胶片和荧光屏的不同显示

7.2 模拟X射线成像

视频讲解

模拟X射线成像主要包括传统的X射线透视(X-ray Fluoroscopy)和X射线屏-片摄影系统。

7.2.1 X射线透视

X射线透视成像指采用荧光屏来观察X射线穿透人体的影像。人体各组织与器官在密度、厚度等方面存在差异,对X射线的衰减不同,可在荧光屏上形成由明暗不同的点构成的影像。如果投照厚度一定,则荧光屏上暗的地方对应密度高的人体组织器官,X射线吸收多;亮的地方表示组织器官密度低,X射线吸收少。早期的X射线透视成像是将通过人体的X射线照到荧光屏上,使其成为透视X射线影像。这种荧光成像强度很弱,只能在暗室中观察阅读。现代的X射线透视成像引入电视系统,将透过人体的X射线照射到影像增强器,影像增强器将荧光影像强度增强,然后再输入X射线电视,使之成为视频图像。医用X射线电视是一种低照度的微光闭路电视,除了X射线光子到可见光的图像转换及影像增强器外,其余部分的工作原理与工业闭路电视基本相同。相比于普通电视系统,医用X射线电视系统对信噪比和分辨率的要求更高,必须具有良好的调制传递函数。比如,普通电视图像中出现轻微的固定干扰阴影只是影响观看效果,但是在X射线诊断中,重叠在图像中极为淡薄的阴影和小点常常表现为严重病灶。

现代的X射线透视系统主要包括X射线影像增强器、光学图像分配系统、含有摄像机与监视器的闭路视频系统与辅助电子设备。其中,X射线影像增强管是影像增强器的核心部件,如图7-8所示,其内部结构包括阴极、阳极 A 和 n 个倍增极 D_n。X射线影像增强器的主要作用是将不可见的 X 射线图像转换成为可见的光图像,并且把普通 X 射线透视的荧光屏亮点的亮度提高 $10^3 \sim 10^4$ 倍,然后通过光电导摄像管把图像分解成具有一定电平的亮度信息,进行电视摄像。通过使用 X 射线影像增强器,可以大大降低被检者的受照剂量,提高影像的亮度和分辨率,降低 X 射线管的负荷。

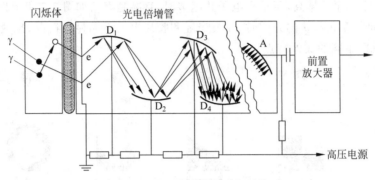

图 7-8　光电倍增管的内部结构

　　X 射线透视成像简便、经济、快速,可以实时、多角度地动态观察,是临床不可或缺的重要辅助诊断手段。但是,传统模拟 X 射线透视影像空间分辨率差,辐射剂量较大,不能留下动态的永久记录。随着高清晰电视系统的开发和应用,X 射线透视的效果越来越好。目前,X 射线透视已经进入数字透视平板时代,透视图像的存储、传输及处理更加方便,功能更加完善。

7.2.2　X 射线摄影

　　X 射线摄影指利用医用 X 射线胶片记录 X 射线穿透人体后的影像。X 射线胶片是记录影像的物理介质,其主要作用是感光,即接受光照并产生化学反应形成潜影。之后,对有潜影的胶片进行显影和定影处理,使胶片感光层中的卤化银还原成金属银,在胶片上形成黑白可鉴的灰度图像(残留的金属银颗粒在胶片上显示为黑色)。由于人体各器官组织的密度厚度不同,对 X 射线的衰减不同,导致透过的 X 射线强度不同,胶片的感光程度不同。人体内的高密度组织比如骨骼,吸收的 X 射线多,胶片上还原出的金属银颗粒少,呈白影;反之,低密度组织比如肺部,吸收的 X 射线少,在胶片上呈黑影。在实际的 X 射线摄影中,仅有不到 5% 的 X 射线光子能直接被胶片吸收形成潜影,绝大部分的 X 射线光子穿透胶片,得不到有效的利用。因此,需要利用一种增感方法来提高 X 射线的利用率,增加 X 射线对胶片的曝光,缩短摄影时间,降低 X 射线的辐射剂量。常用的增感方法是在暗盒中将胶片夹在两片增感屏之间,然后进行曝光,这种组合称为屏-片系统。

　　X 射线摄影具有如下特点:

　　(1) X 射线胶片的感光度较高,需要的 X 射线剂量比 X 射线透视少很多;

　　(2) X 射线胶片的感光颗粒小,显示细微病变的能力更好;

　　(3) 胶片可以长期保存。

　　X 射线摄影与 X 射线透视的影像明暗度正好相反。

　　X 射线摄影与传统相机摄影成像原理的差别:

　　(1) 与普通光源相比,胶片对 X 射线的感光效果差,所以 X 射线胶片感光层涂得厚;

　　(2) X 射线摄影的曝光量比普通光摄影大;

（3）银离子的线度为 $1\mu m$，但是 X 射线胶片的实际感光颗粒大小为 $100\sim200\mu m$。

总之，X 射线摄影的优点是空间分辨率较高，受检体接受的 X 射线量少，可以长期保存记录，便于复查和对比。但是，X 射线摄影的照片仅是瞬间的固定影像，难以了解脏器的动态变化。

7.2.3　特殊 X 射线摄影

特殊 X 射线摄影指通过利用某种特殊装置和方法，针对人体的某一组织或器官显示出一般 X 射线摄影所不能显示的影像。常见的特殊 X 射线摄影有软 X 射线摄影、高千伏 X 射线摄影和 X 射线造影等。

1. 软 X 射线摄影

软 X 射线摄影指采用 $20\sim40kV$ 的管电压产生低能 X 射线或软 X 射线进行摄影。低能 X 射线与人体组织的作用以光电效应为主。脂肪、肌肉、腺体等软组织的密度差别不大，有效原子序数相差不多，但是，X 射线被吸收的量相差很大，成像对比度比硬 X 射线摄影照片明显提高，可以形成对比良好的软组织影像。目前，临床上软 X 射线摄影主要用于女性乳腺疾病及肿瘤边缘的检查，能够清晰地显示腺体、结缔组织和血管。

2. 高千伏 X 射线摄影

高千伏 X 射线摄影指采用 $120kV$ 的管电压进行成像，主要用于辨别胸部的肺纹理、纵隔、气管及其分支和脊柱等。当管电压小于 $90kV$ 时，重叠在同一平面的骨骼、软组织、脂肪和气体互相影响，骨骼影像会遮蔽其他组织的影像。为了能够区别这些重叠组织的影像密度差异，可以采用 $120kV$ 的管电压，使组织对 X 射线的吸收衰减以康普顿散射为主，影像密度的高低受组织原子序数和厚度的影响减小，即使组织相互重叠也不至于被骨影遮盖。高千伏摄影的缺点是射线能量大，各组织对射线的吸收差异减小，散射线增多，照片灰雾增加。

3. X 射线造影及造影剂

普通 X 射线成像方式对一些密度差别小的含腔组织器官如胃肠、心血管或纯软组织组成的器官，不能清晰显示结构。为此，人们将造影剂引入欲检查的器官内或其周围，增大物质之间的密度差异，从而改变待检器官与周围组织的 X 射线影像密度差，这种成像方式称为 X 射线造影成像。造影可以分为阳性造影和阴性造影。

阳性造影指造影剂（主要有钡剂和碘剂）的有效原子序数大，物质密度高，对 X 射线的吸收强，在透视荧光屏上显示浓黑的影像，在胶片上显示淡白的造影剂影像。如图 7-9(a)所示为消化道钡餐造影，箭头所指缺损处为食管癌变所在。如图 7-9(b)所示为使用碘剂对气

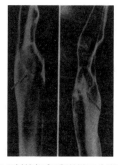
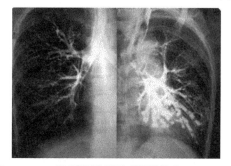

(a) X射线钡餐造影显示食道癌　　　　　　(b) X射线气管碘剂造影检查

图 7-9　X 射线阳性造影图例

管造影后可以清晰地看到不易观察的气管树分支结构。

　　阴性造影与阳性造影相反,造影剂的有效原子序数小,密度低,对 X 射线吸收弱,如空气、氮气、二氧化碳、笑气等,主要用于胃肠疾病的检查,可以清晰显示平片检查看不到的肠壁结构。

　　X 射线造影检查能够观察到普通平片看不到的结构,形成良好的影像密度差异,在临床上得到了广泛的应用。但是,X 射线造影检查耗时长,有危险,病人感觉痛苦。

7.3　数字化 X 射线成像

　　模拟 X 射线摄影成像要求条件严格,曝光宽容度小,密度分辨率低,影像中像素点之间没有间隔,亮度随着坐标点的变化连续改变。影像一旦形成,图像质量也就确定了,无法利用计算机进行处理加工。而且,传统胶片不便于图像的存储、检索以及远程传输。随着计算机技术、网络技术和图像处理技术的发展,X 射线成像的数字化成为必然趋势。数字化 X 射线成像就是把原来使用增感屏/胶片方式得到的模拟图像进行数字化和图像处理,再将数字图像变换为模拟图像进行显示。

　　数字化 X 射线成像与传统的 X 射线增感屏/胶片摄影成像的性能比较见表 7-1。当然,X 射线数字影像也有不足,其空间分辨率一般为 $2\sim4$ LP/mm,而 X 射线胶片的影像分辨率理论上可以达到 $5\sim7$ LP/mm。但是,数字化 X 射线成像使用的检测器可以采用特殊技术减少散射,大幅度提高空间分辨率,满足绝大多数的诊断需要。

表 7-1　数字化 X 射线成像与传统 X 射线摄影成像比较

传统 X 射线摄影成像	数字化 X 射线成像
观察记录模拟信号	观察记录数字信号
辐射剂量大,曝光宽容度小	量子检出率达 60%,曝光剂量减少,感光宽容度大
密度分辨率能达到 2^6 灰阶	密度分辨率能达到 $2^{10}\sim2^{12}$ 灰阶
不易进行增强处理	方便进行滤波处理、模式识别和自动分析
不易保存	资料可存储在光盘上,可长久保存不失真
不易通信与交流	便于通过网络进行交流,可导入 PACS 系统

　　目前,数字化 X 射线成像设备可以分为 X 射线数字透视系统(Digital Fluoroscopy,DF)、计算机 X 射线摄影(Computed Radiography,CR)系统和数字 X 射线摄影(Digital Radiography,DR)系统。

7.3.1　X 射线数字透视系统

　　X 射线数字透视系统(Digital Fluoroscopy,DF)的主要部件有影像增强器、电视摄像机、AD 转换器、计算机等。影像增强器输出的光信号经过摄像机变成视频信号,AD 转换器将其数字化后送入计算机进行处理并显示。X 射线数字透视系统的优点是可以动态观察,一次检查中可以存储多幅图像,使用时可以任意调出其中一幅进行诊断。X 射线数字透视适合较快速度而对图像质量要求不高的场合(比如体检)。另外,由于 X 射线摄像管的动态范围小,X 射线数字透视的动态范围有限。X 射线数字透视也可以进行 X 射线造影成像,

视频讲

主要形式是数字减影血管造影(Digital Subtraction Angiography，DSA)。

1. DSA 成像原理

首先，利用影像增强器将透过人体后衰减的 X 射线信号增强，用高分辨数字摄像机进行扫描存储，得到基准图像 MASK。然后，拍摄注入造影剂后的数字图像形成造影像，并将造影像与 MASK 像进行相减，消除骨骼等无关结构对血管形成的干扰，突出显示充盈造影剂的血管结构，提高图像对比度。如图 7-10 所示为数字减影血管造影成像的基本原理。

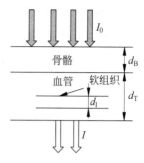

图 7-10　数字减影血管造影成像原理示意图

由于血管与软组织的密度和原子序数接近，可以将血管视为软组织。设单色窄束 X 射线透过均匀的骨骼和软组织，根据郎伯定律，注入造影剂前的透射强度与入射强度的关系为：

$$I_T = I_0 e^{-[\mu_B d_B + \mu_T d_T]} \tag{7-3a}$$

也可以采用对数形式，将上式改写为：

$$\ln I_T = \ln I_0 - [\mu_B d_B + \mu_T d_T] \tag{7-3b}$$

式中，μ_B——骨骼的衰减系数；

μ_T——软组织的衰减系数；

d_B——骨骼的厚度；

d_T——软组织的厚度。

血管注入造影剂后，X 射线透射强度与入射强度的关系为：

$$I_{T1} = I_0 e^{-[\mu_B d_B + \mu_T (d_T - d_I) + \mu_I d_I]} \tag{7-4a}$$

也可以采用对数形式，将上式改写为：

$$\ln I_{T1} = \ln I_0 - [\mu_B d_B + \mu_T (d_T - d_I) + \mu_I d_I] \tag{7-4b}$$

式中，μ_I——造影剂的原子序数；

d_I——造影剂的厚度。

所以，血管注入造影剂前后透过的 X 射线强度的对数差为：

$$\Delta I = \ln I_T - \ln I_{T1} = (\mu_I - \mu_T) d_I \tag{7-5}$$

即，减影后的图像信号大小与造影剂厚度成正比，与造影剂和软组织的线性吸收系数有关，而与骨骼或软组织的结构无关，这样可以突出造影后的血管结构。

如图 7-11(a)所示为没有注入造影剂的腹部 X 射线透视图，图 7-11(b)为肝动脉注入造影剂后的图像，可见肝动脉造影图与周围多种组织的图像重叠，尽管血管造影由于造影显得较为突出，但是其他无关组织对观察肝动脉的干扰仍然不小。如图 7-11(c)所示为数字减影血管造影成像减影后的图像，可以看出，减影图像消除了骨骼和软组织的影像干扰，肝动脉的血管结构一目了然。

数字减影血管造影成像不依赖于胶片，对特定的图像可以捕捉比胶片摄影更加丰富细致的有用信息，可以采用多种多样的减影和图像处理方法，突出所关注目标的形态结构和功能特征。目前，数字减影成像不仅限于血管造影，也可以进行多种其他部位的造影，比如关节造影和脊髓造影等。

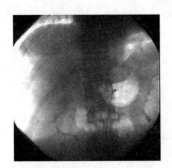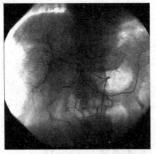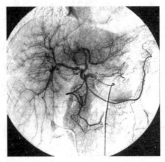

(a) 造影剂注入前的腹部透视图　　　(b) 注入造影剂后　　　(c) DSA减影后的图像

图 7-11　数字减影血管造影成像图例

2. DSA 的减影方法

DSA 常用的减影方法有时间减影法、能量减影法和混合减影法。

1) 时间减影法

时间减影法指从静脉或动脉注入造影剂，在造影剂进入目标血管前，利用计算机技术采集和存储一帧图像作为掩膜，将它与在时间上顺序出现的充有造影剂的血管图像逐点进行相减，消除相同的软组织和骨骼部分，突出显示造影剂引起的血管密度变化。由于用作减影计算的两帧图像是在不同的显影时期获得的，所以称为时间减影法。如图 7-12 所示为数字减影血管造影成像时间减影法的计算示意。在图 7-12 中，掩膜图像 MASK 选为造影剂注入前的第 4 帧图像，分别用第 7 帧、第 9 帧、第 11 帧和第 13 帧图像与其相减，由于第 13 帧的造影剂浓度最高，所以，掩膜图像与第 13 帧图像相减获得的减影图像对比度最高。

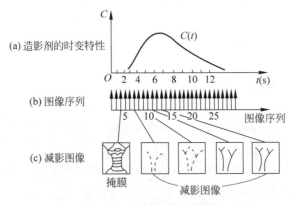

图 7-12　时间减影法示意图

根据减影过程中所用的 MASK 像和造影像的帧数及时间的不同，基于时间减影的数字减影血管造影成像可以进一步分为多种不同的工作模式，例如脉冲方式、连续方式和时间间隔差方式等。

脉冲方式也称为序列方式。每秒进行数帧甚至数十帧的摄影，在造影剂未注入造影部位前和造影剂逐渐扩散的过程中，对 X 射线图像进行采集和减影，得到一系列连续间隔的减影图像。脉冲方式可以连续观察 X 射线数字影像或减影图像。脉冲方式要求前后各帧图像所接受的射线剂量必须恒定，这就要求 X 射线管的管电压要稳定，快速控制电路对活动较快的部位成像时延时要短。

连续方式采用连续 X 射线或高频脉冲 X 射线照射。X 射线管连续发出 X 射线,得到与电视摄像机同步的连续影像信号(约 25～50 帧/秒),以电视视频速度观察连续的血管造影过程或血管减影过程。这种方式图像频率高,能显示快速运动的部位,比如心脏跳动和大血管内的血流,单位时间内图像帧数多,时间分辨率高。

时间间隔差方式的掩膜 MASK 像不固定,顺次随机地将帧间图像取出,再与其后一定间隔的图像进行减影处理,从而获得一个序列的差值图像。随着 MASK 像的不断变化,减影处理会不断更新。时间间隔方式相减的两帧图像在时间上间隔较小,所以能增强高频部分,降低由于病人活动造成的低频影响。对于心脏等具有周期性活动的部位,根据心动周期适当地选择图像间隔帧数进行减影,可以消除由相位偏差造成的图像运动性伪影。

综上所述,时间减影法的不足之处在于受呼吸、血管搏动以及病人移动等因素的影响较大,软组织图像消除不理想,会出现配准不良、血管模糊等现象,需要借助图像处理技术消除运动模糊。如图 7-13(a)所示为消除运动模糊前的脑部血管造影图像,可以看出,颅骨和软组织的干扰消除不理想,血管边界模糊毛糙。如图 7-13(b)所示为消除运动模糊后的脑部血管造影图像,可以看出血管的细微分支明显变得更为清晰。

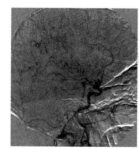 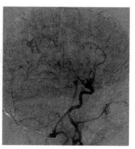

(a) 消除运动模糊前　　　　(b) 消除运动模糊后

图 7-13　时间减影法消除运动模糊

2) 能量减影法

能量减影也称为双能减影(Dual-energy Subtraction)或 K-缘减影。当进行某感兴趣区域内的血管造影时,几乎同时用两个不同管电压取得两帧图像进行相减。由于两帧图像分别由两种不同的能量摄制,所以称之为能量减影。根据物质原子结构的能量分级,K 层电子对 X 射线存在吸收边缘或吸收限现象。比如,当使用33keV 的管电压激发 X 射线穿透人体时,几种主要组织如软组织、骨骼等的衰减特性随射线能量的增加而平缓下降,而碘造影剂的幅度衰减曲线的瞬间改变会非常陡峭,从而在影像上形成人体组织与造影剂的明显对比。所以,当以能量稍低于和稍高于 33keV 两种不同能量的 X 射线进行造影成像时,人体组织在这两种情况下的衰减情况可以近似看作不变,而碘造影剂的衰减却有相当大的不同。所以,将这两种能量下摄制的数字图像进行减影,就可以得到碘造影剂所在器官或者组织的减影图像,消除其他无关组织的影响。能量减影法要求 X 射线机的曝光时间要短。

3) 混合减影法

混合减影法是将基于时间和能量两种减影方式相结合的减影方法。在注入造影剂前后各使用一次能量减影,获得造影前后能量减影图像各一帧,对这两帧能量减影图像再减影一次,即得到混合减影图像。值得注意的是,经过两次减影,信号有所减小,噪声将变为减影前的两倍,SNR 会降低。

3. DSA 的优缺点

数字减影血管造影成像所得的图像叠加准确,对比度大,可用浓度低的造影剂显示出被充盈的细小血管。密度分辨率大,可以使 1mm 直径的小血管和直径 3mm 的肿瘤染色。由于计算机技术和图像处理技术的应用,数字减影几乎可以实时处理,便于实时指导诊断与治疗。数字减影血管造影成像可以采用不同的减影方法和图像处理方法对图像伪影进行快速校正,比如采用新的掩膜图像来改变对比度和消除伪影。但是,数字减影血管造影成像也有不足之处。首先,数字减影血管造影成像具有运动伪影。由于被检者移动、吞咽、肠蠕动、动脉搏动等慢运动,有时会使掩膜图像和充盈图像发生位移,不能充分消除与血管重叠的那些结构,产生图像伪影。其次,造影剂浓度会限制图像质量。比如,动脉造影剂浓度与血管直径近似成反比,如果想检查显示出直径小于 2mm 的血管,必须由动脉引入造影剂,但是高浓度的造影剂会对人体产生毒副作用。另外,数字减影血管造影成像不进行选择性血管注射时,会存在血管重叠问题。

总体来看,数字减影血管造影成像将向高度一体化、系统化、程序化、自动化和网络化发展,近年来已经出现了快速旋转采集的数字减影血管造影成像系统,结合工作站可以进行三维血管成像和血管内镜成像等,对病灶也可以做定量分析。

7.3.2 计算机 X 射线摄影系统

视频讲解

计算机 X 射线摄影系统(Computed Radiography,CR)由日本富士胶片株式会社于 1982 年开发成功,是各大医院广泛采用的数字化 X 射线摄影技术。计算机 X 射线摄影系统利用原有的 X 射线设备,以成像板(Imaging Plate,IP)代替 X 射线胶片作为记录介质,成像板上的影像信息经过激光读取和图像处理显示出数字平片图像。不同组织结构的 X 射线吸收系数存在着细微差别,可以通过计算机 X 射线摄影成像辨别出来。计算机 X 射线摄影系统成像的关键技术是成像板如何存储和读出信息。

1. 计算机 X 射线摄影的基本原理

计算机 X 射线摄影成像主要包括影像信息采集、读取、处理和再现 4 个过程。

1) 影像信息的采集

不同于传统 X 射线摄影直接将影像记录在胶片上,计算机 X 射线摄影是通过光激励发光物质完成影像信息的采集。某些物质第一次受到照射光照射时,能将一次激发光所携带的信息存储。当再次受到照射光时,能发出与第一次激发光所携带的信息相关的荧光,这种现象称为光激励发光(Photo Stimulated Luminescence,PSL)。目前已知的光激励发光物质中,掺杂 2 价铕离子的氟卤化钡结晶光激励发光的作用最强,因此作为成像板荧光材料的首选。光激励发光激发出的荧光强度主要取决于作为一次激发光的 X 射线的照射量,与激发的荧光强度的 5 次方成正比。

光激励发光的强度与二次激发光的波长有关。如图 7-14 所示,光激励发光激发的荧光强度在波长为 $390\sim400nm(\lambda_{em})$ 时最大,而二次激发光激发出的荧光强度在 $600nm(\lambda_{ex})$ 左右最大。所以,读取计算机 X 射线摄影的影像信号时,会得到良好的信噪比。

光激励发光的强度会受二次激发光功率的影响。在一定范围内,光激励发光的强度随二次激发光的功率增大而增大。

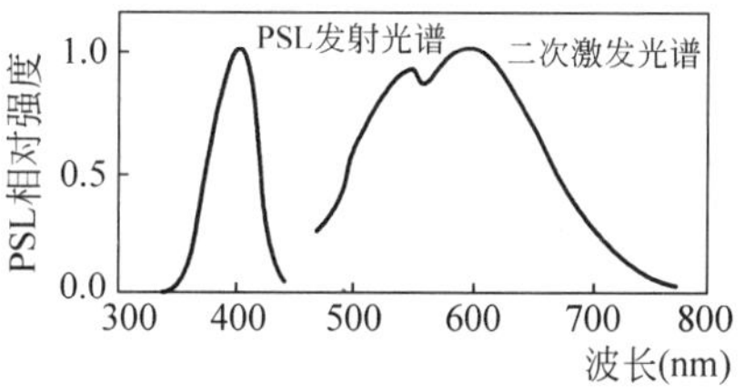

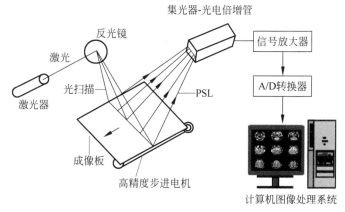

图 7-14　氟卤化钡的发射光谱与二次激发光谱

在利用光激励发光记录影像时,需要注意光激励发光的衰减特性和消退特性。由于光激励发光的消失过程需要逐渐衰减,所以,在二次激发光束移动扫描获取光激励发光的过程中,必须对仍在释放光激励发光的地方进行处理,降低后面获取的光激励发光的干扰,提高图像质量。临床上,一般采用以 E_U^{2+} 为发光中心的氟卤化钡为光激励发光物质,其寿命为 $0.75\mu s$,计算机 X 射线摄影可以在很短的时间内以较高的速度读取大面积的影像信息,不会产生干扰信息的重叠。另外,光激励发光以电子形式存储的一部分信息会在读取信号前逃逸,使二次激发光照射时晶体的光激励发光减小,该现象称为消退。计算机 X 射线摄影系统都配备有自动光强补偿装置,并要求摄片后 8 小时内读取处理,以防止光激励发光消退特性的影响。

2）影像信息的读取

成像板将影像信息以模拟信号的形式存储在光激励发光物质中,需要将其读出并转化为数字信号,如图 7-15 所示为实际使用的光激励发光激光扫描仪读取影像的流程示意图。高精度步进电机带动成像板匀速移动,二次激发光经摆动式反光镜或回旋式多面体反光镜的反射,在与成像板垂直的方向上,依次对成像板进行精确而均匀的扫描。同时,随着激光束的扫描,成像板上释放出的光激励发光被自动跟踪的集光器收集,经光电倍增管转换成相应的电信号,进一步放大后由 A/D 转换器转换成数字影像信号。这一过程反复进行,扫描完一张成像板,便得到一幅完整的 X 射线数字图像。

图 7-15　计算机 X 射线摄影系统影像读取装置原理图

3）影像信息的处理

普通 X 射线摄影的拍摄条件、增感屏及所用胶片决定了影像特性,一旦形成不能改变。计算机 X 射线摄影则可以针对不同的诊断要求处理图像,比如动态范围压缩、协调处理、空

148 现代成像原理与技术(微课视频版)

间频率处理、减影处理等,能够在较大范围内自由改变影像对比度,压缩或者消除无关的背景影像,更清楚地显示需要观察的结构。如图 7-16(a)所示为普通胶片增感屏系统拍摄的胸片,而图 7-16(b)所示为计算机 X 射线摄影系统拍摄的胸片,可以明显看到经过图像处理后,计算机 X 射线摄影成像能够清楚地辨识出纵隔内的细微结构,邻近皮肤边缘的肩胛骨结构更为清晰,能够提供的有用诊断信息更多。

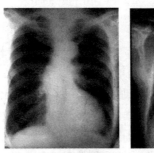 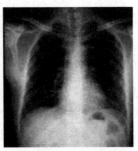

(a) 普通X射线摄影胸片　　(b) 计算机X射线摄影胸片

图 7-16　普通 X 射线摄影与计算机 X 射线摄影的成像效果比较

4) 影像信息的再现

经过计算机处理后的 X 射线图像还需要转换成人眼可见的影像。常见的显示方式可以采用荧光屏直接显示,也可以采用多幅照相机将荧光屏显示的信号拍摄到胶片,或者利用激光照相机直接记录影像信号。

2. 计算机 X 射线摄影成像的系统结构

如图 7-17 所示为计算机 X 射线摄影成像系统示意图,主要由 X 射线管、成像板(IP)、存储装置和 CRT 显示器等组成。

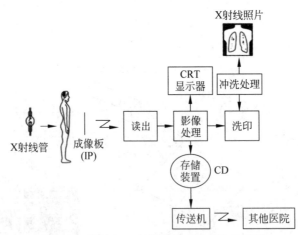

图 7-17　计算机 X 射线摄影成像系统示意图

X 射线管分为暗盒型和无暗盒型,暗盒型读取装置的 X 射线管与传统的 X 射线管兼容,不需要单独配置,无暗盒型读取装置需要配置特殊的 X 射线管。存储装置用于存储经系统处理后的数据。CRT 显示器用于显示读取装置获得的图像以及处理后的图像,进行图像的排版打印等。成像板是计算机 X 射线摄影系统中的信息载体,它能够采集接收影像信息,但是不能直接显示。较常见的是与常规 X 射线摄影兼容的成像板,即,将成像板置入与

常规 X 射线摄影暗盒类似的凹槽内,在不改变常
规 X 射线摄影操作模式下,实施计算机 X 射线
摄影成像。成像板可以重复使用 2～3 万次。如
图 7-18 所示,成像板由保护层、成像层、支持层和
背衬层组成。保护层由能弯曲的聚酯焦树脂类
纤维构成,耐磨,透光率高,主要作用是防止成像

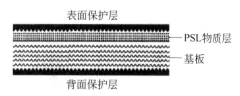

图 7-18　成像板结构示意图

板使用过程中由于摩擦和过度弯曲等造成的损伤。成像层主要由光激励发光物质组成。一
般的光激励发光物质的荧光非常微弱,难以利用。掺入 2 价铕离子的氟卤化钡的结晶光激
励发光作用强,常被选为成像板的荧光材料。这些光激励发光物质晶体的平均尺寸为 4～
$7\mu m$,晶体直径越大,光激励发光现象越强,但是影像的清晰度会随之下降。支持层又称基
板,由聚酯焦树脂类纤维组成,主要作用是固定光激励发光物质以及保护其免受外来的损
伤。背衬层又称背面保护层,其材料与保护层相同,主要作用是防止使用过程中与成像板之
间的摩擦损伤。

成像板的 X 射线辐射剂量与光激励发光强度在 $1～10^4$ 范围内是线性的,该线性关系
使计算机 X 射线摄影系统具有高敏感性和宽的动态范围。由于光激励发光物质对其他波
段的射线比如紫外线、γ 射线等也比较敏感,所以,计算机 X 射线摄影前后成像板都要屏蔽。
长期未用的成像板,在读取影像时会出现微小黑点,应在使用前用激发光照射,消除任何可
能存在的潜影。摄影后成像板上的潜影会因光的照射而消退,所以,摄影后的成像板需要注
意避光。

3. 计算机 X 射线摄影成像的优缺点

计算机 X 射线摄影拍摄的是数字影像,可以进行图像处理,改善影像质量,可数字化存
储,图像具有高度识别性,动态范围大,只需要一次曝光就能捕捉到多层次的影像信息,比传统
X 射线摄影的剂量小。成像板可以重复使用和长期保存,便于传输,实现数据共享,进行遥诊。

但是,计算机 X 射线摄影成像的时间分辨率差,不能满足动态器官结构的显示。而且,
计算机 X 射线摄影成像系统与增感屏/胶片系统相比,对细微结构的空间分辨率稍显不足,
设备价格相对昂贵。

7.3.3　数字化 X 射线摄影系统

数字化 X 射线摄影系统(Digital Radiography,DR)采用一种外形类似 X 射线胶片暗盒
的一维或二维 X 射线检测器,在计算机的控制下直接把 X 射线影像信息转化为数字图像信
息。如图 7-19 所示,数字化 X 射线摄影系统的成像部分包括 X 射线管、准直器、影像增强
管、光学系统和摄像机。记录的影像模数转换(A/D)为数字图像,经数字图像处理器后进行
数字存储并输出 TV 监视器显示。高压 X 射线发生器给 X 射线管提供电力支持,系统控制
器综合协调各组成部分的运行。

1. X 射线平板检测器

数字化 X 射线摄影系统的 X 射线平板检测器(Flat Panel Detector,FPD)是二维结构,
可以分为直接转换型 FPD 和间接转换型 FPD 两种。

1) 直接转换型 FPD

目前,数字化 X 射线摄影系统常用的 FPD 是以非晶态硒(a-Se)为光电材料的 FPD。

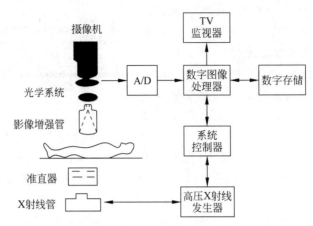

图 7-19　数字化 X 射线摄影系统结构示意图

1995 年,Sterkung 公司研制出使用非晶态硒型 FPD 的直接数字化 X 射线成像系统(Direct Digitized Radiography,DDR)。直接转换型 FPD 是直接将通过被检体的 X 射线光子经电子转换为数字图像。当透过人体的 X 射线作用于电子暗盒内的硒(Se)层时,由于 X 射线的强弱不同,硒层光电导体按吸收 X 射线能量的大小产生正负电荷对,顶层电极与集电矩阵间的高电压在硒层产生电场,使 X 射线产生正负电荷分离,正电荷移向集电矩阵并存储于矩阵电容器内,存储的电荷量与 X 射线强度成正比。随后打开控制器扫描电路,读取一个矩阵电容单元的电荷,将电信号转换为数字信号。数字图像数据在系统控制器内存储和处理,最后重建影像显示于监视器。上述过程完成后,扫描控制器自动对电子暗盒内的感应介质进行恢复。从结构上讲,数字化 X 射线摄影系统包括 X 射线转换单元、探测元阵列单元、高速信号处理单元和数字影像传输单元。

(1) X 射线转换单元。如图 7-20 所示,以非晶态硒为光电材料,它将 X 射线转换成电子信号。当 X 射线照射非晶态硒层时,由于光电效应产生一定比例的正负电荷。通过施加几千伏的高压,使这些电荷以电流的形式沿电场移动,探测元阵列将这些电荷聚集起来。

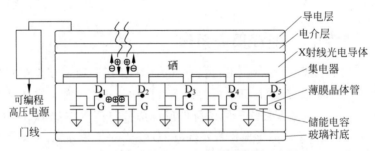

图 7-20　直接转换型平板检测器结构示意图

(2) 探测元阵列单元。如图 7-21 所示,用薄膜晶体管(Thin Film Transistor,TFT)在一块玻璃基层上组装几百万个探测元阵列,每个探测元包括一个电容和一个 TFT,大小为 0.139mm×0.139mm,对应图像的一个像素。探测元阵列的分辨率是 3.6lp/mm,接近于胶片-增感屏系统。在 7 英寸×8 英寸的面积内探测元的数目大约是 1280×1536。像素集合被排列成二维矩阵,按行设门控线,按列设图像电荷的输出线。当 X 射线经过不同密度的人体组织衰减后出射,照射转换单元时,产生的电荷聚集在电容中,读出时给某一行施加电压,打开该行的开关。电荷从选中行的所有电容中沿数据线同时流出,同时产生几千个读出信号。当激活高速处理单元的地址信号时,聚集的电荷以电信号的形式读取到高速信号处理单元中。由于正负电荷主要沿电场线运动,因此每个 X 射线光子产生的电荷不会扩散到相邻探测元。

（3）高速信号处理单元。高速信号处理单元产生地址信号并激活探测元阵列中的TFT,读出这些地址信号的电子信号,放大后送到 A/D 转换器。

（4）数字影像传输单元。数字影像传输单元对数字信号的固有特性进行补偿,并将数字信号传送至主计算机。

2）间接转换型 FPD

间接转换型 FPD 可以分为碘化铯＋非晶态硅(CsI＋a-Si)器件和电荷耦合器件摄像机两种。1997 年,Trixell 公司研制出使用非晶态硅型平板检测器的数字化 X 射线成像系统。该系统与直接转换型 FPD 的区别在于采用两步数字转换过程。即,先用荧光材料层将来自人体出射的 X 射线转化为可见光,再通过非晶硅光电二极管和 TFT 探测元阵列将电信号送给放大电路。如图 7-22 所示,非晶态硅型平板检测器由荧光材料、光电二极管以及进行信号读取和信号处理的薄膜晶体管(TFT)组成。

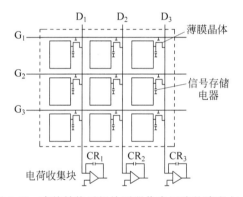

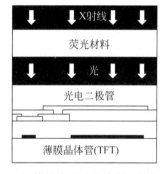

图 7-21　直接转换平板检测器像素矩阵的读出方式　图 7-22　间接转换型平板检测器结构示意图

（1）荧光材料层,即碘化铯闪烁体。碘化铯是一种吸收 X 射线并把能量转换为可见光的化合物,每 1kV 的 X 射线可以输出 20～50 个可见光光子。当碘化铯晶体光导管呈细针状或者柱状排列时,在输入层附近产生可见光光子。输入层比较厚(约 1mm),闪烁体可以保持高分辨率。用碘化铯闪烁体吸收 X 射线光子转换成的可见光,其峰值波长为 550nm,正好与非晶态硅光谱灵敏度的峰值相匹配,具有最高的量子检测效率(Detective Quantum Efficiency,DQE)。间接转换型 FPD 的 DQE 大于 65％,而 CR 系统中成像板的 DQE 近似为 35％,传统屏片系统的 DQE 只有 25％。

（2）探测元阵列层。每个探测元包括一个非晶态硅光电二极管和起开关作用的 TFT。探测元阵列运行时,TFT 关闭,给光电二极管施加反向偏置电压,通过闪烁体的可见光产生的电荷聚集在光电二极管上。

（3）信号读取单元。信号读取时,给 TFT 一个电压使其打开,电荷就会由二极管沿数据线流出。

(4) 信号处理单元。如图 7-23 所示,位于检测器顶层的碘化铯闪烁体将入射的 X 射线图像转换为可见光图像,位于碘化铯闪烁体层下的非晶态硅光电二极管阵列将可见光图像转换为电荷图像,每一个像素的电荷量与入射的 X 射线强度成正比。同时,该阵列将空间上连续的 X 射线图像转换为具有一定数量行和列的点阵式图像。在中央时序控制器的统一控制下,位于行方向的行驱动电路和位于列方向的读取电路将电荷信号逐行取出,转换为串行脉冲序列并量化为数字信号。该数字信号经传输电路传送至图像处理器,形成 X 射线数字图像。上述过程完成后,扫描控制器自动对检测器内的感应介质进行扫描,去除潜影。

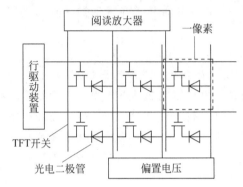

图 7-23　间接转换平板检测器像素矩阵读出方式

另一种间接转换型 FPD 采用 CCD 摄像机与影像增强器或闪烁体匹配。CCD 摄像机与传统摄像管相比,在稳定性、几何精确度、信号一致性和体积方面都有优越性。X 射线对被检体曝光时,荧光屏显示人体组织的可见光影像,CCD 摄影机摄取一定范围的荧光影像并将其转换成数字信号,再由计算机进行处理,将图像拼接成一幅完整的图像。

数字化 X 射线摄影系统(DR)可以采用能量减影法提高某些组织或器官的成像性能。如图 7-24 所示为采用能量减影法得到的一组经加权减影技术处理的特殊 DR 图像。该患者的症状表现为呼吸困难 1 年,加重 2 个月,病理检验为小细胞癌。图 7-24(a)为传统的 DR 成像影像,可以看出,在双肺的内边缘处有絮状影,但是,受胸部肋骨的干扰,不易辨识细微信息。图 7-24(b)为加造影剂后的骨减影 DR 影像,可以看出,消除了肺纹理等无关结构,胸椎边缘清晰,骨架结构无异常。图 7-24(c)为软组织减影的 DR 影像,可以看出消除了肋骨、胸骨等骨影,双肺的内边缘呈现明显的细丝状纹理和小结节。

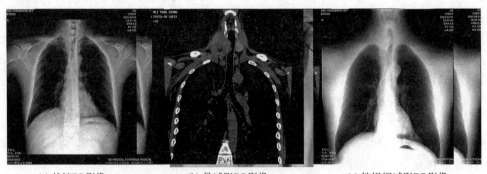

(a) 传统DR影像　　　　　(b) 骨减影DR影像　　　　　(c) 软组织减影DR影像

图 7-24　小细胞癌患者的数字化 X 射线摄影影像图例

2. 数字化 X 摄影的优缺点

数字化 X 射线摄影成像环节减少,避免了图像信息的丢失,具有较高的细节可见度,图像层次更丰富,对 X 射线敏感性高,患者受照射剂量更小,具有更大的动态范围和对比度范围,时间分辨率明显提高,可以在曝光几秒内显示图像,可以采用多种成像和图像处理方法,使所获得的影像满足临床的不同需要。目前,数字化 X 射线摄影成像技术研发的焦点是提高平板检测器的动态显示能力,进而实现直接透视和动态图像的实时采集。

但是,数字化 X 射线摄影成像技术也有不足之处:

(1) 成本高。一台 DR 设备大约 20 万美元,一个医院一般至少需要两台:一台做胸片,一台做常规检查。

(2) DR 检测器的视野大小固定,不能像常规 X 射线机那样更换不同尺寸的暗盒和胶片。如果 DR 设备视野偏小,那么胸片会出现切掉肩膀和手臂的现象。

(3) DR 设备不能用于快速 X 射线造影。DR 扫描系统从大面积 TFT 矩阵中读取数据的时间为 5～7s,然后向感应介质表面高压放电,清除感应介质的潜影和电容中的电荷,恢复过程约需 13s,这样的成像速度不会影响普通的临床摄影,但是不能满足临床快速连续 X 射线造影检查的需要。

7.4　X 射线计算机断层成像

7.4.1　概述

X 射线计算机断层成像简称 X-CT 或 CT(Computed Tomography)。与普通 X 射线摄影或 X 射线透视不同,不是利用呈发散状入射的 X 射线透过人体,得到透过区域多器官的重叠像,而是利用窄束 X 射线对人体某一横切层面进行扫描,扫描信息经计算机处理后重建获得人体某个解剖断面的层切图像。现代 X-CT 的图像质量比早期 X-CT 有了明显提高。如图 7-25 所示为现代 X-CT 与早期 X-CT 横断面和矢状面图像的图像质量对比图。图 7-25(a)和图 7-25(c)分别为早期 X-CT 的头部横断面和矢状面扫描图像,图 7-25(b)和图 7-25(d)分别为现代 X-CT 的头部横断面和矢状面扫描图像。可以看到,现代 X-CT 获得的图像在清晰度、对比度以及细微结构的辨识度方面均有明显提高。

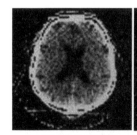 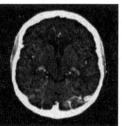 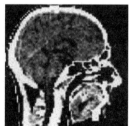 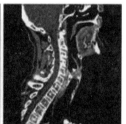

(a) 早期X-CT横断面　　(b) 现代X-CT横断面　　(c) 早期X-CT矢状面　　(d) 现代X-CT矢状面

图 7-25　早期 X-CT 与现代 X-CT 的图像质量对比

1. X-CT 成像技术发展回顾

1917 年,奥地利的 Radon 从数学角度证明利用投影数值可以推算出投影射线穿越过的二维或三维区域(表现形式为二维或三维矩阵)中的各元素值。1972 年,英国工程师

Hounsfield 发明了 X-CT 并获得第一台 X-CT 摄取的头部图像,并因此获得 1979 年的诺贝尔生理学或医学奖。1974 年,全身 X-CT 研制成功并应用于临床。1987 年,滑环技术(Slip-Ring)问世,为螺旋 CT 的诞生奠定了基础,这是 X-CT 技术发展史中的第一次飞跃。1989年,西门子公司创造性地采用滑环技术和连续进床技术,推出了世界第一台螺旋 CT(SOMATOM Plus)。1992 年,以色列 Elscint 公司研制成功双螺旋 CT。1998 年,4 层螺旋CT 问世。多层螺旋 CT 奠定了现代 X-CT 的设计架构,是 X-CT 技术发展史中的第二次飞跃。多层螺旋 CT 创造性地沿 z 轴设置多排检测器,机架旋转 1 周即可获得多幅断层图像,极大地提高了扫描速度和纵向分辨率。如图 7-26 所

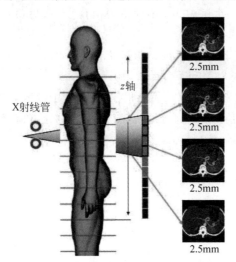

图 7-26　4 层螺旋 CT 成像示意图

示,为利用 4 层螺旋 CT 成像的示意图。2001年,西门子公司首次发布世界第一台 16 层螺旋CT,这是 X-CT 技术发展史中的第二次半飞跃。16 层螺旋 CT 的 z 轴分辨率都小于 0.75mm,不仅可以实现小于 1mm 的薄层扫描,更重要的是实现了"各向同性"体素采集,使多平面重建时的图像质量保持一致,有利于观察微小病变和结构。2009 年,我国第一台 16 层螺旋 CT 由东软医疗发布,产品型号为 NeuViz 16。2004 年,美国通用电气(General Electrical,GE)公司在北美放射学会(Radiological Society of North America,RSNA)年会上推出全球首台 64 层螺旋 CT(也叫容积 CT),产品型号为 LightSpeed

VCT,可以实现单器官扫描 1s、心脏扫描 5s、全身扫描 10s 的扫描速度,是 X-CT 技术发展史中的第三次飞跃。64 层螺旋 CT 进一步减少了扫描时间,提高了图像的分辨率,可以将X-CT 扫描图像进行任意层面无间隔的重建,更真实地反映解剖结构的细微变化,开创了容积数据成像的新时代。我国的第一台 64 层螺旋 CT 是由东软医疗于 2012 年推出的NeuViz 64,是国产 X-CT 设备迈入中高端 X-CT 领域的标志。随后,上海联影于 2018 年发布 320 排 640 层 CT-uCT 960,赛诺威盛于 2019 年推出 64 排 128 层 CT,标志着国内的 X-CT 厂商在中高端 X-CT 领域出现了赶超国际前沿水平的态势。

对于 X-CT 检查而言,实现单心跳心脏扫描是一个具有挑战性的问题,不同的厂商也提出了不同的解决方案。西门子公司提出的是双源 CT 的方案,即通过两套 X 射线管系统和两套检测器来采集数据,实现单扇层的扫描,双源 CT 于 2005 年研制成功。另一种解决方案是采用宽体检测器。2007 年,日本东芝公司(TOSHIBA)推出 320 层 CT,型号为Aquilion One,是世界第一台 16cm 的宽体检测器 X-CT 设备。2014 年,美国通用电气公司推出 256 排 512 层的 CT-Revolution,采用 16cm 宽体检测器,可以进行单心跳心脏成像。2018 年,上海联影推出 320 排 640 层 CT,型号为 μCT 960,采用 16cm 宽体检测器,可以进行单心跳成像。2020 年,东软医疗推出了采用 16cm 宽体检测器进行单心跳成像的 256 排512 层 CT,型号为 NeuViz Epoch。这些 X-CT 产品的研制与发布,标志着国产 X-CT 设备正式进入超高端 X-CT 领域。

从 2016 年开始,X-CT 的发展进入光谱时代,即光子计数 CT(Photon Counting CT,

PCCT)。光子计数 CT 在每次扫描中可以实现多能量成像,有利于降低碘造影剂的注射量。2016 年,Philips Healthcare 首次推出 Spectral CT 7500 spectral CT scanner,通过空间上对等的上、下两层检测器分别接收高、低能量的 X 射线光子,实现检测器端的能量解析和彩色光谱成像。其中,新型球面宽体光谱检测器可以进一步提高检测器端计算解析 X 光能量的能力,精准区分高低能级,具有 3 方面的优势:

(1) 低噪声,40~200keV 的图像噪声恒低;

(2) 低辐射剂量,基于全新的光谱影像链,首次实现了 100kVp 光谱成像,截至目前是辐射剂量和造影剂用量最低的 CT 能量成像技术;

(3) 心脏彩色光谱成像。

2021 年,另一个重要里程碑半导体光子计数 CT 开始走向临床,该技术主要带来 3 方面的优势:

(1) 低噪声,但是并没有像双层检测器技术一样可以达到所有能级恒低的水平,能级下限 40keV 的噪声仍然会成倍增加;

(2) 高空间分辨率,但是需要更高的辐射剂量来维持图像质量;

(3) 可以用于分子影像学研究。

另外,人工智能与 X-CT 技术的结合可以用于减少伪影和改进图像重建算法,在保持或提高图像质量的前提下,减少 X 射线的辐射剂量。

2. X-CT 成像的基本概念

X-CT 成像系统主要由 X 射线管、准直器、检测器、扫描机构、测量电路、电子计算机、监视器等部分组成。从 X 射线管发出的 X 射线首先经过准直器形成窄的扇形束,穿透人体被检测的体层平面。X 射线束经人体薄层内器官或组织衰减后射出到达检测器,检测器将携带解剖结构图像信息的 X 射线光信号转变为相应的电信号。通过测量电路放大,再由 A/D 转换器变为数字信号,送给计算机进行处理。计算机系统根据投影数据进行图像重建。最后,由 D/A 转换器将数字信号变成模拟信号,以不同的灰阶形式显示或用激光打印机打印成 CT 片。如图 7-27 所示为 X-CT 成像的流程。

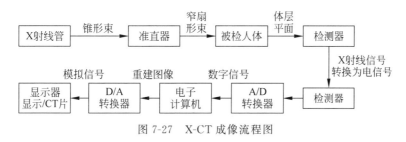

图 7-27 X-CT 成像流程图

下面介绍 X-CT 成像技术中的一些基本概念。

(1) 断层。断层也叫体层,指受检体中接受检查并欲建立图像的薄层。体层越薄,两个表面的形态结构越接近,建立的断面图像越接近于解剖断面的真实形态结构。一般用某断层形态结构的某种平均来表示该解剖断面的形态结构。

(2) 像素与体素。像素是构成数字图像的基本单元,X-CT 图像的像素按大小和坐标人为划分,可以理解为携带不同生物信息的图像平面的面积元。体素指受检者体内欲成像的断层表面上按大小和坐标人为划分的小体积元,可以对其进行空间编码,形成体素阵列。像素与体素在坐标上一一对应。在 X-CT 成像中,体素的高度和宽度一般为 $1\sim2$mm,厚度一般为 $3\sim15$mm。在常规 X-CT 检查中,体素数量至少为 25 600 个。

(3) CT 值。从物理的角度看,物质的密度是由物质对 X 射线的衰减系数来体现的,X-CT 图像反映的是组织之间的密度差异,而不是绝对密度。为了便于评估组织的密度差异,国际上提出使用 CT 值来表征该物理量。

CT 值的定义为:CT 图像中每个像素所对应的物质对 X 射线线性平均衰减量的大小。在实际应用中,均以水的衰减系数为基准,计算被检组织吸收系数与水吸收系数之间的相对差值:

$$CT = K \frac{\mu_o - \mu_w}{\mu_w} \tag{7-6}$$

式中,K——分度因数,常取为 1000;

μ_w——73keV 能量的 X 射线在水中的线性衰减系数,一般取值为 19;

μ_o——被检组织的 X 射线线性衰减系数。

这样定义的 CT 值的单位为 HU(Hounsfield Unit)。不同物质的 CT 值可以通过测量其吸收系数计算得到,CT 值越高表明物质的密度越大。按 CT 值的定义可以分别得到水的 CT 值为 0HU,空气的 CT 值为 -1000HU,骨头的 CT 值为 $+1000$HU。人体各种组织的 CT 值大致分布在骨骼 CT 值和空气 CT 值的范围内,见表 7-2。

表 7-2　人体部分正常组织的 CT 值范围

组织或器官	CT 值范围/HU	组织或器官	CT 值范围/HU
肺	$-950\sim-550$	脾脏	$40\sim50$
骨密质	1000	肝脏	$50\sim70$
肾	$20\sim40$	脂肪	$-100\sim-60$
胰腺	$30\sim50$		

(4) 扫描方式。X-CT 成像用近于窄束的 X 射线以不同的扫描方式,按照一定的顺序,沿不同方向对划分好体素编号的受检体体层进行投照,并用高灵敏度检测器接受透射过一串串体素后的 X 射线强度,获得重建图像时所需要的投影数值。在 X-CT 成像中,先后采用过的扫描方式有平移-旋转方式、窄扇束平移-旋转方式、宽扇束平移-旋转方式、旋转-静止扫描方式等,见表 7-3。

表 7-3　各代 X-CT 成像技术比较

扫描技术	扫描方式	运动方式	每个方位断面的扫描时间/s	扫描时间	主　要　用　途
第一代	笔束扫描	平移/旋转方式	1	3min	头颅扫描
第二代	扇束扫描	平移/旋转方式	1	10s$\sim$2min	全身扫描
第三代	扇束扫描	连续扫描方式	约为 0.01	2.8$\sim$10s	全身扫描,观察除心脏外的脏器
第四代	扇束扫描	连续扫描方式	约为 0.25	1$\sim$10s	同上
第五代	扇束扫描	连续扫描方式	小于 0.004	更快	可用于血管造影和心脏造影

（5）投影（Projection）。把投照被检物质后出射的 X 射线束强度称为投影,投影的数值称为投影值,投影值的分布称为投影函数。

7.4.2　X-CT 成像原理

X-CT 成像的本质是捕获被检物质或组织的衰减系数并按空间位置重构,利用获得的投影值经过算法处理,反推出与各体素对应的衰减系数值,获得被检物质或组织二维衰减系数的分布矩阵。然后,根据 CT 值的定义把衰减系数的二维矩阵转换为 CT 值矩阵。最后,根据各个体素的 CT 值及其空间位置分布,将其转化为灰度分布图像。

根据式(7-1)表示的郎伯定律,当单能窄束 X 射线穿过一定厚度、各向同性的均匀物体时,透过的 X 射线强度呈指数衰减。将式(7-1)的两边取对数,整理得到:

$$\mu = \frac{1}{d}\ln\left(\frac{I_0}{I}\right) = P \tag{7-7}$$

式中,P——广义投影。

当 X 射线通过路径上的介质不均匀且衰减系数连续变化时,式(7-7)可以转化为单一 X 射线束在单一路径上的投影函数:

$$P = \int_{-\infty}^{+\infty}\mu(l)\,\mathrm{d}l = \frac{1}{d}\ln\left(\frac{I_0}{I_n}\right) \tag{7-8}$$

式(7-8)是根据投影值寻求衰减系数分布思路的出发点。即,投影值是图像重建过程中通过检测器采集到的数据,每采集到一个数据就得到一个以线性衰减系数 μ 为未知数的多元一次线性方程,多方向投影会得到一系列方程组,根据该方程组可以求解出 μ 的二维分布矩阵,即 X-CT 的重建平面图像。

7.4.3　X-CT 图像重建算法

1. 解方程法

解方程法又称直接矩阵变换法。根据 X-CT 成像原理,每条扫描线对应一个方程式。假设成像层面为 256×256 的像素矩阵,就需要建立 256×256 个独立的线性方程组,并求解 256×256 个矩阵中各个体素的衰减系数 μ。如果把物体扫描面分为 $n \times n$ 等份,那么只要方程数量足够,就可以求得各等分部位的 X 射线衰减系数。但是,这种方法存在的问题是,物质的扫描面分得越细,方程组的规模越大,即便是早期的 CT,重建一幅二维图像也需要求解近 3 万个方程,计算量非常大。

此外,为了获得足够数量的独立方程,必须采集远远多于 n^2 个的投影数据。其中,有许多方程是相关的,所以就产生了冗余。由于 X 射线投影值的测量难免存在误差,当方程数量超过未知数的数量时,方程组的解不一定能够收敛,所以,解方程法具有局限性。

2. 傅里叶变换重建算法

1) 中心切片定理

中心切片定理是傅里叶变换重建的依据。如图 7-28 所示,假设要重建的二维图像可以表示为二维密度函数 $f(x,y)$,其成像区域为一个不规则形状的封闭区域。在图 7-8 中,O 表示坐标系原点,O' 表示投影坐标轴 R 该方向上的垂足,投影方向可以用投影坐标轴 R 与 x 轴的夹角 θ 表示,沿该方向的投影函数用 $g_\theta(R)$ 表示,反映沿该投影方向投影值的变化趋势。投影线 L 用直线方程 $x\cos\theta + y\sin\theta = R$ 来描述。

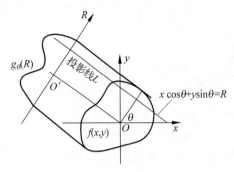

图 7-28　密度函数及其投影函数

在 θ 选定某一角度时,对每一条投影线计算密度函数 $f(x,y)$ 的线积分,可以得到该方向该条射线上的投影值,也就是 $g_\theta(R)$ 在某一 R 坐标值时对应的函数值。对投影函数 $g_\theta(R)$ 做一维傅里叶变换可以得到其频域函数 $G_\theta(\rho)$,该频域函数随 θ 角的不同而不同。此外,对成像区域的密度函数 $f(x,y)$ 做二维傅里叶变换,可以得到其频域变换函数 $F(u,v)$;对 $F(u,v)$ 做极坐标变换,可以得到 $F(u,v)$ 的极坐标表示形式 $F(\rho,\theta)$。中心切片定理表明,$G_\theta(\rho)$ 与 $F(\rho,\theta)$ 存在一定的内在关系,即密度函数 $f(x,y)$ 在某一方向上的投影函数 $g_\theta(R)$ 的一维傅里叶变换函数值,是密度函数 $f(x,y)$ 的二维傅里叶变换函数 $F(\rho,\theta)$ 在 (ρ,θ) 平面上沿同一方向且过原点的直线上的值。

中心切片定理的证明如下:

首先,在 (x,y) 平面中,建立一个与直角坐标 (x,y) 对应的极坐标 (r,Φ),那么投影线 L 的直角坐标方程可以改写为如下的极坐标形式:

$$r[\cos(\theta - \phi)] = R \tag{7-9}$$

因为投影函数的值是物质的密度函数沿投影线的线积分,所以,直角坐标下的投影函数 $g_\theta(R)$ 可以相应地转换为极坐标形式:

$$g_\theta(R) = \int_{-\infty}^{+\infty}\int_{-\infty}^{+\infty} f(x,y)\delta(x\cos\theta + y\sin\theta - R)\mathrm{d}x\,\mathrm{d}y \tag{7-10a}$$

$$g_\theta(R) = \int_{0}^{2\pi}\int_{0}^{+\infty} f(r,\phi)\delta[r\cos(\theta - \phi) - R]r\,\mathrm{d}r\,\mathrm{d}\theta \tag{7-10b}$$

在式(7-10)中,冲激函数与密度函数相乘后做积分相当于把二维密度函数 $f(x,y)$ 或 $f(r,\phi)$ 沿此直线上的值"筛选"出来,所以,式(7-10)在形式上类似于一个二维积分,实际上可以看作沿投影线的一维积分。

密度函数 $f(x,y)$ 的二维傅里叶变换可以表示为:

$$F(u,v) = \iint f(x,y)\mathrm{e}^{-2\pi\mathrm{j}(ux+vy)}\mathrm{d}x\,\mathrm{d}y \tag{7-11}$$

令 $u = \rho\cos\beta$,$v = \rho\sin\beta$,将其变换到极坐标系,可以表示为:

$$F(\rho,\beta) = \iint f(x,y)\mathrm{e}^{-2\pi\mathrm{j}\rho(x\cos\beta + y\sin\beta)}\mathrm{d}x\,\mathrm{d}y \tag{7-12}$$

根据 δ 冲激函数的筛选性质,$F(\rho,\theta)$ 沿 R 轴的投影值可以表示为:

$$\mathrm{e}^{-2\pi\mathrm{j}\rho(x\cos\beta + y\sin\beta)} = \int \mathrm{e}^{-2\pi\mathrm{j}\rho R}\delta(x\cos\beta + y\sin\beta - R)\mathrm{d}R \tag{7-13}$$

将式(7-13)代入式(7-12),可得:

$$F(\rho,\beta) = \iiint f(x,y)\delta(x\cos\beta + y\sin\beta - R)\mathrm{e}^{-2\pi\mathrm{j}\rho R}\,\mathrm{d}x\,\mathrm{d}y\,\mathrm{d}R$$

$$= \int \mathrm{e}^{-2\pi\mathrm{j}\rho R}\,\mathrm{d}R \iint f(x,y)\delta(x\cos\beta + y\sin\beta - R)\mathrm{d}x\,\mathrm{d}y$$

$$= \int g_\beta(R) e^{-2\pi j\rho R}\, dR$$

$$= F_1\{g_\beta(R)\} \tag{7-14}$$

式(7-14)说明,沿 β 角方向的投影函数 $g_\beta(R)$ 的一维傅里叶变换的结果就是密度函数 $f(x,y)$ 的二维傅里叶变换函数在同样角度 β 下过原点的直线上的值,这就是中心切片定理。

2) 傅里叶变换重建图像

若在不同的角度获得足够多的投影函数数据,并做一维傅里叶变换,则变换后的数据将充满整个 (u,v) 平面。在 $360°$ 范围获得全部投影数据后,可以得到二维频域函数 $F(\rho,\theta)$ 的全部值,再做傅里叶逆变换,就能得到空域的图像函数 $f(x,y)$。从数学形式上看,X-CT 断层图像重建的过程可以总结为一系列一维傅里叶变换之后的二维**傅里叶逆变换**。

如图 7-29 所示为傅里叶变换重建过程的简单示意图。根据中心切片定理,可以对每次测得的投影数据先做一维傅里叶变换,变换结果即为二维频域中同样角度下过原点的直线上的值。不同投影角下所得的所有一维变换函数经过整理,可以构成频域中完整的二维傅里叶变换函数,对此二维变换函数做傅里叶逆变换,即可得到空间域密度函数 $f(x,y)$。

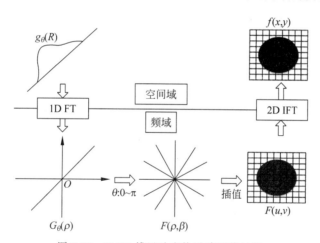

图 7-29　X-CT 傅里叶变换重建图像过程

傅里叶变换重建算法可以采用快速傅里叶算法提高计算速度,所以基于傅里叶变换的重建算法曾被广泛应用。但是,由于重建过程中需要进行坐标变换,投影数据较少时还需要进行二维插值,图像重建速度相对较慢,所以基于傅里叶变换的重建方法逐渐被其他重建算法代替。

3. 反投影法

反投影法(Back-projection)又称总和法,该方法利用投影值近似地复制出被检部位衰减系数值的二维分布。

1) 直接反投影法

如前所述,设测得 θ 角方向上的投影函数为 $g_\theta(R)$,将该投影函数直接反投影后,重建图像 $f(x,y)$ 在 θ 方向上的密度函数可以表示为:

$$b_\theta(x,y) = \int_{-\infty}^{+\infty} g_\theta(R)\delta(x\cos\theta + y\sin\theta - R)\, dR \tag{7-15}$$

当 $R=R_0$ 时,直线 $x\cos\theta+y\sin\theta=R_0$ 上的任意一点 (x_0,y_0) 必定满足 $x_0\cos\theta+y_0\sin\theta=R_0$,则 θ 方向沿直线 $x\cos\theta+y\sin\theta=R_0$ 的反投影可以表示为:

$$
\begin{aligned}
b_\theta(x_\theta,y_\theta) &= \int g_\theta(R)\delta(x_0\cos\theta+y_0\sin\theta-R)\mathrm{d}R\\
&= g_\theta(x_0\cos\theta+y_0\sin\theta)\\
&= g_\theta(R_0)
\end{aligned}
\tag{7-16}
$$

所以,沿 θ 方向反投影后,在直线 $x\cos\theta+y\sin\theta=R_0$ 上所有点的密度值都等于 $g_\theta(R_0)$,即沿该投影线测得的投影值。将各个角度反投影后的结果相加,即可得到直接反投影重建的密度函数 $f_b(x,y)$:

$$
f_b(x,y)=\int_0^\pi b_\theta(x,y)\mathrm{d}\theta=\int_0^\pi \mathrm{d}\theta\int_{-\infty}^{+\infty}g_\theta(R)\delta(x\cos\theta+y\sin\theta-R)\mathrm{d}R
\tag{7-17}
$$

这里,下标 b 表示反投影。$f_b(x,y)$ 与实际密度函数 $f(x,y)$ 存在区别,$f_b(x,y)$ 会造成图像模糊。

在实际计算过程中,往往利用计算机在约束性数值估算的策略下实现直接反投影法重建。如图 7-30 所示,以一个简单的四像素重建为例。设空间相邻的 4 个像素的平面吸收系数分别为 $\mu_1=1,\mu_2=2,\mu_3=3,\mu_4=4$,利用直接反投影法重建的思路就是把每次测得的投影值反向投射到该投影线上的各个像素进行估算。由于各方向的投影值可以测得,所以可以当作已知量。4 个像素吸收系数的总和为 $1+2+3+4=10$,可以由某个方向的投影值求和后得到,比如沿 $0°$ 方向的投影 $4+6=10$。该数值将作为后续估算过程中的基数。如图 7-30 中第二行所示,对四像素矩阵分别做 $0°$、$45°$、$90°$、$135°$ 的投影(相当于投影角 θ 取 4 个采样位置),可以得到 4 个方向像素分布系数的投影值。然后,将每个像素不同投影方向的投影值叠加,可以得到 4 个像素对应的投影值分别为 $13,16,19,22$。然后,每个像素的投影系数减去基数 10,得到的投影值分别为 $3,6,9,12$,以公约数 3 求整,可以近似等效为 $1,2,3,4$,从而得到 4 个像素吸收系数的近似值。

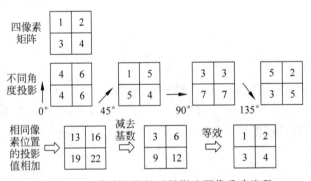

图 7-30　四像素矩阵的反投影法图像重建流程

实际成像时,由于像素数目比较多,所以从各个角度进行反投影后的重建图像是以原点为中心的一系列辐射线,图像中心点密度最大,形成星状伪迹,如图 7-31 所示。

产生星状伪迹的原因在于,反投影重建的本质是把取自有限物体空间的射线投影均匀地反投影到射线所及的无限空间的各点之上,包括原先像素值为零的点,这样会出现反投影重建后原来像素值为零的点不再为零。类似地,在成像区域的周围,由于反投影线的稀疏分

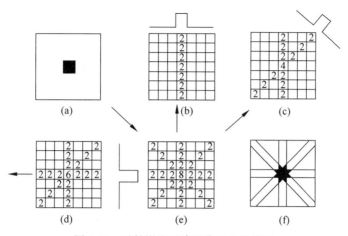

图 7-31　反投影法重建图像的星状伪迹

布,所以会出现边缘失锐现象。若要获得更接近真实的密度函数 $f(x,y)$,则必须对 $f_b(x,y)$ 进行修正,如图 7-32 所示。加入修正环节的直接反投影重建过程为:首先,用投影函数 $g_\theta(R)$ 进行反投影,得到反投影函数 $f_b(x,y)$。然后,对反投影函数 $f_b(x,y)$ 进行二维傅里叶变换得到 $F_b(\rho,\beta)$,在频域中对 $F_b(\rho,\beta)$ 的权重进行修正。最后,求修正后二维频谱函数的二维傅里叶逆变换,得到校正后的图像密度函数 $f(x,y)$。直接反投影重建图像虽然可行,但是两次二维傅里叶变换的计算量相当大。

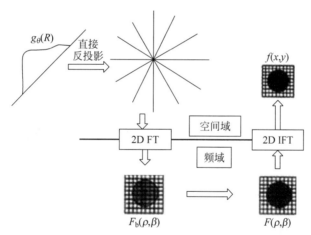

图 7-32　加入权重校正环节的直接反投影图像重建

2) 滤波反投影法

尽管通过修正可以消除直接反投影法产生的图像模糊,但是这种先反投影、后修正变换重建的过程较为复杂。为了消除直接反投影法产生的星状伪迹,X-CT 机可以采用滤波反投影法进行图像重建。滤波反投影法重建图像的基本流程是:首先对一维反投影函数进行滤波处理,得到修正的一维投影函数,然后用反投影的方法重建图像。在该方法中,如何修正投影函数是关键问题。

已知二维傅里叶逆变换的表达式为:

$$f(x,y) = \iint F(u,v) \mathrm{e}^{2\pi\mathrm{j}(ux+vy)} \mathrm{d}u\,\mathrm{d}v \qquad (7\text{-}18)$$

在频域中用极坐标表示,令 $u = \rho\cos\beta, v = \rho\sin\beta$,有:

$$f(x,y) = \int_0^{2\pi}\int_0^{\infty} F(\rho,\beta)\mathrm{e}^{2\pi\mathrm{j}\rho(x\cos\beta+y\sin\beta)}\rho\,\mathrm{d}\rho\,\mathrm{d}\beta \qquad (7\text{-}19)$$

对于实函数 $f(x,y)$,其傅里叶变换函数在二维频域平面中具有对称性:

$$F(\rho,\beta) = F(-\rho,\beta+\pi) \qquad (7\text{-}20)$$

于是可得:

$$f(x,y) = \int_0^{\pi}\mathrm{d}\beta\int_{-\infty}^{+\infty} F(\rho,\beta)\mathrm{e}^{2\pi\mathrm{j}\rho(x\cos\beta+y\sin\beta)}\mid\rho\mid\mathrm{d}\rho \qquad (7\text{-}21)$$

即,将投影方向角 β 的积分限从 $0\sim2\pi$ 改为 $0\sim\pi$,把 ρ 的积分限从 $0\sim\infty$ 改为 $-\infty\sim+\infty$。由于引入了 ρ 的负值,所以式(7-21)中的 ρ 加绝对值符号。

由中心切片定理可知,对于 β 角下的投影函数 $g_\beta(R)$,其一维傅里叶变换 $F_\beta(\rho)$ 也就是密度函数的二维傅里叶变换在 β 角下的值 $F_\beta(\beta,\rho)$,故式(7-21)可以改写为:

$$
\begin{aligned}
f(x,y) &= \int_0^{\pi}\int_{-\infty}^{+\infty} F_\beta(\rho)\mid\rho\mid\mathrm{e}^{2\pi\mathrm{j}\rho(x\cos\beta+y\sin\beta)}\mathrm{d}\rho\,\mathrm{d}\beta \\
&= \int_0^{\pi}\mathrm{d}\beta\int_{-\infty}^{+\infty}\left[\int_{-\infty}^{+\infty} F_\beta(\rho)\mid\rho\mid\mathrm{e}^{2\pi\mathrm{j}\rho R}\mathrm{d}\rho\right]\delta(x\cos\beta+y\sin\beta-R)\mathrm{d}R \\
&= \int_0^{\pi}\mathrm{d}\beta\int_{-\infty}^{+\infty} g'_\beta(R)\delta(x\cos\beta+y\sin\beta-R)\mathrm{d}R \qquad (7\text{-}22)
\end{aligned}
$$

式中,$g'_\beta(R) = \int_{-\infty}^{+\infty} F_\beta(\rho)\mid\rho\mid\mathrm{e}^{2\pi\mathrm{j}\rho R}\mathrm{d}\rho$,正是对投影函数 $g_\theta(R)$ 进行滤波处理,将投影函数 $g_\theta(R)$ 修正为 $g'_\beta(R)$,然后做反投影,便可以得到不失真的密度函数 $f(x,y)$。所以,滤波反投影重建算法可以归纳为以下几个步骤:

(1) 对某一角度下的投影函数做一维傅里叶变换;

(2) 对第(1)步的变换结果乘上一个权重因子 $\mid\rho\mid$;

(3) 对第(2)步的校正结果做一维傅里叶逆变换;

(4) 对第(3)步中得到的修正投影函数做直接反投影;

(5) 改变投影角度,重复第(1)步到第(4)步的过程,直至完成 $180°$ 的滤波反投影重建。

滤波反投影法的图像重建过程将二维傅里叶变换转换成一维傅里叶变换和傅里叶逆变换的有限次循环,避免了计算二维傅里叶变换,可以节省图像重建时间。

3) 卷积反投影法

卷积反投影法指采用卷积计算替换滤波反投影法中的滤波校正,是当前 X-CT 成像设备中应用最为广泛的图像重建算法。

如前所述,一维投影函数 $g_\theta(R)$ 的修正形式为:

$$g'_\beta(R) = F_1^{-1}[F_1\{g_\beta(R)\mid\rho\mid\}] = g_\beta(R) * F_1^{-1}\{\mid\rho\mid\} \qquad (7\text{-}23)$$

式(7-23)说明,频域中的滤波运算(乘积运算)可以等效为时域中的卷积运算。卷积反投影法与滤波反投影法实质上是一样的,只是卷积反投影法将投影函数 $g_\theta(R)$ 直接在时域中与 $\mid\rho\mid$ 的傅里叶逆变换函数进行卷积,得到修正后的投影函数 $g'_\theta(R)$,将修正后的投影函数做反投影便得到原图像。

设 $\mid\rho\mid$ 的逆傅里叶变换函数为 $C(R)$,则反投影后的密度函数可以表示为:

$$f(x,y)=\int_0^\pi\mathrm{d}\theta\int_{-\infty}^{+\infty}\{g_\theta(R)*C(R)\}\delta(x\cos\theta+y\sin\theta-R)\mathrm{d}R \qquad (7\text{-}24)$$

以上介绍的几种 X-CT 重建算法都是针对平行束 X 射线,扫描过程中既有旋转又有平移,扫描时间长。为了缩短数据采集时间,简化机械结构的设计,第三代以后的 X-CT 都设计成扇形连续旋转扫描方式,投影线呈扇形分布,图像重建算法也需要根据扇形声束进行设计。最近的研究结果表明,深度学习算法也在 X-CT 图像重建中得到重视和应用。

7.4.4　X-CT 图像的后处理技术

在 X-CT 成像中,根据物质衰减系数计算出的 CT 值还需要进一步转换成图像的灰度值,才能以灰度分阶形式在显示器显示图像画面。对于 X-CT 图像,从全黑到全白是灰度变化不连续的灰阶图像。所以,人们最终观察到的 X-CT 图像,需要经过从衰减系数到 CT 值,再到灰度值的 3 次变量转换。

一般情况下,人体的 X-CT 图像大约包含 2000 个 CT 值的层级。例如,空气的 CT 值为 −1000HU,表现为全黑的灰阶,致密骨的 CT 值为 +1000HU,表现为全白的灰阶。在某些 X 射线造影成像的情况下,CT 值可以达到几千 HU。如果用一个 CT 值代表像素的一个灰阶,那么为了精确描绘一幅 X-CT 图像,需要能描绘出几千个灰阶层次的图像输出设备。但是,一般显示器只能使用 8 位 256 个不同的灰阶。如果将几千个灰阶压缩成 256 个灰阶,那么图像中的细节变化会被同步压缩,无法区分。而且,人眼只能分辨出大约 33 个不同的灰阶,即使有能显示几千个灰阶的设备,人眼也无法区分 X-CT 图像反映出来的机体信息。为此,X-CT 成像技术需要进行图像后处理,充分利用得到的投影信息,弥补人眼的低灵敏度局限。

1. 窗口技术

窗口技术是指 X-CT 成像系统针对性地放大某段灰阶范围的灰度,将感兴趣组织的 CT 值范围对应的灰阶范围放大,以增强局部灰阶范围内不同灰阶之间的对比度。被放大或增强的灰阶范围称为窗口,其上限为全白,下限为全黑,放大范围的上下限之差称为窗宽。假设用 CT_{max} 表示放大范围最大的 CT 值,CT_{min} 表示放大范围最小的 CT 值,则窗宽 $W=CT_{max}-CT_{min}$。窗宽的选择要考虑窗口中组织结构的密度差异。窗宽较窄,显示值的范围小,灰阶值跨度小,组织和结构密度差异之间显示的黑白对比度大,有利于低密度差别组织或结构的显示,例如脑组织;反之,宽的窗宽有利于突出显示密度差别较大的组织,例如骨和肺。

经常用窗位 W_L 表示放大灰阶范围的平均值或中心值,一般取窗宽的一半,即 $W_L=W/2$。窗位通常以欲观察组织 CT 值的平均值为参考。根据观察组织的 CT 值范围,兼顾其他结构选择适当的窗位。X-CT 成像设备一般会设置多种窗口显示方法,例如单窗法、双窗法、SIGMA 窗方法和自适应窗方法等,由放射医师根据实际情况选用。

单窗法指 CT 值与灰度级一一对应。如图 7-33 所示,正常组织和异常肿块的 CT 值分别为 20HU 和 30HU,二者之间 CT 值的差异为 10HU。如果采用单窗法进行线性映射,正常组织的灰度值变为 32,异常肿块的灰度值变为 52,二者之间的灰度值差异变为 20。所以,窗口技术可以增大感兴趣目标之间的对比度,动态范围的伸展宽度由映射直线的斜率进行控制。

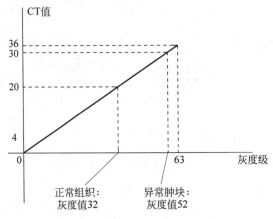

图 7-33　单窗法 CT 值线性映射

　　双窗法指可以同时观察两种 CT 值相差很大的不同组织,双窗之间要在断层的平面区域之间划出界线,否则会导致混淆。同一个被检者的肺部 CT 扫描可以选用不同的窗宽和窗位,例如采用肺窗、纵隔窗和骨窗,则可以分别从对应的影像中重点观察肺部、纵隔部和骨骼组织的情况。另外,X-CT 成像系统也可以设置窗中窗以便迅速捕捉到 CT 值范围不同段的病变组织,还可以在窗宽范围内重点强调某 CT 值并给予明显标记。如图 7-34 所示为使用双线性窗、SIGMA 窗和自适应窗的 CT 值与灰度值之间不同的映射关系。这里,SIGMA 窗指 CT 值到灰度值的映射曲线类似反转的 Σ,是双窗法的一种变种,需要由有经验的医师诊断鉴别。自适应窗指单窗的分段实现,可以同时观察两种 CT 值差别很大的不同复杂组织结构,不会出现区域的混淆。

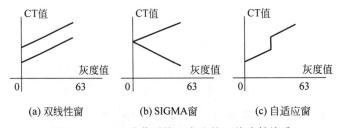

图 7-34　X-CT 成像系统双窗法的 3 种映射关系

　　如图 7-35 所示为 X-CT 成像系统胸部扫描加窗应用效果示例。图 7-35(a)为使用纵隔窗后得到的 CT 扫描图像,图 7-35(b)为使用骨窗后得到的 CT 扫描图像。可以看出,合理地使用窗口技术,能够得到组织结构差异的最佳显示方式。但是,窗口技术只是一种显示技术,并不会改变人体组织或结构上的真实差异。

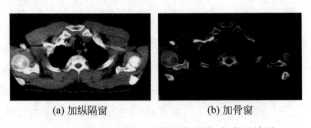

图 7-35　X-CT 成像系统胸部扫描加窗应用效果

2. 测量技术

X-CT 成像设备一般会提供对感兴趣区域的数据测量与分析功能。感兴趣区域可以选择成矩形、圆形、椭圆形等，然后将该区域进行放大，可以进行 CT 值分析、距离测量、面积或者体积计算，也可以进行夹角计算以及标注箭头等。

3. 其他后处理技术

1）图像的放大和缩小

X-CT 成像设备正常显示时，是将图像的像素矩阵映射到显示器的显示矩阵上，两个矩阵大小相等。如果从一幅图像矩阵中选出一部分数据，并将这部分数据扩展映射到原尺寸进行显示，即为图像的放大显示方式。图像放大显示时，需要对小数据矩阵进行插值，使图像的数据量与显示矩阵相对应，实现图像的平滑显示；相反，图像缩小显示时，数字矩阵元素多于显示矩阵元素，需要将多余的数据进行压缩。图像放大和缩小显示的目的都是为了扩展感兴趣的视野，突出感兴趣的特征信息，便于临床读片。

2）三维可视化处理

传统的 X-CT 图像都是反映人体横断面解剖结构的二维图像。随着计算机技术的发展和扫描技术的改进，使得某个器官的切片可以达到几千张，采用合适的重建算法，可以将多帧 X-CT 扫描切片图像重建为三维 CT 图像。如图 7-36 所示为脑部结构的二维和三维 CT 图像，图 7-36(a) 中二维 CT 图像用箭头标示出的高密度病灶，经三维可视化处理后，可以清晰地看到颈内动脉瘤，如图 7-36(b) 所示。

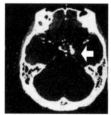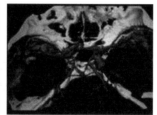

(a) 二维CT图像　　　　(b) 三维CT图像

图 7-36　脑部结构的二维和三维 CT 图像

3）CT 仿真内镜成像技术

CT 仿真内镜成像技术（CT Virtual Endoscopy，CTVE）是螺旋 X-CT 容积扫描与计算机仿真技术相结合的产物，它利用特定的计算机软件，将 X-CT 容积扫描获得的图像数据进行后处理，重建出空腔器官的立体图像。

4）CT 血管造影

CT 血管造影（CT Angiography，CTA）又称为螺旋 CT 血管造影（SCTA），指静脉注射造影剂后，在循环血中以及靶血管内造影剂浓度达到最高峰的时间内，进行螺旋 CT 容积扫描，经计算机重建成靶血管的数字化立体影像。如图 7-37 所示，经过可见造影后，室管膜瘤边界清晰可见。

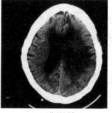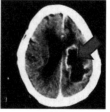

(a) 造影前　　　　(b) 造影后

图 7-37　室管膜瘤 CT 平扫和造影增强扫描图像对比

7.4.5 螺旋 X-CT

X-CT 成像技术经过不断改进、更新和完善,已经成为临床诊断疾病的重要方式,特别是螺旋 CT(Spiral-CT)进入临床以后,放射医师能够更加自如、直观地从图像中捕捉需要的诊断信息。螺旋 CT 的扫描装置包括高效率检测器、大容量且散热性好的 X 射线管、X 射线管滑环、机架与检查床、控制台与计算机。X 射线管由往复旋转运动改为朝一个方向连续旋转扫描,受检体同时向一个方向移动。在 X 射线管绕病人连续旋转的过程中,检查床以恒定速度前进,X 射线相对于病人做螺旋式运动,相当于柱面螺旋形轨迹。这种扫描方式可以显著缩短原始数据的获取时间,横断层面在一次均匀呼吸期内重建而得。而且,相邻层面之间的偏差也可以消除。采集的扫描数据分布在一个连续的螺旋形空间内,所以螺旋 CT 扫描亦称容积 CT 扫描(Volume CT Scanning)。

1. 单层螺旋 CT

单层螺旋 CT 与传统 X-CT 相比,主要在供电方式、扫描方式、扫描间距和层间插值方式方面有明显不同。

相对于传统 X-CT 成像设备扫描床在扫描时静止不动的方式(见图 7-38(a)),单层螺旋 CT 采用滑环技术供电,将电源电缆和一些信号线与固定机架内的不同金属环相连,运动的 X 射线管和检测器滑动电刷与金属环导联,沿人体长轴连续匀速旋转。扫描床同步匀速递进,扫描轨迹呈螺旋状前进,可以快速而不间断地完成容积扫描。

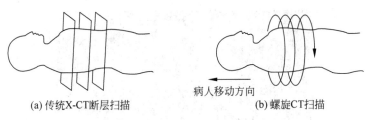

(a) 传统X-CT断层扫描　　　　　(b) 螺旋CT扫描
图 7-38　传统 X-CT 与螺旋 CT 扫描方式

单层螺旋 CT 的扫描方式是连续动态扫描,如图 7-38(b)所示。X 射线管向一个方向连续旋转扫描的同时,受检体向一个方向移动,扫描速度提高,所获得的受检体解剖结构的数据集无任何时间和空间间隙,也没有扫描间隔的暂停时间,可以提供较好的图像重建容积数据,建立任意角度和任意位置的重建图像。单层螺旋 CT 可以极大地提高咽喉、肝脏、胰腺及肾脏疾病的早期诊断率。

螺旋 CT 的一个重要参数是螺距(Pitch),指 X 射线管旋转一圈时受检体随扫描床移动的距离,可以理解为一条扫描线束的宽度。当螺旋 CT 的螺距等于 0.5 时,表示扫描床移动距离等于 1/2 扫描线束宽度,相邻螺圈有重叠,用于重建的断层也有重叠。当螺距等于 1 时,扫描床移动距离正好等于扫描线束宽度。螺距等于 1.5 时,扫描床的移动距离等于 1.5 倍扫描线束宽度。可见,螺距越小,扫描对受检体的覆盖越完全,纵向分辨率或长轴分辨率越好,越有利于小病灶的检出,但是重建算法的复杂度会增加。

在螺旋 CT 的扫描过程中,由于 X 射线管和检测器相对于被检者做螺旋状运动,扫描覆盖区域对某一区段进行连续采集,所以,需要对原始螺旋投影数据进行插值处理,才能得到足够多的投影数据以重建平面。单层螺旋 CT 常用的插值方法是线性内插法,包括全扫描内插法(FI,360°线性内插)和半扫描内插法(HI,180°线性内插)。但是,内插方法容易使噪声增加。

由于只有一排检测器,单层螺旋CT在数据采集过程中需要进行螺旋圈内的数据内插,会导致层厚灵敏度曲线增宽,长轴分辨率下降,出现部分容积效应,限制扫描覆盖的范围。虽然采用大螺距可以加大扫描覆盖范围,但是图像质量会变差,使大面积多器官成像、多平面重建、三维成像、CT血管造影等成像质量较差或难以实现,降低X射线的利用率。

2. 多层螺旋CT

1998年11月底,在美国芝加哥召开的北美放射学会年会上,多家公司展出了多层螺旋CT(Multislice Spiral CT,MSCT)。与单层螺旋CT相比,多层螺旋CT除了在z轴方向的检测器设置以及数据采集系统不同外,在计算机系统和图像重建算法等方面都有较大改进。

单层螺旋CT在z轴方向上只有一排检测器,层面厚度由准直器调节。多层螺旋CT则采用多排检测器阵列,具有多组数据传输通道。电子开关控制各排检测器以一定的组合方式接收信号并传递给多通道数据采集系统。多层螺旋CT的层厚不仅取决于射线束的宽度,而且与检测器阵列的组合方式有关。如图7-39所示为常见的等宽型检测器组和非等宽型检测器组的组合方案。

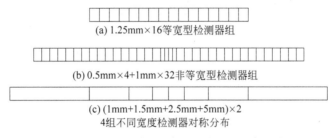

(a) 1.25mm×16等宽型检测器组

(b) 0.5mm×4+1mm×32非等宽型检测器组

(c) (1mm+1.5mm+2.5mm+5mm)×2
4组不同宽度检测器对称分布

图7-39　多层螺旋CT常见的检测器组合方式

检测器阵列的组合方式基本上可以分为等宽对称排列和不等宽非对称排列两类。等宽型检测器组的各检测器宽度均等,组合比较灵活,层厚改变方便。不等宽型检测器组的检测器数量少,间隔小,可以提高X射线利用率,降低X射线曝光剂量。

从扫描的X射线束形状看,单层螺旋CT为薄扇形束,而多层螺旋CT是四棱锥形厚扇形束。而且,多层螺旋CT的内插重建算法是一种称为多层面锥形束梯层摄影(Multi-slice Cone-beam Tomography,MUSCOT)的重建技术,不仅重建的图像质量优于单层CT,而且X射线曝光剂量可以减少近一半。

由于多层螺旋CT可以采用4、8、16、64、128、256个数据采集通道,所以其数据采集系统(Data Acquisition System,DAS)可以同时进行多个层面的数据采集,图像重建过程在1～2s内完成。由于有大容量的高速数据传输要求,所以多层螺旋CT采用优化的异步传输方式,每个检测器都有独立的控制系统,检测器的控制过程与数据传输过程同步。

总体而言,多层螺旋CT比单层螺旋CT的扫描速度更快,X射线的利用率更高,时间分辨率和z轴空间分辨率更好。但是,多层螺旋CT也存在一定的局限性。例如,每次扫描获得的图像和原始数据庞大,对成像系统的数据传输和存储能力要求较高,数据后处理费时,时间分辨率和成像质量仍受心率的制约。

7.4.6 双源 X-CT

双源 X-CT(Dual Source CT,DSCT)由德国西门子公司、美国 GE 公司和荷兰飞利浦公司最早提出专利构想,并于 2005 年研制成功。双源 X-CT 拥有两套 X 射线球管系统和两套检测器系统,可以同时采集人体图像。如图 7-40(a)所示,双源 X-CT 的两套 X 射线管和两套检测器在扫描平面上以 90°间隔进行同步扫描,机架旋转 90°,便可获得 180°的扫描数据,使单扇区采集的时间分辨率提高。双源 X-CT 的孔径可达 78cm,扫描范围可达 2m,移床速度在 87mm/s 的条件下仍可获得小于 0.4mm 的各向同性分辨率,重建出的图像逼真,能够清晰显示微小的解剖结构,而且心脏 CT 不再受心率的影响。

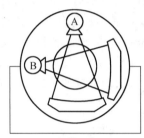 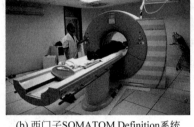

(a) 扫描示意图　　　　(b) 西门子SOMATOM Definition系统

图 7-40　双源 X-CT 的扫描方式与实际设备

双源 X-CT 的两套 X 射线球管既可以发射同样电压的 X 射线,也可以发射不同能量的射线(例如 80kV 和 140kV)。检测器的探头由多层检测器和滤线层组成,能够同时探测低能和高能 X 射线。由于不同能量 X 射线获得的两组数据对同一器官组织的分辨能力不一样,所以,通过全自动减影算法可以从两组不同能量的数据中获得不同组织的图像。例如,将血管与骨骼分离,这也是双能量双源 X-CT 成像优于普通 X-CT 成像的功能。如果两组数据以同样的电压扫描,则可以将两组数据进行整合,快速获得同一部位的组织结构形态,突破普通 X-CT 的速度极限。

另外,双源 X-CT 可以采用剂量调控技术以减少心脏数据采集时的高剂量曝光,在一次心跳周期采集心脏数据,降低 X 射线的使用剂量。例如,西门子公司的 SOMATOM Definition 系统(见图 7-40(b))的扫描速度比单源 X-CT 的心脏数据采集速度快两倍,低于心脏数据成像时间分辨率需要的 100ms。而且,双源 X-CT 可以根据心率的快慢自动选择最快的扫描速度,以最大限度地降低扫描剂量。

7.4.7 X-CT 成像的优缺点

与常规 X 射线成像相比,X-CT 成像具有以下优势:

(1)断面图像。X-CT 通过准直器进行 X 射线束的准直,可以消除人体内组织和器官间的重叠影像,获得无扫描层面以外组织结构干扰的横断面图像。

(2)密度分辨率高。X-CT 的准直器可以减少散射的 X 射线,而且,X-CT 可以利用软件对灰阶进行控制,扩大人眼的观测范围。一般情况下,X-CT 的密度分辨率比常规 X 射线成像检查高约 20 倍。

（3）定量分析。X-CT 能够通过各种计算进行定量分析,例如通过 CT 值、骨矿含量、心脏冠状动脉的钙化测量等,提供临床辅助诊断信息。

（4）图像后处理。X-CT 可以借助各种图像处理软件,对病灶的形状及结构进行分析,获得高质量的三维图像和多平面图像。

X-CT 也有局限性和不足之处。例如,空间分辨率不如常规 X 射线成像、不能适应空腔性脏器如胃肠道的显示,血管造影的图像质量不及 DSA 等。

7.4.8　X-CT 成像质量的评估参数

1. 扫描时间、重建时间和周期时间

X-CT 的扫描时间指在保证图像质量的前提下,能够达到的最短扫描时间。一般要求 X-CT 的扫描时间为 $0.5\sim10s$,螺旋 CT 的单层扫描时间可以达到 $0.3s$,屏气一次可以完成腹部的连续多层扫描。图像重建时间指利用计算机对原始数据进行处理,获得 X-CT 图像所需要的时间。重建时间短,有利于及时观察扫描图像和调整扫描策略。重建时间与重建图像的大小密切相关。X-CT 的周期时间指从对病人的某一层扫描开始,经重建、显示到拍片完成,整个过程所需要的时间。周期时间包括扫描时间、重建时间和拍片时间。其中,扫描时间占的比重最大,约为周期时间的 60%。螺旋 CT 随床面连续行进的旋转容积扫描方式,可以缩短扫描时间。

2. 体层厚度

X-CT 的体层厚度指被检物质扫描切面的薄层厚度。普通 X-CT 的层厚由准直器宽度决定,一般将体层厚度选为 $5\sim10mm$,对微细组织结构如听小骨扫描,可以将体层厚度选为 $1\sim2mm$。

3. 对比度、对比度分辨率

X-CT 图像的对比度指反映不同物质密度差异或对 X 射线透射度微小差异的量。设 a 和 b 分别表示两种组织的 CT 值,则 X-CT 图像的对比度可以表示为类似于迈克尔逊对比度的形式:

$$C = \left| \frac{a-b}{a+b} \right| \times 100\% \tag{7-25}$$

也可以表示成相对对比度的形式:

$$C_{\text{relative}} = \left| \frac{a-b}{b} \right| \times 100\% \tag{7-26}$$

影响 X-CT 图像对比度的主要因素有物质间的密度差、X 射线的能量以及噪声等。一般 X-CT 图像的对比度为 $2\sim4HU$。

对比度分辨率或密度分辨率指 X-CT 表现生物组织及病变组织密度差异或对 X 射线透射度微小差异的能力,一般用能分辨的最小对比度数值表示,范围大致为 $0.01\%\sim1\%$。例如,0.045% 表示两种物质的密度差大于 0.045 时,X-CT 才能将它们区分开来。

4. 空间分辨率

X-CT 的空间分辨率指被检物质的细节相对于背景具有高对比度时,能够分辨的两个距离很近的微小组织或病灶的能力,可以分为横向分辨率和纵向分辨率。空间分辨率通常用两种方式表示,一种是用每毫米内的线对数表示,另一种是用可辨别的两个点之间的最小

距离来表示。X-CT 的横向空间分辨率由检测器的有效受照宽度决定,沿体层轴向上的纵向空间分辨率则由检测器内的有效受照宽度决定。

5. 噪声

在均匀物质的 X-CT 影像中,噪声表示给定区域的各 CT 值相对于平均值的变化量,用该区域 CT 值的标准偏差表示。设 X-CT 图像中感兴趣区域(Region Of Interest,ROI)内的标准偏差为 σ,则有:

$$\sigma = \sqrt{\frac{1}{n}\sum(CT_i - \overline{CT})} \tag{7-27}$$

式中,n——ROI 内的像素数;

CT_i——ROI 内的实际 CT 值;

$\overline{CT}$——ROI 内的平均 CT 值。

在 X-CT 的成像过程中,主要有 X 射线量子噪声、电气元件及测量系统形成的噪声、重建算法造成的噪声等,X-CT 要求噪声范围为 $-4 \sim 4HU$。如图 7-41 所示为不同 X 射线剂量对 X-CT 图像噪声的影响。

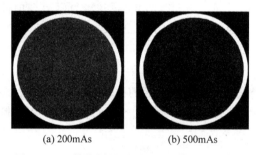

(a) 200mAs   (b) 500mAs

图 7-41　X 射线剂量对 X-CT 图像噪声的影响

6. 均匀度

X-CT 的均匀度指均匀物质各局部在图像上显示出来的 CT 值的一致性。偏离程度越大,均匀度越差。X-CT 图像的均匀度一般为 $\pm 2HU$。

7. 伪影

伪影(Artifact)指图像上表现出来的不存在的组织或病灶影像。与随机噪声不同,X-CT 图像的伪影是非随机的,容易导致误诊。一般可以通过减小体层厚度来避免产生伪影。

本章小结

X 射线成像技术利用 X 射线的强穿透性、荧光效应和感光效应等特性,可以对人体或不同物质进行模拟和数字透射成像或切面成像,其影像广泛应用于医学辅助诊断、安检和无损检等领域。本章主要介绍 X 射线医学成像原理与系统设备以及图像的重建与增强方法,内容包括：X 射线的物理基础,医用 X 射线的产生,X 射线与人体作用的机理,CR、DR、DSA、X-CT 等模拟和数字 X 射线成像原理与技术。由于 X 射线具有电离辐射,所以,X 射线成像技术不适合孕妇检查,另外少数患者对造影剂有不良反应。

思 考 题

（1）简述 X 射线的产生机理。X 射线管的核心部件有哪些？

（2）简述 X 射线透视的工作原理。

（3）什么是标识辐射？影响标识辐射的因素有哪些？

（4）影响 X 射线影像质量的主要因素有哪些？

（5）何为 CT 值？它与衰减系数 μ 有什么关系？

第8章
CHAPTER 8

核磁共振成像原理与技术

人体或其他物质的组织也是由分子和原子组成的,含有 C、O、H、Ca、P 元素以及其他微量元素,这是构成 MRI 成像的物质基础。1973 年,美国的 Lauterbur 发明了核磁共振成像 (Magnetic Resonance Imaging,MRI)技术,并由此获得了 2003 年度的诺贝尔生理学或医学奖。MRI 成像是通过对检测体施加外部强磁场,使检测体内部的质子发生磁化和进动。然后,按照一定的时序发射与进动频率匹配的交变射频(Radio Frequency,RF)电磁波,激励质子发生平衡态转换和能量的吸收和释放,形成核磁共振。由于质子在自由感应衰减(Free Induction Decay,FID)过程中发射的能量携带着检测体的结构信息或功能信息,所以,经空间梯度磁场编码后可以重构出反映被检体结构和功能的 MRI 图像。MRI 成像已经成为一种检测物质结构和功能的常规技术,在医学影像检测领域占有重要地位,广泛应用于神经系统、骨关节及软组织、肿瘤的诊断和治疗。

8.1 核磁共振原理

视频讲解

人体的含水量大约为 70%,氢原子核 ^{1}H 只有一个自旋质子,结构最单纯,磁矩较大,含量丰富(水(H_2O)和脂肪中都有 ^{1}H),相对敏感度较高,能提供最强的核磁共振信号,所以,核磁共振成像主要利用人体内的氢原子核。

8.1.1 核磁共振现象

视频讲解

1. 自旋与磁矩

组成物质的原子由原子核及位于其周围轨道中的电子构成。原子核由中子和质子构成,中子不带电荷,质子带正电荷,电子带负电荷。任何原子核总是以一定的频率绕自己的中心轴进行高速旋转,这一特性称为自旋(Spin)。

自然状态下或无外磁场时,自旋质子的取向是随机的,质子磁矩的轴以随机方式排列。由于原子核带有正电荷,原子核的自旋会形成电流环路,从而产生具有一定大小和方向的磁化向量,这种由带正电荷的原子核自旋产生的磁场称为**核磁**。用 M 表示原子核内的质子数,N 表示中子数,如果 M 和 N 均为偶数,原子核的自旋不产生核磁,这种原子核称为非磁性原子核。如果 M 和 N 均为奇数,或 N 为奇数而 M 为偶数,或 N 为偶数而 M 为奇数,则原子核的自旋运动能够产生核磁和磁矩,称为磁性原子核。中子自旋时也会产生磁矩,大小约为质子磁矩的 2/3。磁矩是一个有大小和方向的向量,磁矩不为零的原子核在一定的条件下会发生磁共振现象,例如 ^{1}H、^{3}C、^{19}F 等。

2. 进动与磁化

将物质中具有磁矩的自旋原子核置于静磁场(也称为外磁场或主磁场)B 中,磁矩将按磁场方向取向,可能倾向于南极,也可能倾向于北极,向北的质子处于低能级。磁针保持南、北向的百分比,与磁场强度和随机热效应的相对比值有关。在任一瞬间,磁针的取向都是使其保持南向或北向的磁力和使之随机取向的热力的平衡结果。在外磁场作用下,质子的运动形式类似于重力作用下的陀螺进动,如图 8-1 所示。对于陀螺的进动而言,重力场使其围绕 z 轴旋转,产生的动量矩用 P 表示。对于质子的进动而言,外磁场 B 使质子的磁矩 μ 围绕磁场方向旋转,扭力产生的力矩用 T 表示。这种质子在磁场中的磁化与进动,也称为拉莫进动(Larmor Precession)。

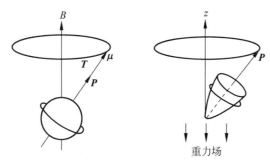

图 8-1　质子进动与陀螺进动的类比

在磁场中,向北和向南的质子能级之间有一个能量差。向北的质子处于低能级,更稳定一些,所以,倾向于北极的质子比倾向于南极的多。当外磁场的磁力和热运动的热力使磁针达到平衡状态时,质子产生了净磁化向量。但是,并非所有的质子都排列在相同的方向上,大约有一半的低能态质子与静磁场方向一致,另一半高能态的质子则沿着与静磁场方向相反的方向排列。为了分析方便,可以将磁化向量 M 看作由 3 部分组成,即纵向磁化向量 M_z、横向磁化向量 M_{xy}、平衡态宏观磁化向量 M_0。M_0 也可以理解为 M_z 的初始值。质子的磁化过程表现为随时间而呈指数规律变化的过程。

3. 核磁共振

核磁共振是在磁场中自旋的原子核与射频电磁波相互作用的一种物理现象。质子在主磁场作用下磁化后,如果再对它施加一个与主磁场垂直的交变磁场(也叫副磁场),交变磁场的表现形式是射频电磁波。交变磁场的频率与质子进动频率一致时,原来处于随机相位的进动质子将趋于同相。当质子的进动相位完全一致时,会发生核磁共振现象。质子发生共振时,将吸收交变磁场的能量,在南北能级之间发生共振跃迁。当交变磁场的作用消失后,发生共振跃迁的原子核会逐渐恢复到初始状态,并在这一过程中释放电磁能量。MRI 技术通过梯度磁场对这种能量进行编码、重建和显示,可以观察物质的空间分布。从物理角度讲,核磁共振现象有经典力学和量子力学两种物理解释。

1) 经典力学观点对核磁共振的解释

当没有施加外磁场 B 时,带正电荷且具有自旋的质子绕自身轴旋转产生自旋磁场。当对自旋质子施加外加磁场时,质子开始"摇摆",在自旋的同时也会绕外加磁场的轴旋转,产生进动。质子绕外磁场轴的进动频率 ω 与外磁场 B 的关系可以用拉莫方程表示为:

$$\omega = \gamma \boldsymbol{B} \tag{8-1}$$

式中,γ——旋磁比,单位为 MHz/T;

$\boldsymbol{B}$——外磁场强度,单位为特斯拉(T);

ω——进动角频率,单位为 MHz。

可以看出,进动角频率与外磁场和核素的旋磁比有关。旋磁比是原子核的磁矩与角动量之比,比如氢质子[1]H,其旋磁比为 42.6MHz/T。

如果对以角频率 ω 进动的质子施加同频率的射频交变磁场,则进动的质子与交变磁场之间会发生能量交换,出现相位相干现象。如图 8-2 所示,假设外加磁场 $\boldsymbol{B}$ 的方向垂直向上,质子的旋转轴与 B 轴之间的进动角为 θ。在吸收交变磁场的能量后,进动质子将从低能级的指北能级向高能级的指南能级偏离,即净磁化向量 $\boldsymbol{M}_0$ 将偏离 B 轴,并绕着 B 轴以共振频率进动,此时的磁化向量可以分解为一个垂直向上的分量 $\boldsymbol{M}_z$ 和一个在水平面旋转的分量 $\boldsymbol{M}_{xy}$,磁矩 $\boldsymbol{\mu}$ 与 $\boldsymbol{B}_1^-$ 分量绕 B 轴同步旋转,产生核磁共振现象。质子吸收的射频场能量增加,倾斜角 θ 增大;反之,质子能量交给外加交变磁场,倾斜角 θ 减小。

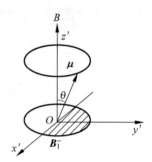

图 8-2 射频交变磁场引起
质子磁矩变化

2) 量子力学观点对核磁共振的解释

当没有施加外磁场时,质子的运动能量由热运动提供,处于平衡态,随机指向,净磁化向量为零。施加外磁场后,质子开始磁化过程,磁化向量慢慢趋向最大平衡值 $\boldsymbol{M}_0$。对磁化的质子施加射频交变磁场,质子会在高能级和低能级之间翻转,吸收或释放能量。当外加交变磁场电磁波量子的能量正好与指南、指北质子之间的能量差相等时,达到核磁共振状态。

根据量子力学理论,指南、指北质子间的能量差取决于外加磁场和自身磁矩:

$$\Delta E = 2\boldsymbol{\mu} \cdot \boldsymbol{B} \tag{8-2}$$

式中,ΔE——指南指北质子间的能量差;

$\boldsymbol{B}$——外磁场;

$\boldsymbol{\mu}$——质子磁矩。

发生核磁共振的条件是指南、指北质子间的能量差等于射频电磁波光子的能量:

$$\Delta E = h\nu \tag{8-3}$$

式中,h——普朗克常数;

υ——光子频率。

这样,联立式(8-2)和式(8-3),可以推算出质子的共振频率为:

$$\nu = \frac{2\boldsymbol{\mu} \cdot \boldsymbol{B}}{h} \tag{8-4}$$

也可以将其转换为角频率:

$$\omega = 2\pi\upsilon = \frac{4\pi\boldsymbol{\mu} \cdot \boldsymbol{B}}{h} = \left[\frac{\boldsymbol{\mu}}{h/4\pi}\right] \cdot \boldsymbol{B} = \boldsymbol{\gamma} \cdot \boldsymbol{B} \tag{8-5}$$

可见,核磁共振频率与外加磁场的强度成正比。外加磁场强度越大,产生共振所需的交变射频磁场的频率或能量越大。当交变射频磁场的频率和能量合适时,就能产生核磁共振。

8.1.2 静磁场的分类

静磁场指使质子产生磁化的外磁场,可以由不同类型的磁体产生不同大小的静磁场。各种静磁场可以按照磁体类型和磁体场强进行分类。

磁体可以分为常导型、超导型和永磁型 3 种。常导型磁体是利用线圈内的环形电流产生磁场,磁场可以开启和关闭。常导型磁体由一套 50～100kW 直流供电的线圈运行,可以提供 0.5T 以上的垂直磁场和水平磁场,没有散射场,磁体会产热,需要用水冷却。常导型磁体价格最便宜,体积小,重约 2 吨。超导型磁体指采用超导材料制成的导线,由一个直流电螺线管组成,主要部分是一个直径为 1m,深度为 2～3m 的空心圆柱。在绝对零度时,导线内的电阻趋向于零,可以承载很大的电流,产生一个可以开启和关闭的强大磁场。设备运行时,需要每天检查制冷剂的液位,制冷剂一般使用液氦或液氮,定期加满。超导磁体的磁场强度可以达到 3.0T,磁场均匀性很高。当关闭磁场时,线圈中存储的电磁能需要小心移除。超导磁体的缺点是初始成本和安装成本高,制冷剂昂贵,磁场关闭困难,存在边缘磁场,液氦沸腾后,失超难以控制。永磁型磁体由两个相对的铁磁性扁平电极片构成,不能关闭,磁场持续存在。永磁体本身较为昂贵,但是运行成本便宜,不需要电能,可以产生 0.3T 以上的垂直磁场。没有幽闭恐惧症的禁忌,适合儿童和老年患者及介入治疗。

根据磁体的场强大小可以将静磁场分为超高场(4.0～7.0T)、高场(1.5～3.0T)、中场(0.5～1.4T)、低场(0.2～0.4T)和超低场(<0.2T)。目前,临床上广泛使用的是 1.5～3.0T 的高场 MRI。

8.1.3 射频脉冲的作用

射频脉冲指激发核磁共振的交变电磁场产生的电磁波,交变电磁场的磁场分量用 $\boldsymbol{B}_1$ 表示。当外磁场的场强 B 为 0.2～3.0T 时,处于外磁场中的自旋质子的进动频率约为 8.5～127MHz,属于无线电电磁波的频率范围。由于交变电磁场在核磁共振中仅做短暂的发射,因此,常把它称为射频脉冲。射频脉冲的主要作用是提供能量,使垂直方向的磁化向量 $\boldsymbol{M}_z$ 发生翻转,形成 $\boldsymbol{M}_{xy}$。

1. 翻转 $\boldsymbol{M}_z$

外磁场中进动的自旋质子发生磁化会形成垂直方向的磁化向量 $\boldsymbol{M}_z$。但是,$\boldsymbol{M}_z$ 不发生进动,不能获取其信号。如果沿 x 轴,即垂直于 $\boldsymbol{M}_z$ 的方向发射一个射频脉冲,并使射频脉冲的频率与质子的进动频率相同,则会使沿 z 轴以 ω 频率进动的质子,同时绕 $\boldsymbol{B}_1$ 磁场(x 轴)以 ω_1 的频率进动,形成一种质子绕 z 轴快速进动,逐步地螺旋向下翻转到 xy 平面的运动方式,称为章动。章动是两个进动同时进行的结果,导致 $\boldsymbol{M}_z$ 向水平平面翻转,并与 z 轴形成一定的倾斜角度 θ,其大小可以由下式计算:

$$\theta = \omega_1 \times t \tag{8-6}$$

式中,t——射频脉冲的作用时间;

ω_1——射频脉冲的进动频率,$\omega_1 = \boldsymbol{\gamma} \cdot \boldsymbol{B}_1$。

由式(8-6)可见,人们可以通过控制射频脉冲的强度和作用时间,确定 $\boldsymbol{M}_z$ 的翻转角度。例如,使 $\boldsymbol{M}_z$ 产生 90°翻转的脉冲称为 90°射频脉冲,产生 180°翻转的脉冲称为 180°射频脉冲。180°脉冲比 90°脉冲持续时间长一倍或者振幅大一倍。

视频讲解

2. 形成 M_{xy}

外磁场中的自旋质子所建立的 M_z 在受到 90°射频脉冲作用后,会翻转到 xy 平面,因此,在 xy 平面内所有质子同步运动,宏观上形成了一个新的磁化向量 M_{xy},M_{xy} 绕 z 轴进动。90°射频脉冲能够使整个 M_z 翻转到 xy 平面,因此 M_{xy} 的大小等于 M_z。在 xy 平面内放置一个线圈,进动的 M_{xy} 会在线圈内产生电流,形成磁共振信号。如果使用一个小于90°的射频脉冲,M_z 部分翻转,此时 M_0 是 M_z 投影在 xy 平面上的一个分量,也是质子自由感应衰减过程的磁化向量初始值。如果使用一个 180°的射频脉冲,M_z 被翻转到 z 轴的负方向,没有 M_{xy}。

视频讲解

8.1.4 自由感应衰减过程

在电磁场理论中,旋转的向量与某一参照轴的夹角称为相位。多个向量在空间的方向一致时称为同相位(In-phase),方向不一致时称为去相位或离相位(Out of Phase),不同相位达到同相位的过程称为聚相位(Re-phase),由同相位变成不同相位的过程称为失相位(De-phase)。

对磁化的质子施加适当频率的射频脉冲后,质子趋向同相运动。在射频脉冲存在期间,磁化向量在快速绕 z 轴进动的同时,慢慢地绕 x 轴旋转。当射频场消失后,质子的相位相干现象逐渐消失,磁化向量慢慢地向主磁场方向恢复。磁化向量的这种衰减过程叫作自由感应衰减(Free Induction Decay,FID),磁共振信号就是从这个自由衰减过程中提取的,信号强度与质子密度和弛豫时间有关。如果把进动质子的平衡态称为稳定态,则将系统吸收射频能量的不稳定状态称为激发态。进动的质子在外加交变磁场的作用下,吸收能量进入激发态。当射频脉冲关闭后,所有质子都趋向于低能态的稳定态,处于激发状态的自旋质子回归原来状态。这种自旋质子的能级由激发态恢复到稳定态的过程称为弛豫过程。

质子的弛豫过程包含两个同步发生但又彼此独立的过程,即纵向磁化向量 M_z 增大的恢复过程和横向磁化向量 M_{xy} 减小的恢复过程,分别称为纵向弛豫过程和横向弛豫过程。相应地,纵向磁化分量的增长时间称为纵向弛豫时间或自旋-晶格弛豫时间(Spin-lattice-relaxation Time),记为 T_1。横向磁化分量 M_{xy} 的衰减时间称为横向弛豫时间或自旋-自旋弛豫时间(Spin-spin-relaxation Time),记为 T_2。受组织分子结构和化学特性的影响,正常组织和异常组织具有不同的纵向弛豫时间和横向弛豫时间。所以,如果能把不同组织的 T_1 和 T_2 变化情况记录下来,并采用磁场梯度编码的方法实现空间定位,就可以重建出能够反映不同组织解剖结构和生理功能的核磁共振图像。

1. 纵向弛豫时间

纵向弛豫指磁化向量 M_z 由激发态恢复到平衡态的过程,对应的时间是纵向弛豫时间 T_1。被观察的样本在射频磁场的作用下,其中的一些质子吸收能量从低能位置跃迁到高能位置。当射频磁场消失后,跃迁到高能级的进动质子会把能量释放到周围的晶格(Lattice,指原子之间相互配对形成的晶体框架),实现进动质子与组织晶格之间的能量变换,以恢复到它们的稳定状态。所以,纵向弛豫时间 T_1 是表示 M_z 恢复速率的特征时间常数。如图 8-3 所示,T_1 对应磁化向量 M_z 幅度恢复到 M_0 的 63%时所需要的时间,它不仅表示进动质子从激发态回到平衡态需要的时间,也反映进动质子进行磁化需要的时间。

M_z 的弛豫过程可以用下式表示:

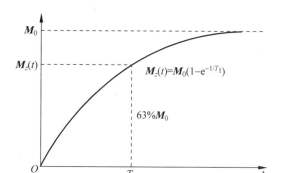

图 8-3 M_z 纵向弛豫过程曲线

$$M_z(t) = M_0(1 - e^{-t/T_1})\tag{8-7}$$

式中，M_z——纵向磁化向量；

$\qquad M_0$——平衡态时的磁化向量。

可见，当 $t = T_1$ 时，$M_z = 0.63M_0$。从表面上看，T_1 的大小与外加磁场强度、温度和黏滞度有关，实质上 T_1 的大小取决于组织的结构和病理变化。组织越复杂，能量损失越快，T_1 越短。一般地，生物软组织的 T_1 范围为 $0.1 \sim 1\mathrm{s}$，含水组织和水的 T_1 范围为 $1 \sim 4\mathrm{s}$。

2. 横向弛豫时间

横向弛豫指射频脉冲停止后，M_{xy} 由最大逐步衰减直至消失的过程，对应的时间是横向弛豫时间 T_2，其大小代表了横向磁化向量 M_{xy} 消失的效率。横向弛豫与纵向弛豫不同，不存在能量交换。自旋质子受自旋磁场和外磁场的影响，进动频率会产生差异，导致在 xy 平面内进动的静磁化向量 M_{xy} 失相位。如图 8-4 所示，横向磁化向量 M_{xy} 呈指数衰减，T_2 对应横向磁化向量从峰值 M_0 减少到峰值的 37% 时所经历的时间。

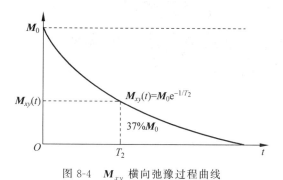

图 8-4 M_{xy} 横向弛豫过程曲线

横向磁化向量 M_{xy} 可以表示为：

$$M_{xy}(t) = M_0 e^{-t/T_2}\tag{8-8}$$

式中，M_{xy}——横向磁化向量。

可见，当 $t = 0$ 时，横向磁化向量 M_{xy} 等于初始值 M_0。当 $t = T_2$ 时，$M_{xy} = 0.37M_0$。实验证明，T_2 的大小主要与质子处于相对稳定时的内磁场有关。外部磁场的不均匀会加快失相位进程。对于生物组织而言，T_2 由样本的分子结构决定，大小仅为数十毫秒。表 8-1 列出了常见组织的 T_1 和 T_2 值。

表 8-1 常见组织的 T_1 和 T_2 值(单位: ms)

组织/Tissue	$T_1(B=0.5\text{T})$	$T_1(B=1.5\text{T})$	T_2
脂肪/Fat	210	260	80
肝脏/Liver	350	500	40
肌肉/Muscle	550	870	45
脑白质/White matter	500	780	90
脑灰质/Gray matter	650	900	100
脑脊液/CSF	1800	2400	160

一般而言,T_1 明显比 T_2 长。小的分子显示长的 T_1 和 T_2,中等大小的分子具有短的 T_1 和 T_2,大的、移动慢的或结合分子具有长的 T_1 和短的 T_2。MRI 感兴趣区域的大多数组织包含中等或小的分子,因此,通常长的 T_1 结合长的 T_2,短的 T_1 结合短的 T_2。T_1 和 T_2 的差异在 MRI 中对比明显,对应的图像分别称为 T_1 加权 MRI 图像和 T_2 加权 MRI 图像。如图 8-5 所示为脑部的 T_1 加权 MRI 图像和 T_2 加权 MRI 图像,可以看出,两种加权图像对脑白质、脑灰质和脑脊液给出了不同的对比度,也说明 MRI 图像对软组织具有很好的鉴别能力。

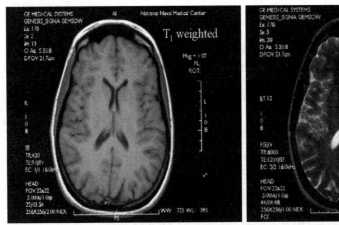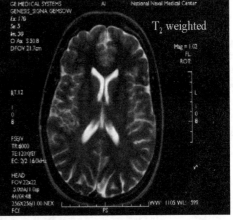

图 8-5 脑部的 T_1 加权 MRI 图像和 T_2 加权 MRI 图像

8.2 核磁共振成像设备结构

视频讲解

核磁共振成像设备主要由主磁体、梯度线圈、脉冲线圈、计算机系统和其他辅助设备组成。

8.2.1 主磁体及匀场线圈

主磁体是核磁共振成像设备最基本的构件,用于产生外磁场。主磁体与射频发射线圈连接。进行 MRI 检查时,受检者置于磁体中。永磁型主磁体是由两个相对扁平的电极片组成的,磁场持续存在,可以产生 0.3T 以上的垂直磁场。电磁型主磁体是利用导线绕成的线圈,通电后产生磁场。根据导线材料的不同,电磁型主磁体可以分为常导磁体和超导磁体。

常导磁体可以提供 0.5T 以上的垂直磁场和水平磁场。超导磁体可以提供 1.5T 以上的水平磁场。目前,中高场强的核磁共振成像设备均采用超导磁体。

主磁体的技术指标主要包括场强、梯度切换率和磁场均匀度。外磁场的场强可以采用高斯(Gauss,G)或特斯拉(Tesla,T)作单位,Tesla 是目前磁场强度的法定单位。1T 等于10 000G。一般把 0.5 T 以下的核磁共振成像设备称为低场机,1.5～3.0T 的核磁共振成像设备称为高场机,目前已有研制 14T 核磁共振成像设备的报道。高场机具有以下优势:

(1) 场强高的主磁场可以提高质子磁化率和图像信噪比;

(2) 缩短 MRI 信号的采集时间;

(3) 可以增加化学位移使磁共振频谱(Magnetic Resonance Spectroscopy,MRS)对代谢产物的分辨率提高,也可以使脂肪饱和技术更加容易实现;

(4) 磁敏感效应增强,使脑功能成像的信号变化更为明显。但是,高场机的场强也会带来一些问题,例如设备生产成本增加、价格提高、噪音增加、运动伪影、化学位移伪影及磁化率伪影等增加。

核磁共振成像设备对主磁场的磁场均匀度要求很高,原因如下:

(1) 高均匀度的磁场有助于提高图像的清晰度;

(2) 均匀的磁场可以保证磁共振信号空间定位的准确性;

(3) 可以减少伪影,特别是磁化率伪影;

(4) 有利于进行大视野扫描,尤其肩关节等偏中心部位的磁共振检查;

(5) 能够充分利用脂肪饱和技术进行脂肪抑制扫描;

(6) 能够有效区分磁共振频谱的不同代谢产物。

核磁共振成像设备的匀场线圈由直流供电,主要用于产生主磁场,并且使主磁场在整个成像容积内均匀一致。现代核磁共振成像设备的主动和被动匀场技术进步很快,可以极大地提高磁场的均匀度。

8.2.2 梯度线圈

在磁共振成像技术中,一般把主磁场的方向定义为 z 轴方向,与 z 轴方向垂直的平面为 xy 平面。核磁共振成像设备中的梯度线圈是特殊绕制的线圈,由 x、y、z 轴 3 个线圈构成。以 z 轴线圈为例,通电后线圈顶侧部分产生的磁场与主磁场方向一致,磁场相互叠加,而线圈足侧部分产生的磁场与主磁场方向相反,磁场相减,从而形成沿着 z 轴顶侧高、足侧低的梯度场,梯度线圈的中心磁场强度保持不变。x、y 轴梯度场的产生机理与 z 轴相同,只是方向不同。

梯度线圈是核磁共振成像设备的核心部件之一,不仅从扫描速度上,也从空间分辨率上决定着整个设备的性能。梯度线圈有 3 套线圈,也由直流供电,可以提供 20mT/m 以上的梯度磁场。同时,梯度线圈系统的性能还与扫描脉冲序列中的梯度脉冲波形设计有关。高性能的梯度线圈和梯度放大器,便于人们开发出速度更快的成像扫描序列。梯度线圈可以对磁共振信号进行空间定位编码、产生梯度回波、施加扩散加权梯度场、进行流动补偿和流动液体的流速相位编码。所有梯度线圈均由放大器控制上升时间和梯度最大值,线圈的快速切换会产生很大的噪声。梯度线圈的主要性能指标包括梯度场强和梯度场切换率。

1. 梯度场强

梯度场强指单位长度内磁场强度的差别,通常用每米长度内磁场强度差别的毫特斯拉量来表示。如图 8-6 所示为梯度场强的示意图,水平粗直线表示均匀的主磁场,斜线表示线性梯度场,两条线的相交处为梯度场的中点,该点的梯度场强为零,主磁场强度不发生变化。主磁场上方的斜线部分为正向梯度场,主磁场强度呈线性增高,主磁场下方的斜线部分表示反向梯度场,主磁场强度呈线性降低。

有效梯度场的两端磁场强度差值除以梯度场施加方向上的有效范围,即为梯度场强:

$$B_{G} = \frac{\Delta B}{L_{B}} \tag{8-9}$$

式中,B_{G}——梯度场强,单位为 mT/m;

ΔB——梯度场两端的磁场强度差值,单位为 mT;

L_{B}——梯度场的长度,单位为 m。

2. 梯度场切换率

梯度场切换率(Slew Rate)指单位时间及单位长度内梯度磁场强度的变化量。切换率越高,梯度磁场的变化越快,即梯度线圈通电后梯度磁场达到预定值所需的时间越短。如图 8-7 所示为梯度场切换率的示意图。梯度场的变化情况可以用一个梯形表示,梯形的左腰表示梯度线圈通电后,梯度场强由零逐渐增高至预定值,整个爬升时间用 t 表示。梯形的右腰表示梯度线圈断电后,梯度场强的消失时间。梯度场强的矩形部分表示梯度场已经达到预定值并持续存在,这一部分是有效梯度场强的作用时间。

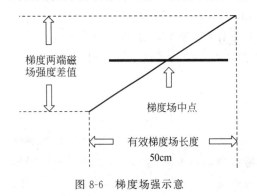

图 8-6 梯度场强示意

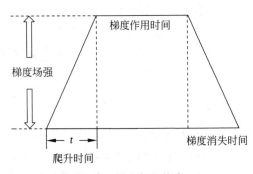

图 8-7 梯度场切换率

梯度场切换率可以用下式计算:

$$R_{BT} = \frac{B_{P}}{t} \tag{8-10}$$

式中,R_{BT}——梯度场的切换率,单位为 $mT/(m/s)$;

B_{P}——梯度场的预定强度;

t——爬升时间。

目前,1.5T 的核磁共振成像设备,其常规梯度场强可以达到 $30mT/m$ 以上,切换率达到 $120mT/m/ms$ 以上。对于高性能高场强的超导核磁共振成像设备,一般要求梯度场强大于 $40mT/m$,梯度切换率大于 $150mT/m/ms$。总体而言,核磁共振成像设备对梯度的要求是梯度场强高、梯度上升速度快、梯度切换率高和梯度线性度好。但是,梯度磁场的剧烈变化容易刺激周围神经,所以,梯度磁场的场强和切换率并不是越高越好。

8.2.3 射频线圈

核磁共振成像设备的射频线圈从功能上可以分为发射线圈和接收线圈。发射线圈发射射频脉冲,激发感兴趣容积内的质子发生共振。磁共振成像要求发射线圈尽可能均匀地发射射频脉冲。发射线圈发射的射频脉冲能量与其强度和持续时间有关。现代新型的发射线圈射频放大器功率高,发射的射频脉冲强度大,持续时间短,可以加快磁共振信号的采集速度。接收线圈接收人体内发出的磁共振信号。接收线圈与磁共振图像的信噪比密切相关。接收线圈离检查部位越近,接收到的信号越强。线圈内体积越小,接收到的噪声越低。所以,各核磁共振成像设备厂家开发了多种专用表面线圈,例如心脏线圈、肩关节线圈、直肠内线圈、脊柱线圈等,用于各个部位的检查。

从形式上,射频线圈可以分为体线圈、头线圈、表面线圈、相控阵线圈和传输相控阵线圈等。有些线圈可以同时作为发射线圈和接收线圈,例如装在扫描架内的体线圈和头颅正交线圈。一般情况下,体线圈作为发射线圈,表面线圈作为接收线圈。发射线圈产生与主磁场相垂直的磁场。接收线圈接近成像检查部位。

射频线圈的主要技术参数是信噪比、均匀度和有效范围。射频线圈的信噪比与成像部位的体积和进动角频率的平方成正比,与线圈半径成反比。此外,射频线圈的信噪比还与线圈的几何形状有关。由于射频线圈发射的电磁波会随着距离的增加而逐渐减弱,同时向周围空间发散,因而所产生的磁场并不均匀。磁场均匀度与线圈的几何形状有关。螺线管线圈以及其他柱形线圈提供的磁场均匀性最好,表面线圈的均匀性最差。射频线圈的有效范围指激励电磁波的能量可以到达的空间范围,或可以检测到的射频信号空间范围。有效范围的空间形状取决于线圈的几何形状。有效范围越大,信噪比越低。

近年来出现的相控阵线圈是射频线圈技术的一大飞跃。一个相控阵线圈由多个子线圈阵元构成,阵元之间彼此独立,每个阵元由直流供电,配备特殊的放大器,可以形成符合要求的信号振幅和相位。一般会配置多个数据采集通道,比如相控阵线圈的子单元和与之匹配的数据采集通道为 8 个以上,已经有研制成功 16 个或 32 个数据采集通道的报道。相控阵线圈可以提高图像的信噪比,改善薄层扫描和高分辨扫描的图像质量。

8.2.4 计算机系统

计算机系统是核磁共振成像设备的中央控制部分,用于控制设备的射频激发、信号采集、数据运算和图像显示等功能。随着计算机硬件处理速度的提高,以及并行处理技术的发展,现代的核磁共振成像设备可以生成复杂的扫描序列,进行复杂的信号后处理和图像处理,实现更复杂的三维重建。如图 8-8 所示为核磁共振成像设备计算机管理系统的示意图。

8.2.5 其他辅助设备

核磁共振成像设备除了上述组成部分之外,还需要一些辅助设备,例如检查床及定位系统、空调、液氦及水冷却系统、图像传输及存储系统等。

检查床及定位系统用于检查时承载患者并进行定位。由于温度的变化导致磁场强度的漂移,改变磁场的均匀度,所以核磁共振成像设备对于温度和湿度的要求都很高。一般要

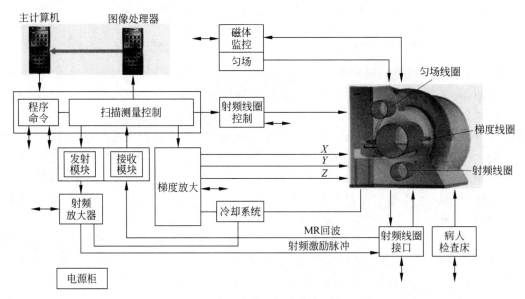

图 8-8　核磁共振成像设备的计算机管理系统

求温度为 20 ± 2℃,湿度为 70% 左右。而且,核磁共振成像设备的导磁体要求在低温环境中运行,需要采用冷却剂制冷。一般都采用液氦作为冷却剂,由冷头负责将挥发的液氦冷却,维持液氦的低温环境。现代的超导磁体一般在 $1\sim2$ 年甚至更长时间填充液氦。另外,梯度线圈等用水冷方式进行降温,射频放大器则用冷空气降温。目前,大部分医院都有医学影像PACS 系统和 HIS 系统。核磁共振成像设备的输出图像经过主机处理后,可以刻录光盘或者打印胶片,也可以传输到 PACS 系统或 HIS 系统,进行病变诊断或远程诊断。

视频讲解

8.3　核磁共振成像的脉冲序列设计

8.3.1　脉冲序列的基本概念

磁共振成像技术中的脉冲序列(Pulse Sequence)指具有一定带宽和幅度的射频脉冲与梯度脉冲组成的脉冲程序,设计磁共振成像脉冲序列的目的是突出显示感兴趣组织的磁共振信号。脉冲序列一般由射频脉冲、层面选择梯度场、相位编码梯度场、频率编码梯度场和磁共振信号 5 部分构成,通过调整施加射频脉冲和梯度脉冲的方式进行控制。用户可以根据不同的需要选择各种成像脉冲序列。磁共振成像的脉冲序列中,经常会碰到重复时间(Repetition Time,TR)、回波时间(Echo Time,TE)、有效回波时间(Effective Echo Time,ETE)、回波链长度(Echo Train Length,ETL)、回波间隙(Echo Spacing,ES)、反转时间(Inversion Time,TI)、激励次数(Number of Excitation,NEX)、采集时间(Acquisition Time,TA)等基本概念。

1. 重复时间

重复时间指脉冲序列执行一次所需要的时间,即两个激发脉冲间的间隔时间。激发脉冲停止后,开始质子的自由感应衰减和弛豫过程,纵向磁化向量 M_z 随时间逐渐恢复增大。TR 决定着激发脉冲再次发射之前纵向磁化向量恢复的大小,也是磁共振信号强度的根本性决定因素。延长 TR 可以使纵向磁化恢复增多,在下一次激励时将会产生更多的横向磁化,信号强度增大,图像信噪比提高。所以,TR 越长,信号越强。当 $TR \gg T_1$ 时,组织的磁共振信号强度几乎不受 T_1 值影响,得到的将是 T_2 加权或质子密度图像。另外,延长 TR 还会增加脉冲序列所允许的扫描层数,增大扫描时间。

2. 回波时间

回波时间指激发脉冲与读出信号之间的间隔时间。激发脉冲停止后,横向磁化向量 M_{xy} 将随时间逐渐减小。TE 决定读出信号前横向磁化向量的衰减量,因此延长 TE,会使横向磁化向量的衰减增多,产生的信号减小,图像信噪比下降。反之,缩短 TE,横向磁化向量的衰减减少,产生的信号增大,图像信噪比提高。另外,缩短 TE 还会增加脉冲序列所允许的扫描层数,使序列允许的最小视野和最小层厚增大。TE 越短,信号越强。当 $TE \ll T_2$ 时,组织的信号强度不受 T_2 值的影响,得到的将是 T_1 加权或质子密度图像。如果 $TR \gg T_1$,同时 $TE \ll T_2$,则组织的信号强度既不受 T_1 值影响,也不受 T_2 值影响,仅与质子密度有关,得到的是质子密度权重像。

3. 有效回波时间

有效回波时间指 90°脉冲中点到填充 K 空间中央回波中点的时间间隔。这里的 K 空间也称傅里叶空间,是寻常空间在傅里叶转换下的对偶空间,带有空间定位编码信息的原始 MR 信号的填充空间。有效回波时间在快速自旋回波序列(Fast Spin Echo,FSE)或平面回波序列(Echo Planer Imaging,EPI)中,一次 90°脉冲激发后有多个回波产生,分别填充在 K 空间的不同位置,而每个回波的 TE 是不同的。

4. 回波链长度

回波链长度指一次 90°脉冲激发后所产生和采集的回波数目,一般用在快速自旋回波序列或平面回波序列中。回波链的存在将成比例减少 TR 的重复次数。在其他成像参数保持不变的情况下,与单个回波序列相比,具有回波链的成像序列的采集时间缩短为原来的 1/ETL。因此,ETL 也被称为快速成像序列的时间因子。

5. 回波间隙

回波间隙指回波链中相邻两个回波中点间的时间间隙。ES 越小,整个回波链采集所需的时间越少,可以间接加快采集速度,提高图像的信噪比。

6. 反转时间

反转时间指 180°反转预脉冲中点到 90°脉冲中点的时间间隔,仅出现在具有 180°反转预脉冲的脉冲序列中。反转恢复脉冲序列 I_R 有反转恢复序列、快速反转恢复序列、反转恢复 EPI 序列等。两个 −180°脉冲之间的时间间隔为 TR,90°到 180°脉冲之间的时间间隔为 TE。选用不同的反转时间,可以针对性地抑制或突出某类组织。例如,选用短 TI 时间可以抑制脂肪组织,选用长 TI 时间可以抑制自由水,选用中等长度的 TI 时间可以增加脑灰质和脑白质的 T_1 权重对比。

7. 信号激励次数

信号激励次数也称信号平均次数(Number of Signal Averages,NSA)。在磁共振成像采集的数据中,既有信号成分,也有噪声。信号是由扫描组织的固有特征决定,总是发生在同一空间位置上,而噪声的发生时间具有随机性,产生的位置也可能不同。通过增加采集次数并进行平均操作,可以降低噪声对图像质量的影响。例如,减少由血流、脑脊液流动以及呼吸运动引起的伪影,提高图像的信噪比。但是,增加信号激励次数会延长扫描时间。比如,当信号激励次数增加到 4 次时,图像信噪比会增加一倍,扫描时间会延长 3 倍。

8. 采集时间

采集时间也称扫描时间,指整个脉冲序列完成信号采集所需要的时间。在不同的脉冲序列中,采集时间的差别很大。例如,对于单次激发 EPI 序列,采集一幅图像的时间是数十毫秒,而 SET2WI 序列采集一幅图像的时间是数十分钟。

8.3.2 磁共振成像的脉冲序列

磁共振成像技术中的脉冲序列设计需要考虑时间、排序、极性、射频脉冲重复频率,以及梯度磁场等因素,其目的是获取感兴趣组织或区域的高质量图像。磁共振信号的强度取决于质子自由衰减过程中 T_1、T_2 或自旋质子密度的弛豫特性。常见的脉冲序列有自旋回波序列、翻转恢复序列和梯度回波序列等。

1. 自旋回波序列

自旋回波序列(Spin Echo,SE)是磁共振成像技术中最基本的脉冲序列,由 90°激发脉冲和 180°复相脉冲组合构成,序列形式为 90°脉冲之后跟随 180°脉冲,二者的相隔时间为回波时间 TE 的一半,在 TE 的另一半时间检测信号。自旋回波序列中的 180°射频脉冲称作重相位或再聚焦脉冲。

自旋回波序列可以消除由磁场不均匀引起的去相位效应,磁敏感伪影小,采集时间较长,T_2 加权图像的信噪比低。自旋回波序列的优势是通过 TR 和 TE 的不同组合,可以获得特定权重的图像,比如 T_1WI、T_2WI、PDWI。TR 的范围一般为 300~3000ms。另外,自旋回波序列不受外部磁场变化的影响,比如磁体缺陷、患者造成的失真以及体素内梯度造成的影响等。自旋回波序列的成像周期流程为:

(1) 在 90°脉冲之后,自旋质子同相,横向磁化达到最大值;

(2) 失相位产生,自旋进动更快或更慢,自由感应衰减信号随着有效弛豫时间 T_2* 衰减。这里的 T_2* 指考虑静磁场非均匀性对横向弛豫过程影响的有效弛豫时间;

(3) 当施加 180°脉冲时,磁矩从自旋上方翻转到下方;

(4) 在 TE/2 时间后,自旋同相位,磁共振信号达到峰值,随后自旋开始失相位,磁共振信号衰减。

2. 反转恢复序列

反转恢复序列(Inversion Recovery,IR) 由一个 180°反转脉冲、一个 90°激发脉冲和 180°复相脉冲组合构成。从形式上看,反转恢复序列是在自旋回波序列前施加一个 180°反转脉冲。对于反转恢复序列,反转时间 TI 指 180°反转脉冲中点到 90°脉冲中点的时间间隔,回波时间 TE 指 90°脉冲中点到回波中点的时间间隔,重复时间 TR 指相邻两个 180°反转脉冲中点的时间间隔。

反转恢复序列的成像周期流程为:

(1) 使用 180°脉冲将 M_z 翻转到负 z 轴;

(2) 自旋质子通过自旋-晶格弛豫时间恢复到平行方向;

(3) 在反转时间 TI(约 500ms)之后,90°脉冲使 M_z 翻转到横向平面,产生 FID 信号;

(4) 在 TE/2 时刻施加第 2 个 180°脉冲,并在 TE 时刻产生 1 个回波信号。

反转恢复序列回波的振幅取决于 TI、TE、TR 和 $\boldsymbol{M}_z$ 的幅值。反转恢复序列采用短 TE (20ms)缩小 T_2 敏感性。TI 越长或 T_1 越短,磁共振信号越好,因此 TI 可以控制组织的 T_1 对比度,更好地区分脑灰质与脑白质。反转恢复序列的特点是同时具有较强的 T_1 和 T_2 对比度,还可以根据需要设定反转时间 TI,增强特定组织的图像对比。例如,短时 T_1 恢复序列、液体衰减反转恢复序列(Fluid Attenuated Inversion Recovery,FLAIR)等。

3. 快速自旋回波序列

快速自旋回波序列(Fast SE,FSE)也称为 Turbo SE(TSE),它采用"90°-180°-180°-…"脉冲组合形式构成,即在一个 90°激发脉冲后,相继激发多个 180°脉冲。快速自旋回波序列的图像对比度与自旋回波序列相似,但是磁敏感性更低,成像速度加快。由于使用大量 180°射频脉冲,射频吸收量增大,特别是对于 T_2 加权像,快速自旋回波序列可以对脂肪组织产生高信号。

快速自旋回波序列可以使扫描速度成倍提高,但是,回波信号的采集时间不同,具有不同的 TE 值。因此,快速自旋回波序列中的 TE 通常称为有效 TE。快速自旋回波序列的回波链长度越长,扫描速度越快。

4. 梯度回波序列

梯度回波序列(Gradient Echo,GRE)中,激励脉冲小于 90°,翻转脉冲不使用 180°,而是采用一对极性相反的离相位梯度磁场和相位重聚梯度磁场。离相位梯度场是使组织宏观横向磁化向量衰减到零的梯度场,聚相位梯度场是使组织宏观横向磁化向量逐渐恢复到峰值的梯度场。GRE 序列利用切换梯度场产生回波序列。由于小翻转角使纵向磁化向量快速恢复,缩短了重复时间 TR,不会产生饱和效应,所以数据采集周期变短,成像速度提高。梯度回波序列具有以下特点:

(1) 小角度激发,成像速度快。小角度脉冲称为 α 脉冲,α 角为 $10°\sim90°$;

(2) 梯度回波序列反映的是组织的 T_2^* 弛豫信息,而不是 T_2 弛豫信息。梯度回波序列中的聚相位梯度场只能剔除离相位梯度场造成的质子失相位,不能剔除主磁场不均匀性造成的质子失相位,因而只能获得 T_2^* 弛豫信息;

(3) 梯度回波序列的固有信噪比低;

(4) 梯度回波序列增加了对磁场不均匀的敏感性,容易在气体与组织的界面上产生磁敏感性伪影。但是,梯度回波序列容易检出对局部磁场不均匀敏感的病变,例如出血;

(5) 梯度回波序列中的血流常呈现高信号,可以对流动血液成像。

两个常用的梯度回波序列是快速小角度激发序列(FLASH)和稳态进动快速成像序列(FISP)。

5. 快速梯度自旋回波序列

快速梯度自旋回波序列(Turbo Gradient Spin Echo,TGSE)是在快速自旋回波序列每个自旋回波的前面和后面,分别再产生若干梯度回波,使 180°翻转脉冲后形成一组梯度和自旋混合的回波信号,从而提高单位重复时间的回波数。该序列具有自旋回波序列及快速自旋回波序列的对比特点,以及更高的磁敏感性,采集速度进一步加快。

6. 单次激发半傅里叶采集快速自旋回波序列

单次激发半傅里叶采集快速自旋回波序列(Half-fourier Acquisition Single-shot-Turbo-Spin-Echo,HASTE)在一次激励脉冲后使用 128 个 180°聚焦脉冲,采集 128 个回波信号,填写在 240×256 的 K 空间内。HASTE 序列具有快速自旋回波序列 T_2 加权图像的特征,每幅图像仅需一次激励便可完成数据采集,多用于运动器官的 T_2 加权成像。

7. 平面回波成像

平面回波成像(Echo Planar Imaging,EPI)技术是在梯度回波技术的基础上发展而来,采集到的磁共振信号也属于梯度回波,是迄今速度最快的磁共振成像技术。平面回波成像在一次射频脉冲激励后,在极短的时间内(30~100ms)连续采集一系列梯度回波,用于重建磁共振平面图像。平面回波成像技术按照射频激发次数可以分为单次激发平面回波成像和多次激发平面回波成像。目前,单次激发平面回波成像技术在扩散成像、灌注成像、脑运动皮层功能成像获得广泛应用,多次激发平面回波成像则在心脏快速成像、心脏电影、血管造影、腹部快速成像等领域取得进展。

视频讲解

8.4 磁共振图像重建

8.4.1 磁共振信号空间定位

人体内的自旋质子受到射频脉冲激发后,接收到的信号包含了受检者检查部位的解剖结构和功能信息。成像的关键问题是如何确定信号成分的特定起始点和空间位置信息。核磁共振成像设备采用激发射频脉冲和梯度磁场定位来获取受检者单个体素的三维位置信息。

梯度磁场由置于磁体内的梯度线圈产生,是一个随着位置而线性变化的磁场。通常情况下,梯度磁场按照特定的顺序排列,有时梯度磁场会部分或全部重叠。为了获得受检者各个方向的空间位置信息,核磁共振成像设备沿 x、y、z 轴分别施加梯度磁场,分别称为频率编码梯度场、相位编码梯度场和层面选择梯度场。当梯度场被激励时,成像视野内的梯度场产生线性变化,也有可能发生梯度的极性反转。梯度磁场的振幅峰值决定梯度磁场强度的斜率,变化范围为 1~50mT/m。转换速率是实现磁场振幅峰值所需的时间,转换速率越短越好,变化范围为 5~250mT/m/ms。

1. 空间定位与编码

磁共振图像由一系列平行的横断面组成。施加 $90°$ 脉冲激励,由直流电激励 z 轴线圈,产生沿 z 轴可控的磁场梯度。梯度磁场从头到足按固定增量变化,头侧的梯度磁场弱,质子进动慢,足侧的梯度磁场强,质子进动快,中心点的梯度磁场保持相等,中间的质子进动速度居中。由于质子的进动频率与外磁场的场强相关,所以,每个不同深度位置的自旋质子都具有自己的共振频率。在梯度磁场的作用下,如果发射一个单一频率的射频脉冲,将会激发以该频率进动的相应磁场的位置信号,可以理解为利用该频率选定一个无限薄的平面。为了获得一定厚度的层面,需要激发的射频脉冲具有一定的频率范围,称作带宽。磁共振成像设备常用的层厚范围为 2~10mm。被选中层面内的质子在较窄的频率范围内进动。

磁共振成像时,较薄的层面可以减轻部分容积效应(Partial Volume Effect),得到更好的结构细节,但是层面薄会增加采集时间。另外,为了减少射频脉冲对被选层邻近层的串扰,相邻层面的间隔应选择层厚的 10%。磁共振成像设备利用纵向梯度磁场选定检测层面和层厚以后,还需要在选定的层面内确定每一个体素的空间位置,以及该体素对应的信号幅度大小。为此,磁共振成像设备需要利用频率编码和相位编码对某一层内的体素信号进行横断层面的位置定位。

在磁共振成像技术中,相位编码的目的是确定信号源在选定层横断层面中 y 轴方向的位置。首先,用 90°脉冲激励某一选定层面内的质子,使所有质子同相位,然后 y 轴的梯度线圈接通直流电压并在几毫秒内切换,产生沿 y 轴方向的梯度磁场。在梯度磁场的作用下,前面一行像素处于较高的磁场强度,自旋进动快,后面一行的像素处于较低磁场强度,自旋进动慢,中间一行像素磁场强度没有变化,自旋进动不变。磁共振成像设备正是利用同频进动质子的相位差来区分所选层面质子的位置,即使梯度脉冲停止,这种相位差依旧存在。

类似地,x 轴方向的位置信息由频率编码定位。在读出信号前,沿 x 轴施加频率编码梯度,使磁场左侧的自旋进动慢,右侧的自旋进动快,从而产生从左到右的频率梯度,所选层面的磁共振信号由从左到右的射频频率信息组成。频率编码梯度使沿 x 轴的空间信号具有频率特征,产生与空间位置相关的不同频率编码,以此确定信号来源在扫描矩阵中 x 轴方向的位置。

2. K 空间

K 空间也被称为傅里叶空间,是带有空间定位编码信息的原始 MR 信号的填充空间。每一幅磁共振图像都有其相应的 K 空间数据。对 K 空间的数据进行傅里叶变换,可以解码原始数据中的空间定位编码信息,得到磁共振的图像数据。将对应于不同信号强度的磁共振信息分配到相应的空间位置上,重建出磁共振图像。值得注意的是,K 空间中的点阵与图像的点阵不是一一对应的,K 空间中每一点包含有扫描层面的全层信息。而且,K 空间在 K_x 和 K_y 方向上镜像对称。

二维 K 空间又称为 K 平面,K 平面的两个坐标 K_x 和 K_y 分别代表磁共振信号的频率编码和相位编码方向。在二维磁共振信号的采集过程中,每个磁共振信号的频率编码梯度场的大小和方向保持不变,相位编码梯度场的方向和场强则以一定的步级发生变化。每个磁共振信号的相位编码变化一次,采集到的磁共振信号填充 K 空间 K_y 方向的一条线。因此,带有空间信息的磁共振信号称为相位编码线,也称为 K 空间线或傅里叶线。

一般情况下,K 空间是循序对称填充的。填充 $K_y = -128$ 的磁共振信号的相位编码梯度场为左高右低,梯度场强最大。填充 $K_y = -127$ 的磁共振信号的相位编码梯度场仍为左高右低,但梯度场强有所降低。以此类推,保持梯度场方向不变,使梯度场强逐渐降低。到填充 $K_y = 0$ 的磁共振信号时,相位编码梯度场等于零。此后,相位编码梯度场方向变为右高左低,梯度场强逐渐升高,到采集填充 $K_y = +128$ 的磁共振信号时,相位编码梯度场强达到最高。K 空间相位编码方向上 $K_y = 0$ 两侧的各磁共振信号是镜像对称的,即 $K_y = -128$ 与 $K_y = +128$ 的相位编码梯度场强一样,但方向相反;$K_y = -127$ 与 $K_y = +127$ 的关系也是如此。另外,从 $K_y = 0$ 向 $K_y = -128$ 和 $K_y = +128$ 两个方向上,各个磁共振信号相位编码梯度场递增的步级也是一样的。

从 K_y 方向看,填充在 K 空间中心的磁共振信号的相位编码梯度场为零,不能提供相位编码方向上的空间信息。但是,相位编码梯度场为零时的磁共振信号幅度最大,主要决定图像的对比度。所以,这条 K 空间线也称为零傅里叶线(对应 $K_y = 0$)。填充 K 空间最边缘磁共振信号的相位编码梯度场强度最大(对应 $K_y = -128$ 和 $K_y = +128$),各体素得到的磁共振信号相位差别最大,但是信号幅度很小,此时的磁共振信号主要反映图像的解剖细节。总之,填充 K 空间中央区域的相位编码线主要决定图像的对比度,填充 K 空间周边区域的相位编码线主要决定图像的细节结构。类似地,在每一条相位编码线的频率编码方向,回波信号在时序上也是对称的,其数据由该方向的回波信号采样得到。所以,K 空间的 K_x 方向也是对称的。

常规磁共振成像序列中,K 空间最常用的填充方式为循序对称填充,即先填充 $K_y = -128$,然后是 $K_y = -127$,$K_y = -126$,…,$K_y = 0$,…,$K_y = +126$,$K_y = +127$,最后是 $K_y = +128$。实际上,K 空间中相位编码线的填充顺序是可以改变的。例如,采用 K 空间中央优先的采集技术,先编码和采集填充 $K_y = 0$ 附近的一部分相位编码线,然后再采集 K 空间周边的相位编码线。另外,K 空间也可以采用迂回轨迹、放射状轨迹和螺旋状轨迹等其他填充方式。

8.4.2 磁共振加权成像

在磁共振成像过程中,一幅图像往往会受到 T_1、T_2、质子密度、化学位移、液体流动、水分子扩散等因素的综合影响,组织或器官各方面的特性均对磁共振信号有贡献。磁共振成像设备可以通过调整成像参数,使图像突出反映组织或器官某方面的特性,尽量抑制其他特性对磁共振信号的影响。例如,通过调节 TR、TE、TI 或翻转角等脉冲序列参数,可以突出质子数量差别、T_1 值差别或 T_2 值差别,并以这些物理量的数值为主形成图像的对比度,这样获取的图像称为加权像。"加权"指重点突出组织或器官某方面的特性。常见的加权像有 T_1 加权像、T_2 加权像、质子密度加权像和弥散加权像。

1. T_1 加权成像

纵向弛豫时间 T_1 是组织的固有属性之一,组织的 T_1 值越小,纵向弛豫速度越快,在下一次射频脉冲激发时该组织的纵向磁化向量恢复程度越高。因此,短 T_1 组织在 T_1 加权序列中表现为高信号,长 T_1 组织在 T_1 加权序列中表现为低信号。所以,T_1 加权成像主要反映组织之间的 T_1 差别,即组织之间的纵向弛豫时间差别。自旋回波序列或快速自旋回波序列中采用短 TR(≤650ms)和短 TE(≤20ms)可以得到 T_1 加权像。短 TR 可以使短 T_1 的脂肪等组织充分弛豫,表现为高信号,而脑脊液等长 T_1 组织因不能充分弛豫而表现为低信号。短 TE 则可以使采集的信号更少地受到组织间 T_2 值的影响。在反转恢复序列中,T_1 加权像的对比度主要受 T_1 值的影响。

2. T_2 加权成像

横向弛豫时间 T_2 也是组织的固有特性之一。横向弛豫慢的组织 T_2 时间长,可以保持更高的剩余横向磁化,图像上表现为高亮度信号。T_2 加权成像主要反映组织之间的 T_2 差别,即组织之间的横向弛豫时间差别。T_2 加权像一般通过快速自旋回波序列获得,采用长 TR(≥2000ms)和长 TE(≥80ms)进行扫描。长 TR 可以使组织纵向弛豫充分恢复,减小采集信号中的 T_1 效应。长 TE 可以增大组织的 T_2 效应,突出液体等组织的信号。

3. 质子密度加权成像

质子密度加权成像(Proton Density Weighted Imaging,PDWI)主要反映不同组织在氢质子含量上的差异。通常,采用快速自旋回波序列获取质子密度加权像,扫描参数选用长 TR(≥2000ms)和短 TE(≤20ms),尽可能减少组织 T_1 和 T_2 弛豫时间对图像质量的影响。氢质子密度决定弛豫过程中纵向磁化向量的最大值 M_0,质子密度越大,M_0 值越大。对某一组织来说,TR = $3T_1$ 是保证产生质子密度对比度图像的前提。一般情况下,质子密度加

权像的对比度不及 T_1 和 T_2 加权像的对比度。

4. 弥散加权成像

在常规的磁共振脑部检查中,T_1、T_2 加权像不易观察脑组织中的自由水减少,不利于急性或超急性脑梗死的诊断。为此,人们提出弥散加权成像(Diffusion Weighted Imaging,DWI)技术。弥散加权成像技术主要反映水分子扩散运动受限的组织(比如脑部局部梗死区组织的自由水减少),可以由快速自旋回波序列完成,也可以采用平面回波序列改善高信号区。弥散加权成像技术对早期脑梗死的检查具有重要临床价值。

8.4.3 磁共振成像的特点与局限

磁共振成像具有如下特点:

(1)以射频信号作为成像的能量源,无电离辐射,安全无创。

(2)对软组织的成像对比度高,能够清楚地显示脑组织、肌肉和脂肪等软组织,以及软骨结构的解剖结构。

(3)可以多方位成像,能够对被检查部位进行轴位、冠状位和矢状位,以及任何倾斜方位的层面成像。

(4)多参数成像和多序列成像。通过 T_1 加权像和(Proton Density Weighted Image,PDWI)等序列,获取检查部位的 T_1、T_2 和 PD 信号对比。

(5)可以用于生理功能、组织化学和生物化学方面的研究。

磁共振成像的局限性表现在:

(1)与 X 射线摄影和 X-CT 等成像技术相比,磁共振图像的空间分辨率较低。细小病变不易显示,不适宜对微小病变的观察。

(2)成像速度慢,扫描采集复杂,不利于对危重患者及幽闭症患者检查。

(3)设备价格相对昂贵。

(4)导致磁共振成像伪影的因素较多。

8.5 磁共振图像的质量评估

视频讲解

在磁共振成像技术中,由于成像物理参数、脉冲扫描序列及扫描参数的选择十分灵活,磁共振图像质量在很大程度上取决于操作者对成像参数、扫描序列、射频线圈、补偿方法、系统性能等的选择,以及对被测组织固有生物特性和物理特性的理解。

8.5.1 磁共振信号的影响因素

磁共振成像具有多方位、多序列、多参数和多功能等特点,其信号强度和图像质量的影响因素较多,主要有两方面:一是组织本身的特性,包括质子密度、T_1 值和 T_2 值等,二是设备和成像技术参数,包括主磁场场强、射频脉冲序列、脉冲序列参数 TR、TE 和激发角度等。

1. 组织本身的特性

对于采用自旋回波序列成像的静止组织,在主磁场场强确定的情况下,磁共振信号的强度可以表示为:

$$SI = K \cdot \rho_H \cdot e^{-TE/T_2} \cdot (1 - e^{-TR/T_1}) \tag{8-11}$$

式中,SI——信号强度;

    K——常数;

    ρ_H——氢质子密度;

    e——自然常数;

    TE——回波时间;

    TR——重复时间;

    T_1——组织的纵向弛豫时间;

    T_2——组织的横向弛豫时间。

可以看出,磁共振信号强度与质子密度和 T_2 值正相关,与 T_1 值负相关。磁共振成像适合检测脑组织等软组织,对致密骨和肺等组织具有局限性。

2. 磁共振设备成像参数

1) 接收带宽

接收带宽指读出梯度采集频率的范围。窄带宽可以使接收到的噪声量相对减少。磁共振成像设备采用弱的频率编码梯度和延长的读出间期可以获得窄带宽,当脉冲序列使用小TE 值时不能获得窄带宽。将接收带宽减少为原来的一半时,信噪比大约能增加 40%。但是,窄带宽对受检体的运动伪影、磁敏感伪影以及设备的不稳定性更加敏感。一般情况下,磁共振成像设备的接收带宽是固定的,比如 16kHz,仅在少数情况下需作调整。

2) 线圈类型

射频线圈的几何形状和尺寸对信噪比会有影响。射频线圈采集信号时,受噪声干扰的程度与线圈包含的组织容积有关,而线圈的敏感容积取决于线圈的大小和形状。当使用体线圈时,受检体的身体大部分位于敏感区内,由于包含的组织容积大,体线圈接收的噪声也多。而且,体线圈与成像组织间的距离较大,接收信号的强度会减弱。表面线圈的尺寸较小,一般置于组织表面,与感兴趣的检测区域距离较近,所以,使用表面线圈的信噪比高。

3) 采集矩阵

图像采集矩阵指沿频率编码方向和相位编码方向的像素数目,也称为编码次数。即,磁共振成像设备图像矩阵的大小等于频率编码次数乘以相位编码次数。在视野不变的情况下,随着采集矩阵尺寸的增加,图像的空间分辨率会提高,信噪比会下降,成像时间会延长。

4) 体素容积

每个像素的磁共振信号强度由相应体素内的组织产生。体素的大小由视野大小、采集矩阵大小和感兴趣区层面厚度决定。

视野大小的选择取决于受检体感兴趣区组织的解剖结构和所选择的线圈。例如,对于颞颌关节等细微结构,应选用小视野;对于胸部、腹部、盆腔等大区域,需要选用大视野。

采集矩阵的大小取决于所选择的频率编码方向和相位编码方向的像素数目。当视野一定时,增加采集矩阵的行数和列数将使体素变小,其内包含的质子数减少,产生的信号减弱。

感兴趣区层面厚度的选择依赖于成像组织区域的结构尺寸、扫描序列允许的扫描层数、信噪比的要求以及静磁场和梯度磁场的强度等因素。扫描层面越厚,产生的信号越多,信噪比越高。但是,层面越厚,垂直于层面方向的空间分辨率越低,部分容积效应增大。磁共振信号的强度与体素内包含的质子总数成正比,体素容积大,则发射的信号强,图像噪声小。视野、层厚与体素容积与信噪比成正比,采集矩阵的大小与体素容积成反比。

总之,磁共振成像各参数之间存在着广泛的相互影响,一种参数的改善不可避免地伴有一种或一种以上参数的损失。因此,实际应用中操作者应根据具体检查部位和检查目的权衡选择成像参数。

5) 其他因素

为了保证磁共振图像的质量,除了以上参数外,磁共振设备在选择成像参数时还应该注意根据检查目的和检查部位选择合适的脉冲序列、图像信号的加权参数和扫描平面,例如横断面、冠状面、矢状面和斜面。由于受检者在磁体内很难长时间保持不动,微小的移动、咳嗽、喷嚏都可能使图像质量显著下降,所以磁共振设备运行时应尽量采用短的扫描时间。另外,要注意人体不同解剖部位信号强弱的差异。在信号较强的部位(例如头部),使用较大的采集矩阵和很少的射频脉冲激发次数即可获得满意的信噪比和对比度。在信号较弱的部位(例如肺),则应使用较小的矩阵,并增加射频脉冲激发次数。磁共振成像时,还可以使用诸如流动补偿技术、预饱和技术、心电门控、搏动控制技术和呼吸门控技术等提高图像的质量。

8.5.2 磁共振图像质量的评价指标

磁共振图像质量的主要评价指标有空间分辨率、图像信噪比、对比度和均匀度等。

1. 空间分辨率

空间分辨率或像素尺寸指磁共振图像可以分辨邻近物体的最小空间距离,即对感兴趣区内细微结构的分辨能力。数字图像的空间分辨率取决于体素或像素的大小。当体素容积小时,能分辨出细微结构,空间分辨率高。反之,则不易分辨细微结构,空间分辨率低。

体素的大小取决于成像层面厚度、视野和像素矩阵的大小。视野(Field Of View, FOV)指成像平面覆盖的几何尺寸,像素矩阵的大小决定所选视野内的像素数目。磁共振成像层面内的空间分辨率可表示为:

$$L_{MRI} = \frac{FOV}{W \times H} \tag{8-12}$$

式中,FOV——成像视野的大小;

W——图像像素矩阵的宽度;

H——图像像素矩阵的高度。

所以,视野越小,像素矩阵越大,空间分辨率越高。例如,128×128 的像素矩阵,要呈现视野为 25cm×25cm 的景物,则空间分辨率为 2mm 左右。如果保持视野不变,图像的像素矩阵大小改为 256×256,则空间分辨率提高到 1mm 左右。如果视野扩大到 51cm×51cm,像素矩阵保持 128×128,则空间分辨率下降到 4mm 左右。对于人体长轴方向的空间分辨率,成像层面越薄,空间分辨率越高。成像层面越厚,部分容积影响越显著,空间分辨率越低。

2. 层厚与层间距

磁共振成像扫描层厚的选择依赖于多种因素,例如检查区域的位置、要成像的组织结构大小、扫描序列所允许的扫描层数、信噪比要求、主磁场和梯度磁场的强度等等。扫描层面厚,信噪比高,但是,部分容积效应增大,垂直于层面方向的空间分辨率低。对于多层面的扫描,脑垂体层厚一般为 3mm,常规头部层厚一般为 5mm,体部成像的层厚更厚。对于三维扫描,层厚可以很薄,可以达到 1mm 甚至更薄。

层间距指成像层面之间的间隔。理想的空间成像应该是无间隔的连续扫描,但是,无间隔连续扫描对射频脉冲的形状或包络有一定要求,实际产生的射频脉冲达不到理想的精度。而且,实际的射频脉冲激励目标层面时,会引起相邻层面内质子的额外激励,形成层面间的交叉干扰。磁共振成像扫描的层间距一般选用层厚的 20%～50%,以消除层面间的交叉干扰。

3. 视野

视野由跨越图像的水平方向和垂直方向的距离确定。最小的视野由梯度场强的峰值和梯度间期决定,通过增大频率编码梯度和相位编码梯度磁场的强度可以减小视野。视野的大小依赖于感兴趣区组织的解剖结构和所选择的线圈。减小视野可能导致卷折伪影,加重化学位移伪影。

一般情况下,视野为正方形。但是,有些检查部位各方向的径线不相同,例如腹部横断面的前后径明显短于左右径,如果采用正方形视野,则前后方向有较大的区域空间编码是浪费的,如果采用前后径短左右径长的矩形视野,则可以充分利用视野。另外,矩形视野的短径只能选择在相位编码方向上。磁共振成像设备采用矩形视野后,在空间分辨率保持不变的情况下,需要进行的相位编码步级数减少,采集时间会成比例缩短。

4. 翻转角

翻转角(Flip Angle)指在射频脉冲的作用下,组织的宏观磁化向量 $\boldsymbol{M}_0$ 偏离平衡状态的角度。宏观磁化向量偏转的角度取决于射频脉冲提供的能量,能量越大偏转角度越大。射频脉冲的能量则取决于脉冲的强度和持续时间,可以通过增加脉冲的强度和持续时间增加能量。磁共振成像常用的偏转角为 90° 和 180°,以及梯度回波序列常用的小角度(<90°)。偏转角度越小,所需要的能量越小,激发后组织纵向弛豫时间 T_1 越短,成像速度提高。

5. 图像信噪比

磁共振图像的信噪比指检测到的组织信号强度与背景噪声强度之比。组织信号强度指组织兴趣区内各像素信号强度的平均值,噪声强度指同一兴趣区内等量像素信号强度的标准差。一般来说,信噪比越大,组织的信号成分越多,混在信号里的噪声成分越少,图像质量越高。磁共振信号本质上是横向磁化向量在 xy 平面进动时,由接收线圈感应出的电压。因此,磁共振成像过程中,在接收感应信号电压的同时,会受到源于磁体内被检组织和系统的背景噪声干扰,例如受检体的体质结构、检查部位以及系统固有的电子学噪声。因此,在磁共振成像操作中,除了保证系统本身状态良好外,还应设法增加接收的信号量,以获得优质的图像。

磁共振图像的信噪比可以用下式表示:

$$\mathrm{SNR_{MRI}} = k\rho V\boldsymbol{M}_0 \sqrt{\mathrm{NEX}} \tag{8-13}$$

式中,k——与线圈有关的敏感常数;

ρ——质子密度;

V——体素体积;

$\boldsymbol{M}_0$——磁化向量的初始值;

NEX——射频脉冲的激发次数。

可见,影响磁共振图像信噪比的因素主要包括线圈类型、可成像组织的单位质子数量、体素的体积、净磁化向量和激发次数。增加激发次数和选用合适的线圈可以增高信噪比。自旋回波脉冲序列获得的信噪比相对较高。矩阵越大、视野越小、层面越薄则体素越小,信噪比越低。短 TR、长 TE 将使信噪比降低。

6．图像对比度与对比噪声比

磁共振图像的对比度指组织之间信号强度的相对差异,可以用下式表示:

$$C_{\text{MRI}} = \frac{\mid S_1 - S_2 \mid}{\mid S_1 + S_2 \mid} \tag{8-14}$$

式中,C_{MRI}——磁共振图像对比度;

S_1——目标区域组织的信号强度;

S_2——背景组织的信号强度。

磁共振图像对比度的影响因素包括被测物体的物理特性,例如,质子密度 ρ、T_1、T_2 等,成像参数和其他因素(例如场强和脉冲序列等)。

另外,严重的噪声会影响磁共振图像的对比度。所以,在磁共振成像技术中经常使用对比噪声比(Contrast to Noise Ratio,CNR)来评价图像的质量。对比噪声比指两种不同组织的信号强度差与背景噪声的标准差之比。方便起见,也可以用两种组织的信噪比之差表示:

$$\text{CNR}_{\text{MRI}} = \text{SNR}_{\text{A}} - \text{SNR}_{\text{B}} \tag{8-15}$$

式中,CNR_{MRI}——磁共振图像对比噪声比;

SNR_{A}——A 组织的信噪比;

SNR_{B}——B 组织的信噪比。

由式(8-15)可知,即使两个组织的信噪比较低,也可能得到较高的对比噪声比。在实际操作中,磁共振成像技术常常会通过牺牲信噪比来提高对比噪声比,提高成像区域内不同组织、结构以及病变的可辨识度。脉冲序列和成像加权参数均对对比噪声比有直接影响,例如 TE、TR 和翻转角度。当然,影响信噪比的因素也会影响对比噪声比。

7．图像均匀度

图像均匀度指图像上均匀物质信号强度的偏差,偏差越大,均匀度越低。图像均匀度可以使用体模检测,通过比较不同区域信号强度测量值的差异得到。磁共振图像均匀度的计算公式为:

$$U_{\text{MRI}} = 1 - \frac{S_{\max} - S_{\min}}{S_{\max} + S_{\min}} \times 100\% \tag{8-16}$$

式中,$S_{\max}$——所测区域信号的最大值;

$S_{\min}$——所测区域信号的最小值。

磁共振图像均匀度与信号强度均匀度、信噪比均匀度和对比噪声比均匀度均有关系,也与静磁场均匀度、梯度磁场均匀度、表面线圈摆放的位置和质量等有关系。

8．磁共振伪影

磁共振伪影指不代表生物组织结构信息的阳性或阴性信号,伪影会潜在地影响病变诊断。磁共振伪影的产生与仪器、受检者和信号处理相关。磁共振伪影可以分为磁化率伪影、梯度场伪影、运动伪影、化学位移伪影、卷褶伪影、射频伪影、K 空间错位、环形伪影、部分容积伪影等。

磁化率伪影指由于磁场变形引起组织磁敏感性的变化,使组织-空气界面快速地失相位

(例如肺、鼻窦),导致信号丢失。磁化率伪影在梯度回波序列中比在自旋回波序列中更明显,具有一定的诊断价值,例如可以根据血红蛋白是否为铁磁性物质来判断出血时间。

梯度场伪影由梯度场的不均匀性和梯度故障引起。梯度边缘场的强度不理想,会导致组织解剖结构上的压缩假象,在图像上表现为桶形失真。

运动伪影指磁共振成像的扫描过程中,由于心脏跳动、呼吸以及血液流动所引起的图像模糊、对比度减小或重影。运动伪影主要表现在相位编码方向,抑制方法可以采用心电门控技术和呼吸门控技术。

化学位移伪影是由自旋质子共振频率的改变引起的,表现为频率编码方向上的移位。场强越高,化学位移越多,例如水和脂肪,水对应的灰阶在梯度场上比脂肪高几个数量级。

卷褶伪影指位于视野外的解剖结构错置在体层容积中的现象,即射频线圈从视野外获得信号,并在像素矩阵中占据成像空间。在相位编码方向上,外部解剖结构被错置于图像对侧。

射频伪影指由于射频脉冲的衰减和不协调,以及随距离变化的敏感性下降而导致的图像亮度变弱。射频伪影来源于表面线圈均匀性的变异和磁共振仪器室外的干扰射频脉冲。射频伪影的类型包括中心点伪影、拉链伪影和人字形伪影。中心点伪影指由于射频放大器不协调造成图像中心的亮点,拉链伪影指窄射频带宽噪声,人字形伪影指宽射频带宽噪声。

K 空间错位伪影指 K 空间的编码错位造成视野内的重叠波形伪影。通过识别成像不良的像素,并与其邻近像素的信号取平均值,可以抑制 K 空间错位伪影。

环形伪影指由于磁场转换形成的幅度递减的信号振荡,也称为吉布斯现象。环形伪影一般发生在图像的尖锐边界处和高对比界面处,例如颅骨和脑组织的交界处、脂肪和肌肉的交界处等。从图像上看,环形伪影表现为有规律的黑白信号交替相隔的平行带,随着距离的增大而逐渐减弱。环形伪影可以采用增大矩阵尺寸或减小视野的方法进行抑制。

部分容积伪影指体素尺寸超过平均的信号范围,造成受检物体细节丢失,空间分辨率减小。使用小尺寸像素或薄的层厚可以抑制部分容积伪影,但是会降低信噪比。

8.5.3 磁共振成像生物安全性的因素

磁共振成像没有电离辐射,大量临床和实验研究结果表明,磁共振成像检查是安全的。磁共振成像的生物安全性主要考虑涉及静磁场力学作用、梯度场变化引起的神经刺激、射频脉冲导致的发热、体内金属物体影响、超导状态的猝息、梯度场的噪声以及孕检等问题。另外,危害还可能来自制冷剂和幽闭恐惧等。

1. 边缘场

主磁场周围微弱的磁场称为边缘场,例如1.5T的主磁场在9.3m处有1mT的边缘场。广泛的边缘场在邻近区域会产生危险情况,干扰电子信号和电子设备的敏感性,比如,影响手表、光电倍增管、擦除CD数据和信用卡、扭曲视频图像显示等,即使是0.3mT的边缘场也会使γ相机、图像增强器和彩色电视受到严重影响。

2. 投射效应

投射效应指在磁共振室中,铁磁性物体受到磁场吸引而在磁体方向获得很快的速度。例如,剪刀、铁磁性氧气活塞、镊子等较小的铁磁性物体,高速运动可能会对受检者和工作人员造成灾难性的危害。磁场对铁磁性物质的吸引力大小与磁场强度的平方成正比,与检测距离的立方成反比。

3. 安全限制

美国食品药品管理局(US Food and Drug Administration,FDA)对磁共振成像的管理指南推荐静磁场的限值为 2.0T,磁场变化的限值为 6T/s,射频能量沉积限值为 0.4W/kg,声学噪音限值为 200Pa。

4. 磁场效应

研究结果表明,动物和人体暴露于临床应用的磁共振成像设备场强中与癌症的发生无关。临床应用的磁共振成像设备对有机体的水、DNA、精子产生、组织生长、皮温和体温、神经传导速度、心脏收缩及其功能、行为、记忆、染色体畸变率等不产生任何有害作用。

5. 磁场物理效应

物质在静磁场中的磁化特性可以分为抗磁性(DiamagneTIsm)、顺磁性(ParamagneTIsm)、超顺磁性(SuperparamagneTIsm)和铁磁性(AsperomagneTIsm)。在自然环境中,抗磁性和顺磁性物质均不具有磁性。在外加静磁场中,抗磁性和顺磁性物质具有微弱磁性。但是,室温下,铁磁性物质(如铁、镍、钴)在静磁场中能够产生强烈的附加磁场。当铁磁性物质置于静磁场中,因磁化以及与静磁场相互作用而产生力,可能会对受检者或工作人员造成伤害。

人体内的铁磁性物质包括磁性植入物(比如颈动脉血管夹)、金属植入物(如血管内弹簧圈、过滤器、支架等)、耳金属植入物(如电子耳蜗植入物)等。磁共振检查的绝对禁忌植入物包括心脏起搏器、铁磁性或电子镫骨植入物、用于中枢神经系统的止血夹,相对禁忌植入物包括非心脏部位的起搏器(如颈动脉起搏器)、胰岛素泵和神经刺激器、导联线、非铁磁性镫骨植入物、耳蜗植入物等。另外,相对禁忌还包括失代偿性心衰、妊娠、幽闭恐惧症。

6. 热效应

由于磁共振检查中导体间会形成传导环,可能会出现局部发热,造成患者不同程度的灼伤。所以,在做磁共振检查时,为了避免发生与监护器有关的灼伤,操作者应注意:

(1) 仅使用已经经过测试并确定是安全的监护设备;

(2) 由训练有素的人员来操作监护设备;

(3) 使用设备前,应检查每个监护导联、电缆或电线的电绝缘完整性;

(4) 从磁体孔中移走所有不需要的导电材料;

(5) 受检者与传导材料之间放置隔热和电绝缘体,使电导体与患者不直接接触;

(6) 不要使导联或电缆通过金属假体区;

(7) 如患者报告感到热或烫时,立即终止检查。

另外,随着 3T 磁共振设备进入临床,特殊吸收率(Specific Absorption Rate,SAR)增高的问题备受关注。特殊吸收率表示在射频场作用下组织中沉积的能量测量值。射频能量在体内组织中的沉积和消散将引起发热和体温升高。特殊吸收率的主要相关因素为:

$$SAR \propto B^2 \alpha^{-2} D \tag{8-17}$$

式中,B——外磁场场强;

　　α——翻转角;

　　D——负载周期,即射频脉冲持续时间占 TR 期间的百分率。

当场强增加 1 倍时,特殊吸收率的值将增加约 3 倍。降低特殊吸收率影响的方法有短磁体设计、并行成像、优化和研发新的脉冲序列以及应用 TR 表面线圈。

7. 制冷剂

在超导磁体系统中制冷剂使用液氮和液氦。一旦停电或受潮,液氮与液氦会因温度上升变为气体而释放到空气中,可能引起患者的冻伤乃至窒息。氦气在一定的压力下还可能造成受检者和检查人员中毒。如果发生制冷剂泄漏事故,那么受检者和检查人员应立即撤离,充分通风后才能回到磁共振检查室。磁共振检查室应安装氧气监测报警仪。

8. 妊娠

目前尚无证据表明磁共振检查对胎儿有害,但是基于安全考虑,孕妇在妊娠 3 个月内应避免磁共振检查。

9. 心理效应

1%～10%接受磁共振检查的受检者会出现幽闭恐惧感和心理问题,如压抑、焦虑、恐惧。采用磁体孔短而宽的磁共振设备可以降低幽闭恐惧感的发生率。

8.6 磁共振成像新技术

磁共振影像具有良好的组织对比度,但是,正常组织与异常组织的弛豫时间有较大的重叠,其特异性仍较差。为了提高磁共振影像的对比度,一方面着眼于选择适当的脉冲序列和成像参数,以便更好地反映病变组织的实际大小、病变程度以及病变特征,另一方面则致力于人为改变组织的磁共振特征性参数,缩短弛豫时间。近年来,主要提出以下磁共振成像新技术。

8.6.1 磁共振血管造影和灌注成像技术

磁共振血管造影(Magnetic Resonance Angiography,MRA)是对血管和血流信号进行显示的一种成像技术。磁共振血管造影不需要使用造影剂,而是直接利用流体的流动进行对比显示(可以理解为利用固有的生理对比剂),所以是一种无创伤性的检查。血流在磁共振影像上的表现取决于其组织特征,流动速度、流动方向、流动方式以及所使用的脉冲序列参数。常用的磁共振血管造影方法有二维或三维时间飞越法(Time Of Flight,TOF)、二维或三维相位对比法(Phase Contrast,PC)。二维时间飞越法可以用于大容积筛选成像,检查非复杂性慢流血管。三维时间飞越法由于空间分辨率高、采集时间短和信号丢失少,便于检查有信号丢失的病变,例如动脉瘤、血管狭窄等。二维相位对比法可以用于显示极短时间成像的病变,例如单视角观察心动周期。三维相位对比法则可以用于分析可疑病变区的细节,检查血流的流量与方向。

近几年,磁共振血管造影出现一种新的造影方法,叫作对比增强磁共振血管造影(Contrast Enhancement MRA,CE-MRA),属于有创式造影技术。即,在静脉内团注 2～3 倍于常规剂量的 Gd-DTPA 造影剂,采用超短 TR、TE 快速梯度回波技术进行三维采集,适用于胸腹部及四肢血管的成像与显示。

类似地,磁共振灌注成像(Perfusion Weighted Imaging,PWI)通过引入顺磁性造影剂,使成像组织的 T_1 和 T_2 值减小,同时利用超快速成像方法提高成像的时间分辨率。静脉团注顺磁性造影剂后,周围组织微循环的 T_1 和 T_2 值会发生变化,根据变化率可以计算组织的血流灌注功能。磁共振灌注成像可以用于检查脑组织局部信号的微小变化，也可以用于肝脏病变的早期诊断、肾功能灌注以及心脏的灌注分析等。

8.6.2 磁共振水成像技术

磁共振水成像技术（MR Hydrography）是一种安全无创伤性和无须造影剂的影像学检查技术，其工作原理是利用水或静态液体的长 T_2 弛豫时间的特性，采用 T_2 权重很大的 T_2 序列（选择很长的 TE），在质子弛豫过程中，T_2 较短的实质器官及流动血液表现为低信号，而水、稀胆汁、胰液、尿液、胃肠液、脑脊液、内耳淋巴液、唾液、泪水等流动缓慢或相对静止的液体均呈高信号，从而使含液体的器官显影。将原始图像采用最大强度投影法（MIP）重建，可以得到类似于注射造影剂或行静脉肾盂造影一样的影像。目前已经形成了针对不同部位的磁共振水成像技术，例如磁共振胰胆管成像（MRCP）、磁共振泌尿系成像（MRU）、磁共振椎管成像（MRM）、磁共振内耳成像、磁共振涎腺管成像等。

8.6.3 功能磁共振成像技术

功能磁共振成像（functional MRI，fMRI）以与血氧水平依赖效应（Blood Oxygen Level Dependent，BOLD）为基础，探测脑在不同条件和不同区域与神经活动相关的生理变化，可以无损伤地观察活体大脑功能，是脑科学研究领域的一项重要科学进展。BOLD 效应由 Ogawa 等于 1990 年提出，他们发现氧合血红蛋白含量减少时，磁共振信号降低，还发现信号的降低不仅发生在血液里，而且发生在血管外。即，脑活动区域局部血液中氧合血红蛋白与去氧血红蛋白比例的变化会引起的局部组织 T_2 弛豫时间的改变。与传统磁共振成像技术不同，fMRI 得到的是人脑在执行某项任务或受到某种刺激时的功能映射图，而不是人脑的解剖图像。fMRI 可以描绘出大脑的功能网络连接，清晰反映各个脑区的功能作用。所以，对脑功能进行定位研究是 fMRI 的主要研究方向，目的就是从脑功能图像中把受到刺激后激活的脑区标记出来。fMRI 突破了仅从生理学或病理生理学角度对人脑实施研究和评价的状态，打开了从语言、记忆和认知等领域对大脑进行探索的大门。

8.6.4 磁共振波谱成像技术

在均匀磁场中，同种元素的同一种原子由于其化学结构的差异，共振频率也不相同，这种频率差异称为化学位移。磁共振波谱成像（Magnetic Resonance Spectroscopy，MRS）就是利用磁场中的化学位移现象来测定分子组成及空间分布的一种检测技术。随着临床磁共振成像技术的发展，磁共振波谱成像与磁共振成像相互渗透，产生了活体磁共振波谱成像技术及波谱分析技术，对体内代谢物含量改变导致的疾病有较好的诊断价值。

磁共振波谱成像可以理解为某种原子的化学位移分布图，其横轴表示化学位移，纵轴表示各种具有不同化学位移原子的相对含量。目前常用的局部 [1]H 波谱技术，由一个层面选择激励脉冲紧跟两个层面选择重聚脉冲完成定域共振，3 个脉冲相互垂直，使感兴趣区的 [1]H 产生共振，其余区域不产生信号。定域序列的脉冲间隔时间决定回波时间。在 [1]H 波谱中，回波时间通常为 20～30ms，此时质子波谱具有最确定的相位，从而产生具有最佳分辨率的质子共振波谱。

本章小结

本章首先介绍了核磁共振现象及其经典力学观点和量子力学角度的物理解释。然后，介绍了磁共振成像的原理、磁共振成像设备的基本组成、核磁共振的弛豫过程以及参数 T_1、T_2 和质子密度成像参数、磁共振成像的脉冲序列设计及常用的脉冲序列等内容。之后，从图像重建的角度介绍了基于梯度场的层面定位和空间位置编码技术，以及磁共振成像技术的特点及局限。最后，介绍了磁共振信号强度的影响因素、图像评价指标、磁共振设备的生物安全性以及磁共振成像的新技术。

思考题

(1) 简述磁共振成像的显著特性及局限性。

(2) 简述弛豫、横向弛豫时间、纵向弛豫时间、重复时间、回波时间的概念。

(3) 简述磁共振图像质量的评价指标。

(4) 简述 MRI 伪影概念、形成原因及类型。

(5) 简述 K 空间的基本概念及主要特性。

(6) 简述自旋回波序列基本概念、特点。

(7) 简述射频线圈的主要技术参数。

第9章

CHAPTER 9

超声成像原理与技术

超声波(Ultrasound)指频率大于 20kHz 的声波,简称为超声。超声波与电磁波不同,是需要高频声源和传播介质的机械波或弹性波。超声波成像技术起源于 20 世纪 40 年代,应用范围覆盖医学成像、海洋声呐、无损检测、无线测距等众多领域。其中,医学超声成像技术已经成为临床产前检查、心脏、腹部器官、血流以及妇科检查的重要手段。目前,超声成像技术向三维成像、谐波成像、弹性成像、声光成像等方向不断发展,取得了令人瞩目的研究成果和实际应用。超声成像技术最重要的优点是使用安全,成本低。研究结果表明,在诊断用超声剂量范围内,超声波对人体没有剂量累积,不会产生任何危害。

9.1 超声成像的物理基础

视频讲解

超声波的频率高,波长短,能够在固体和液体中传播。超声波在水中和人体大部分组织中的传播速度相同,大约为 1.5×10^3 m/s。超声波的能量集中在声束内传播,指向性好,穿透力强,能够对人体组织进行有效探测,是超声成像辅助诊断和高强聚焦超声治疗的基础。

9.1.1 超声波的分类

如图 9-1 所示,按照超声波传播的波阵面形状分,可以分为平面波、球面波和柱面波。为方便起见,将超声在人体内的传播均视为平面波;将遇到小障碍物如红细胞而散射的超声波,均视为球面波。

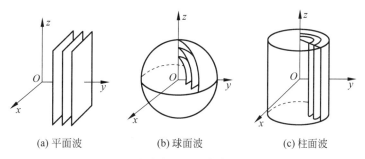

| (a) 平面波 | (b) 球面波 | (c) 柱面波 |

图 9-1 按波阵面形状分类的超声波

按照声源在介质中的施力方向与超声波在介质中传播方向的关系,超声波可以分为横波和纵波。横波指质点振动方向垂直于声波传播方向的波,例如水面波纹、抖绳时产生的波,如图9-2(a)所示。横波由介质的切变弹性引起,仅在固体中传播,也称剪切波。纵波指质点振动方向与声波传播方向平行的波,例如音叉或弹簧振动产生的波,如图9-2(b)所示。纵波由介质的压缩弹性引起,在固体、液体和气体中都能传播,也称疏密波或压缩波。

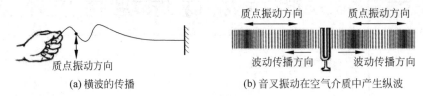

(a) 横波的传播　　　　(b) 音叉振动在空气介质中产生纵波

图 9-2　横波和纵波

使用超声波检测人体组织时,一般以纵波的方式传播,所以,纵波是超声诊断和治疗的常用波型。当纵波不是垂直入射于浸在液体中的固体表面时,界面处将发生波形转换。在固体中继续传播的折射波是横波和纵波的叠加波,而液体中的反射波仍是纵波。所以,当超声波通过脑部的软组织打在颅骨上时,会形成一部分横波并产生伪影,干扰正常组织的成像。

按照超声波的发射方式,可以分为连续波和脉冲波。比如,连续波多普勒血流仪中采用等幅正弦波进行连续波检测,超声波的频率与振幅都稳定不变。常见的 A 型、M 型、B 型超声以及脉冲多普勒血流仪均采用脉冲波,一般为阻尼衰减振荡波。

9.1.2　超声波的描述参量

超声波是依靠介质中质点的互相压缩和张弛使得超声能量不断向前传播的,充满超声能量的介质空间称为超声场。常用的描述超声场的物理量有声压、声速、声强、声阻抗、声压级和声强级。

1. 声压

声压指介质中声波作用时的压强瞬时值与无声波传播时的压强值之差,单位为帕斯卡(Pa)。声压随着声波的传播而变化,所以,声压可以表示为随着时间和空间参量而变化的函数。对于平面波,声压 P 可以表示为:

$$p = \rho c v \tag{9-1}$$

式中,ρ——介质平均密度;

　　c——声速;

　　v——质点振动速度。

声压的最大值,即振幅可由下式计算:

$$p_m = \rho c v_m = \rho c \omega_0 A \tag{9-2}$$

式中,ω_0——声波振动的圆频率;

　　A——振动位移的最大值。

2. 声速

声波在介质中传播的速度受介质密度和弹性的影响。通常将人体软组织当作像水一样的弹性流体加以处理。声波在水中传播时,出现的横波分量比纵波分量小得多。超声成像中仅考虑纵波的作用,其速度为:

$$c = \sqrt{\frac{K_a}{\rho}} \tag{9-3}$$

式中, K_a——介质的体积弹性模量。

对于固体,其纵波传播速度为:

$$c = \sqrt{\frac{E(1-\sigma)}{\rho(1-2\sigma)(1+\sigma)}} \tag{9-4}$$

式中, E——弹性模量;

σ——泊松比。

超声波的声速与声波类型有关。横波传播的速度大于纵波,所以,超声波在固体中的声速值最大,液体次之,气体最小。声速还会受温度的影响。空气中一定温度范围内每升高 $1^\circ C$,声速约增加 0.6m/s。另外,超声波的声速与频率无关,无频散或色散现象。

超声波在人体软组织传播时,平均声速一般为 1540m/s,其中脂肪的声速较低,约为 1476m/s,骨与软骨声速高,约为 4500m/s 含气脏器声速最低,仅为 350m/s。表 9-1 列出了部分介质的超声波声速。

表 9-1　部分介质中的超声波速度

介　　质	传播速度(m/s)	介　　质	传播速度(m/s)
空气(0℃)	332	肾脏	1560
石蜡油(33.5℃)	1420	肝脏	1570
生理盐水	1534	头颅骨	3360
人体软组织(平均值)	1540	巩膜	1604
血液	1570	角膜	1550
脑组织	1540	房水	1532
脂肪	1476	水晶体	1641
肌肉(平均值)	1568	玻璃体	1532

3. 声强

声强指超声波在单位时间内通过垂直于传播方向上单位面积的周期平均能量,单位是 W/m^2。对于平面连续波,其声强 I 可以表示为:

$$I = \frac{p^2}{\rho c} = \frac{P_m^2}{2\rho c} \tag{9-5}$$

根据式(9-2),因为 $P_m = \rho c \omega_0 A$,所以,

$$I = \frac{P_m^2}{2\rho c} = \frac{(\rho c \omega_0 A)^2}{2\rho c} = \frac{\rho^2 c^2 \omega_0^2 A^2}{2\rho c} = \frac{\rho c \omega_0^2 A^2}{2} \tag{9-6}$$

即,平面连续波的声强与声压、声速或振动位移的最大值有关。

4. 声阻抗

对于在各向同性均匀介质中无衰减传播的平面自由行波来说,介质中某点的有效声压与质点振动速度的有效值之比称为声阻抗:

$$Z = \frac{P}{V} \tag{9-7}$$

式中, P——有效声压;

V——质点振动速度的有效值。

当声压与振动速度同相时,上式可以简化为 $Z=\rho c$,即,声阻抗与介质的密度和声速成正比,声阻抗的单位是瑞利,1 瑞利 $=1\mathrm{g/cm^2 \cdot s}$。由于声阻抗只与介质本身的声学特性有关,所以又称为特性阻抗。人体组织按声阻抗大致可以分成 3 类:体液及软组织的声阻抗约为 1.5×10^5 瑞利,气体及充气肺组织的声阻抗 $0.0004\sim0.26\times10^5$ 瑞利,骨及钙化组织的声阻抗为 $5.57\sim8.3\times10^5$ 瑞利。表 9-2 列出了几种物质及常见人体组织的声阻抗。

表 9-2　几种物质及常见人体组织的声阻抗

介　质	密度($\mathrm{g/cm^3}$)	声阻抗($\times10^5$ 瑞利)
空气(0℃)	0.00129	0.000428
水(37℃)	0.9934	1.513
生理盐水(37℃)	1.002	1.537
石蜡油(33.5℃)	0.835	1.186
血液	1.055	1.656
羊水	1.013	1.493
肝脏	1.050	1.648
肌肉(平均值)	1.074	1.684
软组织(平均值)	1.016	1.524
脂肪	0.955	1.410
颅骨	1.658	5.570

超声波在液体和软组织中能够有效传播,声速和声阻抗变化不大,声反射量适中,既可以保证界面回波的显像观察,也可以保证声波穿透足够的深度。但是,超声波在气体或骨骼中会受到阻挡。

5. 声强级和声压级

临床上诊断用的发射超声束强度与回声强度之间相差几百倍,所以,从体内返回的回声信号的量程变化为 $1\sim10^4$。另外,人耳对声波响度的感觉更接近于声波强度的对数值。因此,声学中普遍用对数标度来度量声压和声强,分别称为声压级和声强级。

声压级 L_P 的定义式如下,单位是分贝(dB):

$$L_\mathrm{P}=20\log(P/P_0) \tag{9-8}$$

式中,P——测量的声压;

P_0——基准声压,也称为听阈声压,默认值为 $2\times10^{-5}\mathrm{Pa}$。

声强级 L_I 的定义式如下,单位也是分贝(dB):

$$L_\mathrm{I}=10\log(I/I_0) \tag{9-9}$$

式中,I——声强;

I_0——基准声强,默认值为 $10^{-16}\mathrm{W/cm^2}$,即频率为 $1\mathrm{kHz}$ 时人耳能听到的最小声强。

9.1.3　超声波在生物组织中的传播

在声学介质中,只要声阻抗相同,则可以认为它们是声学的同种均匀介质,不存在界面。超声波在人体中传播时,会发生透射、折射、反射、衍射、散射、衰减、吸收、干涉以及驻波等现象。

1. 超声波在声学界面上的反射与透射

平面超声波在两种介质的界面处会发生反射现象。若反射界面的尺寸大于超声波束的横截面,则会发生镜面反射。探查人体的超声波频率一般为 $1\sim10\mathrm{MHz}$,因此,在肝、肾的被膜和胆囊等边界上会发生镜面反射。衡量超声波反射和折射程度的参数有声压和声强的反射系数和透射系数。在超声波传播过程中,在两种介质界面的两侧必须服从边界条件,即,界面两侧的总压强相等,射入边界的界点速度等于射出边界的界点速度。假设 Z_1 表示介质 1 的特性阻抗, Z_2 表示介质 2 的特性阻抗,则边界条件的两个方程可以分别表示为:

$$\begin{cases} P_i - P_r = P_t \\ v_i\cos\theta_i - v_r\cos\theta_r = v_t\cos\theta_t \end{cases} \tag{9-10}$$

式中, P_i ——入射波的声压瞬时值;

$\quad P_r$ ——反射波的声压瞬时值;

$\quad P_t$ ——透射波的声压瞬时值;

$\quad v_i$ ——界面质点在入射方向的速度瞬时值, $v_i = P_i/Z_1$;

$\quad v_r$ ——界面质点在反射方向的速度瞬时值, $v_r = P_r/Z_1$;

$\quad v_t$ ——界面质点在透射方向的速度瞬时值, $v_t = P_t/Z_2$;

$\quad \theta_i$ ——界面入射角;

$\quad \theta_r$ ——界面反射角;

$\quad \theta_t$ ——界面透射角。

基于以上公式,整理后可以导出:

$$\begin{cases} P_i\left(\dfrac{\cos\theta_i}{Z_1} - \dfrac{\cos\theta_t}{Z_2}\right) = P_r\left(\dfrac{\cos\theta_r}{Z_1} + \dfrac{\cos\theta_t}{Z_2}\right) \\ \dfrac{P_i}{Z_1}(\cos\theta_i + \cos\theta_r) = P_t\left(\dfrac{\cos\theta_r}{Z_1} + \dfrac{\cos\theta_t}{Z_2}\right) \end{cases} \tag{9-11}$$

声压反射系数定义为反射声压与入射声压之比,声压透射系数定义为透射声压与入射声压之比。所以,声压的反射系数和透射系数可以分别表示为:

$$\begin{cases} r_p = \left(\dfrac{P_r}{P_i}\right) = \dfrac{Z_2\cos\theta_i - Z_1\cos\theta_t}{Z_2\cos\theta_r + Z_1\cos\theta_t} \\ t_p = \dfrac{P_t}{P_i} = \dfrac{Z_2(\cos\theta_i + \cos\theta_r)}{Z_1\cos\theta_t + Z_2\cos\theta_r} \end{cases} \tag{9-12}$$

当超声波束垂直入射时, $\theta_i = \theta_r = \theta_t = 0°$,上式可以简化为:

$$\begin{cases} r_p = \dfrac{Z_2 - Z_1}{Z_2 + Z_1} \\ t_p = \dfrac{2Z_2}{Z_1 + Z_2} \end{cases} \tag{9-13}$$

可见:

(1) 当 $Z_2 \gg Z_1$ 时, $r_p \approx 1$, $t_p \approx 2$,声波几乎全反射,不能透射。例如,声波由空气进入水中,水为中等声阻物质,空气为低声阻物质,两者声阻抗相差很大,彼此之间不能传播声波。当 $Z_1 \gg Z_2$ 时, $r_p \approx -1$, t_p 趋近于 0,发生全反射,无透射,且反射波与入射波的位相突变 180°。

（2）当 $Z_1 = Z_2$ 时，$r_p \approx 0$，$t_p \approx 1$，声波全部透射。

（3）当 $Z_1 > Z_2$ 时，$r_p < 0$，反射波与入射波反相。

类似地，声强反射系数定义为反射声强与入射声强之比，声强透射系数定义为透射声强与入射声强之比，可以分别表示为：

$$
\begin{cases}
r_1 = \dfrac{I_r}{I_i} = \dfrac{\frac{P_r^2}{Z_1}}{\frac{P_i^2}{Z_1}} = \left(\dfrac{P_r}{P_i}\right)^2 = r_p^2 \\[4mm]
t_1 = \dfrac{I_t}{I_i} = \dfrac{\frac{P_t^2}{Z_2}}{\frac{P_i^2}{Z_1}} = \dfrac{Z_1}{Z_2}\left(\dfrac{P_t}{P_i}\right)^2 = \dfrac{Z_1}{Z_2}t_p^2
\end{cases}
\tag{9-14}
$$

当超声波垂直入射时，上式可以简化为：

$$
\begin{cases}
r_1 = \left(\dfrac{Z_2 - Z_1}{Z_2 + Z_1}\right)^2 \\[4mm]
t_1 = \dfrac{4Z_1 Z_2}{(Z_1 + Z_2)^2}
\end{cases}
\tag{9-15}
$$

综上，反射超声能量的大小取决于两种介质的声阻抗差，当超声波垂直入射时，在空气－软组织交界面上，声强反射系数为 0.9989。在软组织-颅骨交界面上，声强反射系数为 0.32，即在这两种界面上，有 99.9% 和 32% 的超声能量被反射回来，所以，超声诊断仪检查含气体的脏器或对头颅检查时存在困难。

2. 衍射与散射

如图 9-3 所示，超声波遇到障碍物时，当微粒直径等于超声波长时，超声波可以绕过障碍物边缘传播，超声能量不变，称为衍射或绕射。

图 9-3　超声波衍射示意

超声波衍射与障碍物的线度有关，根据障碍物线度的大小会发生两种现象：

（1）声影。障碍物的尺寸较大，超声波不能完全绕过障碍物，在障碍物之后，存在声波不能达到的空间，称为声影。如图 9-4(a)所示为超声波在胆结石边缘发生绕射，在其后方形成声影，在声像图上表现为箭头标注处的暗区，反映出超声波探测不到的盲区。

（2）与波长尺度相近的病灶探测不到。此时，超声波绕过病灶界面继续向前传播，无反射产生，图像上不出现病灶的外轮廓图形。但是，可以存在反向散射。如图 9-4(b)所示为脂肪肝的声像图，表现为肝内脂肪增多，肝脏增大，包膜光滑，肝脏的实质性回声增强，呈弥漫性细点状，肝内回声强度随深度而递减，肝内血管纹理减少。

如果超声波传播过程中遇到的界面或者障碍物的线度小于或者接近于超声波的波长，则发生散射现象，表现为部分声能偏离原来的方向，超声波能量减弱，向空间各个方向发射散射波,如图 9-5 所示。

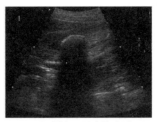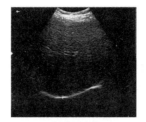

(a) 胆囊结石形成的声影　　　　　　(b) 脂肪肝声像图

图 9-4　不同障碍物线度的超声波声像图

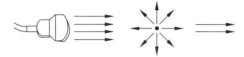

图 9-5　超声散射波的形成

实际应用中,超声探头可以在任何角度接收到散射波,造成超声影像的背景图像,影响图像的细节分辨率。同时,脏器内细微结构的散射,是 B 超脏器结构性质显像的声学基础,多普勒超声成像利用的也是运动红细胞产生的散射。

3. 干涉和驻波

当两个或两个以上的相干声源同时向四周发射超声波,则在声波相遇的介质内,两波位相相同的点会增加振幅或强度,两波位相相反的点会减弱强度,在介质中形成一个强弱稳定分布的声场,这种现象称为声波的干涉。

当两个相向传播的相干波叠加会形成一种特殊的干涉波——驻波,其主要特点是在驻波区域只有质点的振动,没有能量的传播。驻波场是一个振动体,其频率与入射频率相同。但是,最大振幅增值一倍。超声成像中有时会利用驻波以提高探头发射声波的效率。

4. 薄层匹配原理

临床超声检测经常会遇到声束通过介质薄层的情况,例如探头与皮肤的接触面。如图 9-6 所示,假设声束垂直通过厚度为 d 的介质薄层,已知介质 1、介质薄层和介质 3 的声阻抗分别为 Z_1、Z_2、Z_3,超声波在 3 种介质中的波长分别为 λ_1、λ_2、λ_3,仅考虑超声波在各层间由于入射波和反射波的叠加造成各层间声压的重新分布,可以求得经过中间层传输的超声声强的透射系数为:

$$t_1 = \frac{I_t}{I_i} = \frac{4Z_1Z_3}{(Z_1+Z_3)^2\cos^2\left(\frac{2\pi}{\lambda_2}d\right) + \left(Z_2 + \frac{Z_1Z_3}{Z_2}\right)^2\sin^2\left(\frac{2\pi}{\lambda_2}d\right)} \tag{9-16}$$

由式(9-16)可见,当超声波透过介质薄层传播时,其透射分别有以下几种可能:

(1) 当 Z_2 比 Z_1 和 Z_3 小得多时,声束不能透过;

(2) 当介质 1 和介质 3 的声阻抗相同,且 $d \ll \lambda_2/2\pi$,则 $t_1 \approx 1$。即,在一种介质中插入一个中间层,只要其厚度远小于在其中间传播的超声波波长,这一层介质对声波的全透射就没有影响,声

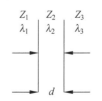

图 9-6　声束通过介质薄层

波可以完全透过。电声器件的薄层防潮保护膜、超声功率计的透声膜、医用超声探头的保护膜设计都是基于这一原理。

（3）当薄层厚度 $d=\lambda_2/2,\lambda_2,2\lambda_2,\cdots,n\lambda_2/4(n$ 为不等于零的偶数)时,$t_1\approx1$,声束完全透过。即,当中间层的厚度为在其中传播声波半波长的整数倍时,该中间层不造成超声损失。超声技术中使用的半波透声片就是利用这个原理。

（4）当 $Z_2=\sqrt{Z_1Z_3}$,$d=(2n+1)\lambda_2/4$ 时,$t_1\approx1$,相当于两个介质界面都不存在,称之为薄层匹配原理。即,通过探头、耦合剂和被检体的声阻抗值之间的相互匹配,使探头发出的超声能量最大限度地透过耦合剂薄层进入被检体。临床上常用的超声耦合剂是液状石蜡,最大透射率是入射声波强度的四分之三。

5. 超声波的衰减规律

超声波在非理想的弹性介质中传播时,声强会随着传播距离的增加而减弱,声波衰减主要有扩散衰减、散射衰减和吸收衰减 3 种形式。扩散衰减指声波随传播距离的增加而发散引起声能的减弱。散射衰减指超声波在非均匀介质传播遇到障碍物或者声特性阻抗不连续时,超声束偏离行进的方向,沿着复杂的路径传播,最后被介质吸收变成热能。吸收衰减指由介质的导热性、黏滞性及弹性滞后造成的声能转变为热能的损失。

可见,超声波衰减的程度与声波的扩散、散射及吸收等因素有关,其声压的衰减规律可以表示为:

$$P=P_0\mathrm{e}^{-\alpha x} \tag{9-17}$$

式中,P——距声源 x 处的声压;

α——介质的声压衰减系数,单位为 Np/m(奈培/米)。

类似地,声强的衰减规律可以表示为:

$$I=I_0\mathrm{e}^{-2\alpha x} \tag{9-18}$$

式中,I——距声源 x 处的声强。

实验结果表明,在 $1\sim15\mathrm{MHz}$ 的超声频率范围内,人体组织对超声波的吸收衰减系数近似与频率成正比:

$$\alpha=\beta_0 f \tag{9-19}$$

式中,β_0——介质的超声衰减常数;

f——超声波的频率。

在人体中,由于不同的组织具有不同的介质密度和性质,所以其超声衰减系数往往也不相同。实测结果表明,人体中血液和眼球玻璃体液吸收声能最小,肌肉组织的吸收稍强,纤维组织及软骨吸收声能较大,骨骼对超声波的吸收最大。人体软组织对超声波的平均衰减系数约为 $0.81\mathrm{dB}\cdot\mathrm{cm}^{-1}\cdot\mathrm{MHz}^{-1}$,即超声波频率每增加 1MHz 或超声传播距离每增加 1cm,组织对超声波的衰减增加 0.81dB。因此,对一个 3MHz 的超声束,当其在人体软组织中传播 1cm 时,声强衰减可达 $0.81\times3=24.3\mathrm{dB}$。当频率升高到 10MHz 时,传播相同的距离所导致的声强衰减将达 $0.81\times10=81\mathrm{dB}$,这说明频率的大小对超声波的衰减程度影响非常大。因此,做超声波成像检查时,需要根据探查部位的组织属性和位置合理地选择超声探头的频率,保证诊断效果。

在人体中超声衰减还与传播的距离成正比。通常用半值层来表明生物组织吸收超声波能力的大小。半值层指超声波强度减弱一半的传播距离。表 9-3 列出了部分人体组织和器官的超声半值层。可见,血液对超声波的衰减最小。

表 9-3　部分人体组织的超声吸收系数与半值层

介　质	频率/MHz	半值层/cm	介质	频率/MHz	半值层/cm
血液	1.0	35	颅骨	0.8	0.23
脂肪	0.8	6.9	脑	0.87	2.5
肌肉	0.8	3.6	肾	2.4	1.3
肝脏	1.0	2.4	连腹肌	1.5	4.9

6. 超声波的生物效应

（1）**热作用**。超声波在生物体内传播时要消耗一部分能量以排除组织的阻力,部分声能会转变成热能。超声波产生热能的多少与入射能量和组织声阻成正比。如果组织长期受到超声照射,那么产生的热能将对正常的代谢造成一定的影响,例如,温度升高 2.5℃ 可以导致动物胚胎流产或畸形。所以,超声检查时要尽量缩短检查时间,不断移动探头,减少热效应的影响。另外,临床上可以利用超声的热效应使局部血管扩张,加快血液循环,促进病理产物的吸收消散。如果局部加热至 43℃,还可以配合放射化疗治疗癌症。

（2）**机械作用**。超声波能量作用于介质,会引起质点高速细微的振动,产生速度、加速度、声压、声强等力学量的变化,从而引起机械效应。机械效应对生物体内的大分子物质、细胞以及组织的结构、功能等都有影响。临床上可以利用超声波的机械作用,控制超声强度,引起细胞的摩擦,促进新陈代谢。

（3）**超声空化作用**。超声波在生物体内以纵波的形式传播。随着声波的传播,组织体内的分子产生高频疏密变化,如果组织中有气核或小气泡,则会产生空化效应,表现为组织内微气泡的形成。空化效应可以分为稳态空化和瞬态空化。在强度和频率很高的声场内,组织内的气泡在声场的变化下发生高频变化,破裂后产生的冲击波将对生物体造成不可逆的损伤,导致有害的生化反应和毒性反应,以及细胞内遗传信息的异常。空化作用机理复杂,既有危害性,也有可以利用的地方。

总之,超声生物效应主要取决于超声的强度和持续时间。在一定的阈值范围内,超声对人体的损伤可以忽略不计,有时还可以起到治疗作用。一般认为,在超声诊断的安全剂量内,对人体是安全无损的,也无剂量积累。

9.2　超声换能器与辐射声场

9.2.1　超声换能器

视频讲解

超声波在人们的日常生活中无处不在,两金属片相撞,管道中的小孔漏气,海豚和河豚的喊叫声都含有超声波的成分。但是,由于声波衰减的影响,自然界中的超声波难以为人类所使用。1917 年,法国科学家保罗·郎之万使用石英晶体制成压电式换能器,并发明了超声探测水下目标的"水下定位法"。现在,超声诊断仪器主要由两部分组成:一是超声换能器(Ultrasound Transducer),俗称超声探头,见图 9-7;二是电子仪器。超声换能器实现电声转换和声电转换,可以分为电场式和磁场式。电场式换能器利用电场所产生的各种力的效应实现声电能量的相互转换,内部存储元件是电容。磁场式换能器是借助磁场力的效应实现声电能量的相互转换,内部储能元件是电感。医学超声诊断中普遍使用的超声换能器是由压电晶片组成的,常用的有压电陶瓷,如钛酸钡、钛酸铅和锆钛酸铅(PZT)。发射超声波时,利用压电材料的逆压电效应,即电致伸缩,将电能变为声能。接收超声波时,利用压电材料的正压电效应,将声能变为电能。电子仪器负责将接收到的超声回波信号进行放大并显示在屏幕上。

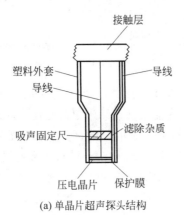

(a) 单晶片超声探头结构　　　(b) 彩超配置的线阵和凸阵探头

图 9-7　超声探头

9.2.2　超声辐射场

超声波在介质中传播时,明显受到超声振动影响的区域称为超声场。如果超声换能器的直径明显大于超声波波长,则所发射的超声波能量集中成束状向前传播,称为超声的束射性或指向性。在实际应用中通常希望得到一束均匀的超声波。但是,理论计算结果表明,理想的、性能均匀的压电换能器,其近场和远方区域内的声场分布都是很不均匀的。

以圆形活塞振源为例,假定:

(1)圆形活塞声源辐射面上各点做同相位和同速率的振动;

(2)圆形声源是无限多个小声源,每个小声源都在360°立体角的半空间辐射球面波;

(3)声场中某点的声压为每个小声源辐射到该点的声压的叠加。

经理论推导,圆形活塞声源产生超声场中心轴上的声压为:

$$p = \left\{ 2P_0 \sin\left[\frac{\pi}{\lambda}\left(\sqrt{\frac{D^2}{4} + X^2} - X\right)\right]\right\} \sin\left(\omega t - \frac{\pi}{\lambda}D\right) \tag{9-20}$$

式中,P_0——圆形活塞晶片表面的声压幅值,取值为常数;

D——圆形活塞晶片的直径;

λ——超声波长;

X——声程。

换能器近侧的超声波束宽度与声源直径相近似,平行而不扩散,近似平面波,该区域称为近场区或菲涅尔区。近场区与远场区的分界位置可以用下式近似估算:

$$L = \frac{a^2}{\lambda} \tag{9-21}$$

式中,a——圆形活塞晶片的半径。

L 以内的区域为近场区,近场区内的声压分布不均匀,声压极大值和极小值的位置为:

$$\begin{cases} X_{\max} = \dfrac{D^2 - (2m+1)^2\lambda^2}{4(2m+1)\lambda} \\ X_{\min} = \dfrac{D^2 - (2n\lambda)^2}{8n\lambda} \end{cases} \tag{9-22}$$

式中,n——小于 $D/2\lambda$ 的正整数;

　　m——包含 0 在内的小于$(D-\lambda)/2\lambda$ 的正整数。

可见,圆形活塞晶片的直径越大,辐射频率越高,n 和 m 的值越大,近场内声压起伏越大,不均匀性越明显。

近场区以外的声波以某一角度向外扩散,扩散区域称为远场。远场区的声压幅值可以根据下式近似估算:

$$P_{\mathrm{m}} = P_0 \frac{A}{\lambda} \frac{1}{X} \tag{9-23}$$

式中,A——圆形活塞晶片的面积。

可见,圆形活塞晶片远场区的声压随声程做单值变化。对于给定的探头和弹性介质,远场声压随传播距离增大迅速减弱。

圆形活塞晶片的辐射声压,不仅在中心轴上的声压分布是不均匀的,在中心轴以外的声压分布也是不均匀的。如图 9-8 所示,在圆形活塞晶片中心部分的主瓣旁边出现许多旁瓣,近场区是超声能量集中的区间,声束指向性好,指向性因数 D_{c} 可以表示为:

$$D_{\mathrm{c}} = \frac{P(r,\theta)}{P(r,0)_0} = \frac{2J_1(ka\sin\theta)}{ka\sin\theta} \tag{9-24}$$

式中,r——圆形活塞晶片中心到场点的距离;

　　θ——r 与中心轴线的夹角;

　　k——单周期的脉冲数,$k = 2\pi/\lambda$;

　　J_1——第一类贝塞尔函数。

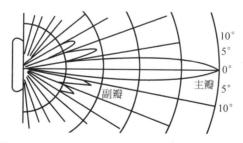

图 9-8　圆形活塞单晶片超声换能器的声束指向性

指向性因数 D_{c} 可以理解为距离圆形活塞晶片中心为 r,并与声场中心轴线成 θ 角处的声压与中心轴线上相同距离处的声压之比。指向性因数 D_{c} 为零的第一点对应的角度 θ 称为半扩散角,可以由下式计算:

$$\theta_h = \arcsin 1.22\frac{\lambda}{D} \tag{9-25}$$

可见,超声波振动频率越高,波长越短,晶片直径越大,则近场长度越大,扩散角越小,声束指向性好。若被检查的组织或脏器位于近场范围内,则由于近场内超声束平行度最高,反射界面与晶片的垂直性最好,因此,反射的声强较高,失真度小。远场声束存在扩散,超声束不平行,反射的声强弱,失真度高。一般要求超声波的扩散角应在 $-3.5°\sim3.5°$ 范围内,否则超声束截面积太大,超声成像的横向分辨率变低。

利用超声波进行成像时,超声束的属性直接与超声图像的质量密切相关。比如空间分辨率。空间分辨率指在足够高的对比度下,超声图像能够清晰区分细微组织结构的能力,包括横向分辨率和纵向分辨率。横向分辨率指超声成像系统能够分辨的与声束垂直平面上相邻两点间的最小距离。对于直径为 D 的圆形晶片产生的超声声束,设系统能够区分的两个相邻点之间的距离为 ΔL,则 $\Delta L=1.2\lambda x/D$。这里,λ 是超声波的波长,x 是两点到晶片之间的距离。可见,横向分辨率随着距离的增加而线性减小。如果要提高横向分辨率,可以采用聚焦系统,使聚焦声束变细变长。常用的声聚焦方法有声透镜聚焦、声反射镜聚焦、曲面换能器、电子聚焦等。对于聚焦型探头,焦点周围的横向分辨距离 $\Delta L=1.2\lambda f/D$,这里,f 是声透镜的焦距。所以,横向分辨率的主要影响因素有探头尺寸、形状、发射频率、聚焦选择等。另外,实时图像显示中每帧图像扫描线的数目也会影响横向分辨率。

纵向分辨率有两种定义方式。一种定义是指超声传播方向上两个界面回波不重叠时的最小距离。若使两个界面回波刚好不重叠,则 $d=c\tau/2$。这里,c 为声速,τ 为脉冲宽度,d 为两界面可以探测的最小距离。另一种定义是指超声传播路径上能分辨开介质中纵向前后两点的能力,常用前后两点的最小距离来估计。通常而言,超声成像系统的纵向分辨率总是优于横向分辨率。

对比度分辨率指超声成像系统显示不同灰阶细微差别的回声能力,或者是在低对比度条件下,鉴别软组织类型和分清细微结构的能力。一般来说,对比度分辨率主要取决于像素数和图像内的扫描声线数。图像均匀性指整个显示画面内,超声成像系统能提供均匀分布的空间分辨率和灰度对比度的能力。

视频讲解

9.3　基于回波检测的超声成像技术

超声成像技术可以采用连续波或脉冲波形式进行成像。超声探头向人体内部发射超声脉冲,由于人体组织和脏器具有不同的声速和声阻抗,在不同的界面处会有反射声波和透射声波。将不同深度界面的脉冲回波信号依次接收放大和处理,并消除发射信号对反射信号的影响,在显示器上显示。设计超声成像系统时,需要注意探头的扫描运动与显示屏上的扫描运动配合。根据不同的扫描和显示方式,可以制成不同形式的超声成像诊断仪。

如图 9-9 所示为脉冲超声回波成像基本原理的示意图。图 9-9(a)显示探头受电脉冲激励,产生一个向人体内传播的声波,受电激励的同时,电脉冲信号使得射线阴极管上的光点从左向右开始移动,右侧的示波屏上只有激励信号形成的初始脉冲。图 9-9(b)显示超声脉冲在介质 1 中直线传播,没有界面回波。图 9-9(c)显示超声脉冲遇到介质 1 和介质 2 间的界面(界面 1),形成了第 1 个脉冲反射回波信号。超声回波到达探头,探头将回声信号变成电信号。经接收放大后,成为显示器垂直偏向板的输入信号,产生扫描线的垂直偏移。因此,当界面回声到达时,阴极射线管上形成脉冲 1,初始脉冲与脉冲 1 之间的距离与界面 1 到换能器的距离成正比,反射脉冲的幅度则由介质 1 和介质 2 间的界面的反射特性决定。

图 9-9(d)显示介质 2 和介质 3 间的界面(界面 2)形成的第 2 个反射回波到达探头,形成反射脉冲 2。反射脉冲 1 和反射脉冲 2 之间的距离正比于介质 2 的厚度,反射脉冲的幅度与介质 2 和介质 3 界面的反射特性有关。

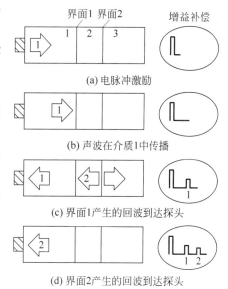

(a) 电脉冲激励

(b) 声波在介质 1 中传播

(c) 界面 1 产生的回波到达探头

(d) 界面 2 产生的回波到达探头

图 9-9 脉冲超声回波成像的基本原理示意

脉冲超声回波成像系统主要包括换能器、主控电路、信号处理部分和显示器。其中,换能器将电脉冲转换成超声脉冲发射到人体内,再接收反射回声信号并转换为电信号。主控电路的同步信号发生器触发发射器产生激励电脉冲信号,激励超声探头向被测物体发射超声脉冲信号。同时,同步信号触发扫描发生器,使显示器上出现时标扫描线。发射的超声脉冲遇到界面反射形成反射信号,由超声探头接收,经接收放大电路形成垂直方向的偏置电压,使水平扫描线在垂直方向形成偏移,在示波屏上显示能够反映界面位置的回声信号。

信号处理部分包括时间增益补偿、检波、噪声抑制和视频放大等电路,负责对接收信号进行检波和放大,使之适合显示和记录。早期的显示器采用阴极射线管,也可以用多帧照相机和录像机记录图像。其中,时间增益补偿(Time Gain Compensation,TGC)或深度增益补偿(Depth Gain Compensation,DGC)是使相同性质的组织具有相同反射回波信号幅度或亮度的关键技术。超声波在被检组织中传播时,由于组织所处深度的不同(与探头距离的不同),深部组织或器官的回声信号幅度要比浅表组织小得多。若不给予补偿,则图像的亮度将随深度逐渐变暗。所以,根据超声波随传播深度的幅度减少规律,设计接收器的增益控制放大器,使信号增益随探测深度的增加而加大,补偿超声随传播距离衰减。即,较深部位的回声信号放大倍数大,较浅部位的回声信号放大倍数小。

不同的超声诊断设备最终显示的有用信息不同,应尽量消除无用信号,提取有用信息。常用的电路为检波器(幅度检波、位相检波和频率检波),可以根据终端显示要求检出相应信息,例如,在 B 超诊断中,有用信号为幅度信号,进行幅度检波即可。在多普勒超声诊断中,有用信号为频率信号,可以使用鉴频器提取频率信息。另外,超声诊断设备会使用抑制电路来抑制干扰和杂波噪声,限定视频信号的下限电平,压缩动态范围。检波后的视频输出信号约为 30dB,最大峰值电压约为 1V,可以根据终端显示要求进一步放大信号和压缩动态范围。

9.3.1 A 型超声诊断仪

A 型超声诊断仪简称 A 超,又称超声示波法,其对回声信号的显示方式类似于普通示波器,属于幅度调制式(Amplitude Mode)仪器。1946 年,美国 Firestone 等人首先提出应用反射波方法进行超声诊断。同年,英国人 D. O. Spronle 研制成功第 1 台 A 型脉冲反射式超声诊断仪。该设备从物体的同一侧发射和接收超声波,可以检测出物体内部的细微缺陷,较为准确地确定缺陷位置和测量缺陷尺寸。我国于 1958 年开始生产 A 型超声诊断仪。

如图 9-10 所示为 A 型超声诊断仪的实物图(见图 9-10(a))和回声图(见图 9-10(b))。可以看出,A 型超声诊断仪采用常见的一维波形显示方式。显示器的横轴表示时间标尺,也可以换算成反射界面位置的深度标尺,反映检测的深度信息,显示器回波脉冲之间的距离正比于反射界面之间的距离。显示器的纵轴表示脉冲回波的幅度大小。

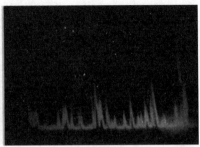

(a) A型超声诊断仪实物   (b) A型回声图

图 9-10　A 型超声诊断仪和回声图

如图 9-11 所示为 A 型单向超声诊断仪的原理图,主要由同步电路、发射电路、换能器、可变衰减电路、视频信号放大器、时基电路、时间增益补偿(Time Gain Compensate,TGC)电路、显示器和时间标尺组成。同步电路采用主控振荡器产生发射电路和时基扫描电路的同步脉冲信号。发射电路受同步信号触发时,产生一个持续时间为 $1.5\sim5\mu s$,幅值达百伏的高频电振荡。一方面,将该脉冲波送入放大电路进行放大,加至示波器的垂直偏转板上显示发射波;另一方面,激励超声探头产生一次超声振荡并进入人体,反射回波的输出脉冲幅度和持续时间可以通过并联在输出端的电位器调节。

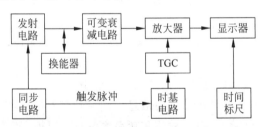

图 9-11　A 型超声诊断仪的方框原理图

组织反射回来的微弱回波信号经换能器接收并转换成电脉冲后,由接收电路放大、检波,送至显示器的 Y 轴垂直偏转板上并显示出来,垂直偏移的幅度与信号大小成正比。接收电路主要包括高频放大器、检波器和视频放大器 3 部分,有的仪器还有补偿电路。接收电路中设有增益和抑制两个调节旋钮,增益旋钮用来调节输出的放大倍数,抑制旋钮用来调节门限电平,除去门限以下的无用杂波。

示波器水平方向的扫描线是在同步脉冲作用下,由时基电路产生锯齿波电压,经后级放大至足够的幅度,送至示波器的 X 轴偏转板。锯齿波的重复频率由主控电路决定,一般在 $400\sim1000\mathrm{Hz}$ 范围。锯齿波电压变化的快慢称为斜坡速度,与超声波的探测深度相关。电压变化越慢,最大探测深度越深。

A 型超声诊断仪简便易行,价格低廉,不仅在脑中线的探测、眼轴的测量、浆膜腔积液的诊断、肝脓肿的诊断、脏器大小的测量、穿刺引流的定位等方面具有非常重要的实用价值,而且广泛应用于钢铁冶炼、机械制造和船舶制造等领域的铸锻钢件和厚壁钢板的检测。

9.3.2　M 型超声诊断仪

　　M 型超声诊断仪也称超声心动仪，简称 M 超，属于亮度调制的时间运动型显示方式（M-mode），适用于心脏疾病特别是心脏瓣膜活动情况的观察与诊断，能够显示心脏各部分结构的动态变化和心室排血量，可以得到室间隔、动脉等结构的定量数据，是心脏疾病诊断中比较准确实用的工具。M 型超声心动仪由 Hertz 和 Edle 于 1954 年首先研制成功。该设备应用超声心动图（Echocardiograph）显示原理，采用单声束超声光点扫描法扫描心脏，显示心脏血管的运动，了解心肌活动能力，判断心律失常的类型。

　　如图 9-12 所示为超声心动图的检测原理示意图。可见，由于心脏的运动变化，活动曲线的间隔也随之发生变化。随着心房和心室的收缩与舒张，二尖瓣前叶与超声探头的距离发生着变化，表现为二尖瓣前叶曲线的起伏。如果脏器中某一界面如胸壁是静止的，那么活动曲线表现为水平直线。深度方向所有界面的反射回波用亮点形式在显示器的 Y 轴显示出来，随着脏器的运动，垂直扫描线上的各点发生位置上的变动，定时采样这些回波并使之按时间先后逐行显示在屏幕上。

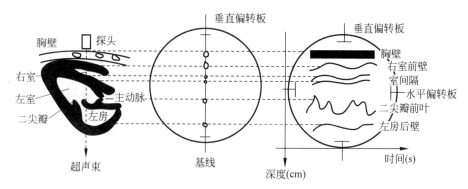

图 9-12　超声心动图检测原理示意

　　如图 9-13 所示为 M 型超声诊断仪的结构方框图。与 A 型超声诊断仪类似，同步电路也是一个高重复频率的多谐振荡器，产生同步触发脉冲控制有关电路的工作。发射电路产生电脉冲激励换能器工作。接收电路由射频放大器、时间增益补偿电路、检波器、视频放大器和信号处理等单元组成。射频放大器采用集中调谐放大电路，前 3 级为阻容耦合宽带放大器，第四级为调谐放大器，总增益大于 85dB，带宽大于 900kHz。时间增益补偿电路是一个波形叠加器，产生的控制曲线可以同时控制高频放大器的第二级和第三级。时间增益补偿设有"近区""中区""远区"调节功能。"近区"抑制可以避免振幅过高的脉冲使放大器过载阻塞，提高浅层组织的分辨率。"中区"斜坡的位置和斜率调节恰当，可以清晰地显示室间隔的左右室面。"远区"调节可以清晰显示左室后壁的内外膜面。检波器检出的视频信号可以直接由射频放大器放大送给显示器显示，也可以经过信号处理后再放大。图 9-13 中的 S·T·C 模块指灵敏度时间控制电路。

　　M 型超声诊断仪的时基电路加在显示器的垂直方向，超声心动图的 Y 轴反映超声波检测的深度信息。扫描线从上向下扫描，反映回波信号距组织顶部的距离，回波的幅度调制显示器的亮度。横轴或 X 轴代表时间，由慢扫描电路产生的锯齿波信号施加到显示器的水平

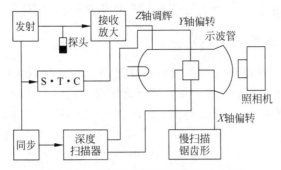

图 9-13　M 型超声诊断仪的结构方框图

方向形成时间扫描,形成时间-位置曲线回声图。按照国际标准,M 型超声诊断仪的 Y 轴刻度间距为 1cm,X 轴刻度间距为 0.5s。

　　现在的超声心动仪一般采用微机控制,可以存储信号并自动测量。而且,利用数字扫描变换技术,可以将超声心动图仪与 B 超和多普勒血流仪三者合一,形成多功能超声诊断仪。如图 9-14 所示为 M 型超声和 B 型超声同屏幕显示的原理与实际图像。可见,心脏搏动时可测定获得心脏内各反射界面的活动曲线,当运动结构表面与声束的相对取向改变时,回波幅度也会改变。

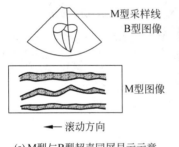
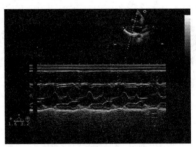

(a) M型与B型超声同屏显示示意　　(b) 多功能超声诊断仪采集的实际图像

图 9-14　集成 M 型和 B 型超声的多功能超声诊断仪

　　M 型超声的特点为:

　　(1) 与 A 型超声一样,M 型超声探头也是固定在某一探测点不动,当探头对准心脏某一部位时,发射单声束进入人体并获得一条线上的回波信息。帧扫描电压加的是一个与时间呈线性关系的慢变化,将来自心脏各部位跳动的回波连续不断地在水平方向展开,根据回声波形测量房室的大小以及心排血量等参数。M 型超声可以反映出各检查部位间一定时间内的相互位移关系。

　　(2) M 型超声为亮点亮度显示方式,接收回路的输出信号经放大检波后加在阴极或亮度控制栅极上,控制电子枪发射电子束的强度,多个界面的回波形成一系列垂直亮点。

　　(3) M 型超声时间扫描信号发生器产生的信号加到 X 轴偏转板上,使垂直扫描线自左向右慢慢移动,形成二维的超声心动图像。所以,从 M 型超声图像上可以判断各脏器运动部分的振幅、周期和运动状态等。

　　总之,M 型超声是一种特殊类型的辉度调制显示方式,对心脏、胎儿胎心、动脉血管等功能的检查具有优势,可以进行多种心功能参数的测量。此外,M 型超声如果与心电图或心机械图配合,还可以测定多项心功能指标。但是,由于 M 型超声不能显示解剖图像,不适用于静态脏器的诊查。

9.3.3　B 型超声诊断仪

B 型超声诊断仪(B-mode UltraSound diagnosis instrument)简称 B 超,属于辉度调制型,所得的图像为二维断层显示,横坐标和纵坐标反映检测部位的位置信息,所以也称为二维超声显像法。1952 年,美国的 D. H. Howry 和 Bliss 开始使用 B 超对人体进行检测。人体的器官表面有被膜包绕,被膜同其下方组织的声阻抗差大,可以形成良好的界面反射。B 超的帧扫描需要和声线的实际位置严格对应。声像图上光点的亮度由回波幅度线性控制,不同亮度的点状回声反映界面的回声强弱,显示声束方向上脏器或病变的断层解剖图像。声像图上出现的完整而清晰的周边回声,可以反映器官的轮廓,判断器官的形状与大小,并进行实时动态观察。

超声波经过正常器官或病变组织的内部,回声可以是无回声(Echo Free Area)、低回声(Hypoechoic Area)和不同程度的强回声(Strong Echo)。无回声指超声波经过的区域没有反射,表现为无回声的暗区(黑影),比如血液、胆汁、尿和羊水等造成的液性暗区,也可能是由肿瘤造成的衰减暗区,或肾实质、脾等器官造成的实质暗区。低回声指实质性器官,如肝的内部回声为分布均匀的点状回声,在发生急性炎症出现渗出时,其声阻抗比正常组织小,透声增高,出现低回声区(灰影)。强回声指如癌、肌瘤及血管瘤等以及含气器官如肺、充气的胃肠,因与邻近软组织之间的声阻抗差别极大,声能几乎全部被反射回来,不能透射而出现极强的光带。如图 9-15 所示为利用 B 型超声诊断仪对孕妇进行产前检查,可以清楚地观察胎儿的发育状况。

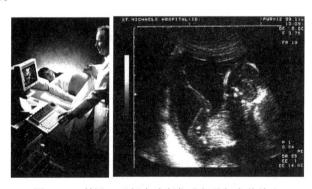

图 9-15　利用 B 型超声诊断仪进行孕妇产前检查

1. B 型超声诊断仪的工作原理

如图 9-16 所示,B 型超声诊断仪的主要结构包括主控模块(包括激励信号、电子扫描和超声探头)、接收模块(包括同步、时间增益补偿、放大、检波和视频放大)和扫描显示模块(包括距离展开、方位展开和显示器)。

主控电路产生周期性的同步触发脉冲信号,分别触发发射电路和扫描发生器中的时基扫描电路。通常,同步触发信号的重复频率就是超声脉冲发射的重复频率。发射电路在接收同步信号触发时,产生高压电脉冲激励超声探头。接收时,超声探头将回波信号转换成高频电信号后,由高频信号放大器放大。

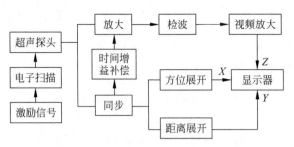

图 9-16　B 型超声诊断仪的结构框图

接收电路接收由人体组织反射的超声信号,主要过程有高频超声信号放大和对数压缩、高频超声信号检波并转变为视频信号、视频信号放大和显示。回波的高频电信号由放大器放大,用检波器提取信号包络形成视频信号,经视频信号放大器放大和处理后,加到显示器的栅极进行亮度调制。

扫描发生器产生扫描电压,使电子束按照一定的规律扫描,在显示器上显示出检查部位的剖面图像。其中,Y 轴表示检测深度,自上而下的一串光点表示在各个深度界面上的回波。X 轴偏转板加扫描电压,表示横向位置,随探头的移动同步变化。

B 型超声诊断仪早期配备的显示器都是阴极射线管(CRT),有静电式示波管和磁偏转式显像管两种。现在的超声诊断仪器基本都升级换代成了液晶显示器。随着电池技术和电子集成技术的不断发展,目前国内外厂商也生产便携式的超声诊断仪,例如荷兰飞利浦的便携式 CX50 彩色超声诊断仪,国内凯尔医学仪器有限公司的 KR-2088Z 笔记本式全数字超声诊断仪等。

2. B 型超声诊断仪的扫描方式

按照扫描方式,B 型超声诊断仪可以分为手动直线扫描、机械扫描、电子线性扫描和电子扇形扫描等类型。

手动直线扫描方式由医师手持探头控制其移动方向,探头的直线移动会引起显示器在 X 轴方向上出现与之对应的光点,Y 轴仍反映检测的深度信息,回波幅度由图像的亮度控制。这种由探头移动所经过直线方向上的二维切面图只能用于观察静止的脏器,已经被淘汰。

机械扫描方式指由电机带动探头作直线移动、往复摆动或旋转,可以产生机械直线扫描、机械扇形扫描和机械圆形扫描 3 种扫描图像。其中,直线扫描多用于腹部疾病诊断,扇形扫描适用于心脏和腹部。采用圆形扫描时,需要将超声探头置于人体体腔内,例如食道、胃肠、阴道及泌尿道和血管,获得某个腔道的圆周扫描断层图像。

电子线性扫描使用线阵式探头,以电子开关或全数字化系统控制探头阵元组顺序发射。每次发射和接收声波时,将若干阵元编为一组,由一组阵元产生一束扫描声束,并接收信号,然后由下一组阵元发射下一束声束并接收。回波信号接收处理后加在显示器的 z 轴调制亮度,Y 轴表示回波的深度,X 轴表示声束扫描位置。线阵式超声探头的晶片阵元数可以是 40、120、256、400 等。电子线性扫描的具体扫描方案可以分成以下几种形式:

(1) **常规扫描或顺序扫描**。常规扫描的相邻声束之间错开一个阵元。假设线阵探头的阵元数为 M,合成一条扫描声束的阵元数为 N,则一帧线性扫描图像由 $M-N+1$ 条扫描线组成,扫描线的间距等于阵元中心间距 d。以 128 阵元的线性探头为例,假设第一条声束由 1～9 号(奇数个)阵元发出的声波叠加,则第二条声束由 2～10 号阵元发射的声波叠加,如图 9-17 所示。以此类推,最后一条声束将由 120～128 号阵元发射的声波叠加,扫描线数一共为 120 条。每条声束位置位于对应阵元组的中心线,即 5,6,…,124。当合成扫描声束的阵元数为偶数时,声束中心位置位于中部两个相邻阵元中间。这种多阵元组合发射的方式,相当于加大了阵元的等效宽度,既可以增加扫描波束的近场区,也可以提高远场的分辨率和灵敏度。

（2）**隔行扫描**。为了降低前后扫描声束之间的干扰,隔行扫描使每个阵元组错开两个阵元。即,先扫描奇数线,再扫描偶数线,错开扫描声束的位置。扫描线数以及扫描线间距不变。以 128 阵元的线性探头为例,隔行扫描时,第一条声束由 1～9 号阵元发射,则第二条声束由 3～11 号阵元发射。以此类推,第 60 条声束由 119～127 号阵元发射,第 61 条声束由 2～10 号阵元发射,最后一条声束由 120～128 号阵元发射。阵元扫描声

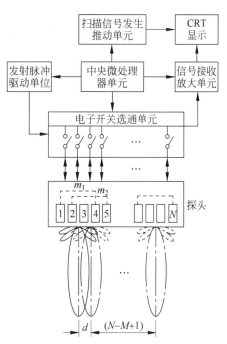

图 9-17　常规电子线性扫描的超声波束合成示意

束的中心位置依次为 5,7,…,123(奇数线)号阵元和 6,8,…,124(偶数线)号阵元。每帧图像由 $M-N+1$ 条扫描线组成。

（3）**飞越扫描**。为了进一步降低前后扫描声束之间的干扰,可以采用飞越扫描方式。即,第一条声束由 1～9 号阵元发射,第二条声束由 61～69 号阵元发射,…,第 $M-N$ 个声束由 60～68 号阵元发射,第 $M-N+1$ 条声束由 120～128 号阵元发射,扫描声束的中心位置依次为 5,65,6,66,…,64,124 号阵元。

（4）**半间距扫描**。扫描线数的增加可以提高超声成像的横向分辨率,因此,可以采用半间距扫描方式,即第一条合成声束用 1～10 号阵元发射,1～9 号阵元接收,第二条用 1～10 号发射,2～10 号接收,在第三条合成声束用 2～11 号阵元发射,2～10 号阵元接收,第四条声束用 2～11 号阵元发射,3～11 号阵元接收,以此类推。这样,扫描声束的总数变为 2×$(M-N+1)$,比原来增加了一倍。实际成像时,经常将半间距扫描与飞越扫描结合使用。

图 9-18　同相激励阵元合成波束的指向

相控阵扇形扫描也称为电子扇形扫描,指对成线阵排列的探头阵元同时或以一定延时给予电激励,产生合成波束发射。如果采用同时激励方式,合成波束的方向与阵元排列平面的法线方向一致,这种激励方式称为同相激励。如图 9-18 所示,为同相激励的合成波束指向示意图。如果对线阵排列的各阵元不同时给予电激励,而是使施加到各阵元的激励脉冲有一个等值的时间差,则合成波束的波前平面与阵元排列平面之间将有一个相位差。

如图 9-19(a)所示,合成波束的方向与阵元排列平面的法线

方向有一个角度 θ。如果均匀地减少时间差值,角度 θ 也将随着减少。当合成波束的方向移至 $\theta = 0°$ 后,使首末端的激励脉冲时差逆转并逐渐增大,则合成波束的方向将再次向 θ 增大的方向变化,如图 9-19(b)所示。所以,如果对线阵排列的超声阵元的激励时间给予适当控制,则可以在一定角度范围内实现超声波束的扇形扫描,这种扫描方式叫作相控阵扫描。

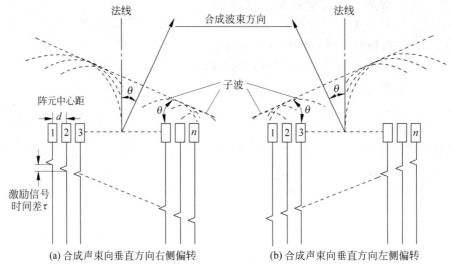

图 9-19　相控阵扫描的声束方向控制

相控阵扫描各相邻阵元激励脉冲的等差时间 τ 与合成波束偏转角 θ 之间的关系为:

$$\theta = \arcsin(\tau c / d) \tag{9-26}$$

式中,c——超声波在人体软组织中传播的平均速度,大小约为 1540m/s;

d——相邻阵元的中心间距。

相控阵超声诊断仪的声束扫描范围一般为 $-45° \sim 45°$。中央处理器产生的主控脉冲,控制整机同步工作。对线阵排列的各阵元同时给予激励时,合成波阵面垂直于探头表面。对于每帧扫描线数为 128 的情况,偏转角参数发生器在半个帧频周期内等时差地产生 64 个不同周期的序列脉冲,分别代表 64 个偏转角的序列信号,分时顺序加入相位控制器。相位控制器把偏转角参数转换成相控阵的触发信号。每当偏转角参数发生器送入 1 个代表某一偏转角度的脉冲,相位控制器就产生 1 次发射所需的若干等值时差为 τ_1 的触发信号。假设一次激励的探头阵元数为 32,可以采用一个 32 位的输出移位计数器,并保证在下一个偏转角时序脉冲到达之前,移位寄存器工作完毕。输出的 32 路触发信号,分别送往 32 路发射聚焦延迟电路,各路延迟量由设定的焦距而定。经聚焦延迟的 32 路触发信号再分送于 32 路脉冲激励器,产生的 32 个激励脉冲分别加于探头中的 32 个压电阵元,激励各阵元发射超声波。

在发射脉冲的间歇期间,来自 32 个阵元的回波信号,通过接收延时电路合成为一路送往接收放大电路,经放大处理后送显像管的阴极进行调辉显示。接收延时电路包含接收聚焦延时和接收方向延时 2 个延时量,因此,接收到 32 路信号必须给予相应的时间补偿,才能保证它们在接收放大电路的输入端同相合成。至此,电路完成 1 次发射接收工作,在荧光屏上获得一条扫描线方向上的超声信息。当偏转角发生器产生的下 1 个时序脉冲发出时,相位控制器又产生 32 个等值时差为 $\tau_2(\tau_1 \neq \tau_2)$ 的触发信号,并分别经过聚焦延时后触发 32 路激励脉冲发生器,使探头再次发射与接收。由于 $\tau_2 \neq \tau_1$,因此,第 2 次发射波束的方向相对于第 1 次将有 1 个 θ 角的位移,如此重复 128 次,便完成了一帧影像的扫描。

如图 9-20 所示为电子线性扫描和电子扇形扫描成像声束的对比示意图。线阵探头的声束扫查区域是矩形,扇扫探头的声束扫查区域是扇形,扇形扫描适合组织内部具有较小声窗时的检查。临床上,除了线阵和扇扫探头外,凸弧形探头也是一种常规探头。成年人可以用凸阵或线阵式探头,婴幼儿以及过分消瘦的成年人采用扇扫和凸阵探头。另外,对于多阵元超声探头,可以利用电子聚焦、可变孔径、动态变迹、合成孔径等波束处理技术提高成像性能。

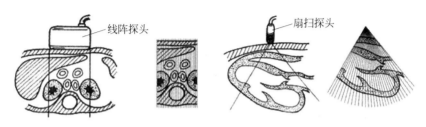

(a) 腹部线性扫描断层图像示意　　　　　　　　(b) 心脏扇形扫描断层图像示意

图 9-20　线性扫描和扇形扫描

3. 数字扫描变换器

早期的超声动态成像系统直接把预处理后的视频信号用于显示,但是,由于超声传播的速度低,图像会闪烁。而且,由于模拟图像在存储和处理速度方面存在不足,直接视频显示难以获得高分辨率的超声图像。20 世纪 60 年代以后,数字超声扫描系统日趋成熟。1974 年,第一台应用数字扫描变换器(Digital Scan Converter,DSC)的 B 型超声扫描系统问世。1975 年,美国的 Greenleaf 开始用计算机处理超声图像,超声诊断由单参量定性观察向多参量开发和定量诊断方向发展。数字扫描变换器是现代超声成像系统的一个重要标志,不仅可以用于 B 型超声,也能用于 M 型超声和 A 型超声。有了数字扫描变换器,才能给 TV 监视器以无闪烁的活动图像、冻结所需要的超声图像、测量监视器上所显示的检测体的尺寸、提供不同的显示内容等。

数字扫描变换器实质上是一个带有图像存储器的数字计算机系统,其核心部件是半导体图像存储器。数据经图像存储器缓冲,一方面可以解决超声回波信号提取速度较慢与高速显示之间的矛盾,另一方面可以依靠图像存储器写入地址与读出地址的变换,实现扫描制式的变换。图像存储器有单独的读写地址发生器,与中央处理器不直接发生联系,可以提高图像信息的存储速度。各种图像处理电路并行处理,可以加快图像处理速度。另外,数字扫描变换器增加了对超声图像的处理能力,可以明显改善超声动态成像的质量。如图 9-21 所示为数字扫描变换器对超声视频信号进行 A/D 转换与处理,最终输出超声全电视信号的处理流程。

1) A/D 转换

数字扫描变换器将超声视频模拟信号进行 A/D 转换变成数字化超声图像。采样速率和量化转换精度是衡量 A/D 和 D/A 转换器性能的主要指标。假设超声视频信号的带宽为

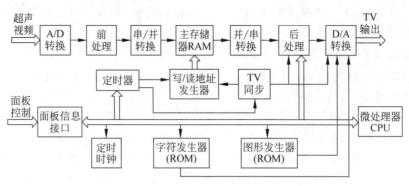

图 9-21 数字扫描变换器的信号处理流程

6MHz,由奈奎斯特采样定理可知,采样频率至少要大于 12MHz。量化转换精度则视像素的灰阶而定,通常取 4～8 位。A/D 转换产品用得最多的是逐次逼近式 A/D 转换器、双积分式 A/D 转换器和并行式 A/D 转换器。其中,并行式 A/D 转换器的转换原理最直观,转换速度最快,转换速率可达 20～50 兆次每秒。

2) 图像前处理

超声图像在 A/D 转换之后和图像存储器之前的处理称为图像前处理,主要包括对数压缩、指数变换、回波幅度深度校正、行相关和帧相关等操作,不会改变数字图像各像素之间沿波束向量方向的时间关系。

3) 图像存储器

图像存储器又称为主存储器或帧存储器,是数字扫描变换器的核心部件。它一方面要将来自 A/D 转换器的超声数据实时写入存储器;另一方面要在写入数据的同时不间断地读出所存数据,送至显示器显示。数据的写入只能在图像显示的时间进行。为了协调慢速写入与快速读出在时间上的矛盾,图像存储器采用双页结构,在图像存储器的前面设置两个容量相同可以分别存储一行像素的缓冲存储器,以读写交替的方式工作,并在图像存储器的前后采用串/并和并/串转换器。

缓冲存储器由两片高速读写的静态 RAM 构成,各自具有存储一行扫描数据的容量。在每次发射之后的接收期,如果一个缓冲存储器以采样时钟同步的速率写入当前接收的数据,同时另一个缓冲存储器读出数据,且读出的速率与串/并变换率相同。若干次读出的串行数据经串/并转换后一次写入图像存储器,可以使图像存储器写数据占用的时间缩短许多。当一行扫描像素写完时,缓冲存储器交换工作方式。

4) 图像后处理

图像存储器之后与 D/A 转换之前的一段处理称为图像后处理。图像后处理的目的主要是提高图像清晰度以突出具有诊断价值的图像特征。一般来说,图像后处理有灰度校正、灰阶扩展与压缩、γ 校正、直方图均衡化、电子放大与插行处理以及正/负像翻转等操作。

5) D/A 转换

D/A 转换将数字信号转换成模拟信号,并与电视同步信号合成为全电视复合信号输出。

在上述处理过程中,主要用中央处理器控制系统的工作,它通过面板信息接口,接收设备的开关信息并执行全部指令,通过定时器控制超声的发射和图像数据的收集,控制产生电视同步信号以及各种标志和字符,提供地址和数据,执行各种后处理操作。

4. B型超声成像的特点与局限

B型超声的探头连续移动或是不断变换发射超声波束的方向,超声波束在水平方向以快速电子扫描的方法逐次获得不同深度界面的反射回波,相当于快速等间隔地改变A超探头在人体上的位置。扫描完成一帧图像,可以得到一幅由超声波束扫描方向决定的垂直平面二维超声断层影像。实际操作时,医师也可以通过改变探头的角度使超声波束指向快速变化,每隔一定的小角度,沿探测方向不同深度界面的反射回波以亮点的形式显示在对应的扫描线上,形成一幅由探头摆动方向决定的垂直矩形或扇面超声切面图像。帧扫描需要与声线的实际位置严格对应,以避免显示的切面图像失真。

B型超声成像的特点为:

(1) 切面图像能够直观地显示脏器的大小、形态和内部结构,并将实质性、液性或含气性组织区分开来;

(2) 快速而重复的扫描方式,能够实时观察心脏运动、胎心搏动以及胃肠蠕动等;

(3) 能够区别声阻抗差达千分之一的两种组织,具有较高的密度分辨率;

(4) 操作简便,价格便宜,属于非侵入性检查法,无痛苦,适用范围广,便于复查。

B型超声成像的局限为:

(1) 显示的是二维切面图像,对脏器和病灶的空间构形和空间位置不能清晰显示;

(2) 切面范围和探查深度有限,扇扫时声窗较小,对病变所在脏器或组织的邻近结构显示不清;

(3) 对过度肥胖的病人、含气空腔和含气组织以及骨骼等不能透入,检查困难,显示效果差。

9.3.4 专用超声成像仪

根据不同检查位置的需要,人们开发出相应的专用超声检测仪。一种常见的专用超声成像仪是腔内超声成像,检查时将微型化的高频超声导管探头插入开放的腔体,例如泌尿道、食管、直肠和阴道等,可以获得某些器官的高分辨率图像。腔内超声成像通常所用的导管探头频率为9~30MHz,导管直径为1~3mm,长度为95~200mm。另一种重要的专用超声成像仪是血管内超声成像(Intravascular Ultrasound,IVUS),可以实时提供被测者的冠状动脉血管横截面图像。血管腔内超声探头的频率一般为20~50MHz,导管的内部结构有换能器旋转型、反射镜旋转型和电子相控阵型。血管内超声成像与多普勒技术相结合还可以估计血流状态。

9.4 多普勒型超声检测仪

9.4.1 超声多普勒测量原理

1842年,奥地利物理学家多普勒发现并研究了声波的"频移"现象,后来被命名为多普勒效应。多普勒效应指由声源或光源与接受物体的相对运动而产生声源或光源的频率改变,运动相向接受体时频率增高,背向接受体时频率降低。声波、无线电波、高能X射线、可见光线以及其他电磁辐射等以波动形式行进的能量传递过程,均可以产生多普勒效应。1956年,日本科学家研制成功多普勒型超声检测仪,首先将多普勒效应用于人体内运动的

视频讲解

组织或器官的探查,所得的图像为多普勒频谱和彩色多普勒血流图像(Color Doppler Flow Image,CDFI),也称为超声多普勒诊断法。多普勒型超声检测仪利用超声源与人体内运动目标的相对运动进行测量,超声探头接收的回波信号与入射声波频率存在差别,频差的大小与相对运动的速度成正比,所以,可以利用超声多普勒效应诊断心脏、血管、血流和胎儿心率。

超声多普勒成像技术的关键问题是测量频差,并根据频差推算检测目标的运动速度大小、方向以及在断层上的分布。以多普勒血流检测为例,假设波源辐射的波频率为 f,以固定的传播速度发射到检测目标。如果目标是固定不动的,则接收到的波的频率 f' 不变,如图 9-22(a)所示。如果波源与检测目标产生相对运动,则接收到的波的频率 f' 会发生变化,两个频率的差值为 $\Delta f = f' - f$。如果波源与接收系统之间的运动为相向运动,接收频率 f' 提高,Δf 为正值(即 $f' > f$),如图 9-22(b)所示。如果波源与接收系统之间相背运动,接收频率 f' 降低,Δf 为负值(即 $f' < f$),如图 9-22(c)所示。

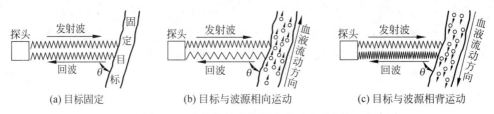

(a) 目标固定　　　　　　(b) 目标与波源相向运动　　　　　　(c) 目标与波源相背运动

图 9-22　多普勒效应检测血流运动示意图

临床诊断用的超声探头一般都是发射和接收两用型,其入射角与反射角相同。以血流测量为例,根据多普勒效应原理,超声波传播过程中将出现两次多普勒频移现象。当超声波入射到达血管内运动的血液颗粒时,出现第一次多普勒效应,声源与运动目标是相对运动,从血管接收的声波频率为:

$$f_1 = \frac{c + v\cos\theta}{c} f_0 \tag{9-27}$$

式中,f_0——入射超声波的频率;

　　　c——超声在介质中的声速,常取值 1570m/s;

　　　v——运动物体的速度;

　　　θ——运动物体移动方向与声轴方向的角度。

当被血液颗粒散射的超声波返回接收体时,运动的散射颗粒相当于超声波的波源,于是出现第二次多普勒频移现象。接收运动物体散射或者反射回波的频率,相当于波源运动,对于接受体静止的情况,相应的接收波频率为:

$$\begin{aligned}
f' &= \frac{c}{c - v\cos\theta} f_1 \\
&= \frac{c}{c - v\cos\theta} \frac{c + v\cos\theta}{c} f_0 = \frac{c + v\cos\theta}{c - v\cos\theta} f_0 = \frac{1 + \dfrac{v}{c}\cos\theta}{1 - \dfrac{v}{c}\cos\theta} f_0 \\
&= \frac{1 + \dfrac{v}{c}\cos\theta + \dfrac{v}{c}\cos\theta + \dfrac{v^2}{c^2}\cos^2\theta}{1 - \dfrac{v^2}{c^2}\cos^2\theta} f_0
\end{aligned} \tag{9-28}$$

考虑到在血流测量中，$c^2 \gg v^2$，有：

$$f' = \left(1 + 2\,\frac{v}{c}\cos\theta\right)f_0 \tag{9-29}$$

这样，可以计算出多普勒频移 f_d 为：

$$f_d = f' - f_0 = \frac{2v\cos\theta}{c}f_0 \tag{9-30}$$

也可以表示为：

$$v_d = \frac{c}{2f_0\cos\theta}f_d \tag{9-31}$$

当血流速度相反时，即血流背离探头运动时，式(9-31)中的 f_d 需要加负号。可以看出：

(1) 多普勒频移值正比于超声束与血流方向之间的夹角余弦。当声束与血流方向平行时，频移值最大，随着夹角 θ 的增大，频移值减小。

(2) 频移值正比于探头的发射频率 f_0，而所测流速则与 f_0 成反比。当探头所能测的频移值一定时，f_0 越小，所能测量的流速越大。因此，为了测量高速血流，应尽可能选用低频探头。当 f_0 为 5MHz，v 约为 35cm/s，θ 为 45°时，运动目标形成的 f_d 约为 1.6kHz；当 f_0 为 10MHz，v 为 30cm/s，θ 为 45°时，f_d 约为 2.7kHz。当采用超声多普勒进行胎心测量时，f_0 为 2MHz，血流速度 v 为 20cm/s，θ 为 0°，f_d 约为 509Hz。由于常用的超声多普勒频移量恰好在人耳的听觉辨别范围内(200～1200Hz)，因此，将多普勒频移信号检测放大后，有经验的医师聆听就可以获得有价值的诊断信息。

9.4.2　多普勒血流信息的提取

由于血管内红细胞的流动速度和数量随机分布，各不相同，因此，每一时刻多普勒声束内的回声信号都是具有多个频率和振幅的时变多普勒信号。即，多普勒接收器接收到的是由多种频率和振幅组成的随时间而变化的复杂信号。那么，如何从该复杂信号提取有用的血流信息呢？最常见的解决办法是进行实时频谱分析，利用数学方法实时分析随时间变化的多普勒信号的频率和振幅，找出组成复杂振动的各个简谐振动的频率和振幅，列成频谱加以分析。快速傅里叶变换和 chirp-Z 变换是最常用的实时频谱分析方法。假设多普勒超声检测仪中的多普勒信号是连续变化的正弦曲线，首先采样和量化该信号，得到一组二进制的采样数值，然后进行快速傅里叶变换，得到频率和振幅两个分量，实时显示血流频谱。

如图 9-23 所示为一个典型的接收多普勒信号的功率谱。其中，横坐标表示频率，反映红细胞的流速；纵坐标表示振幅，反映产生某个频移或具有对应流速的红细胞数目。所以，功率谱曲线是反映采样容积或声束内红细胞流速与红细胞数量间的关系曲线，频谱曲线下的面积代表信号功率。由图 9-23 可见，探头接收的回波是各种频率成分形成的组合信号，包括来自运动目标的多普勒频移信号、来自静止目标或者慢速运动目标的干扰或杂波回波信号等。干扰信号和杂波的幅度通常比多普勒频移信号大得多，而多普勒频移的频率一般小于探头发射频率的百分之一，因此，要从组合信号中将有用的血流信息提取出来，必须使用合适的解调器对回波信号进行解调，分离出多普勒频移量。

1. 提取血流方向信息

提取血流的方向信息就是要从血流多普勒超声功率谱中，将上边带和下边带信号分量

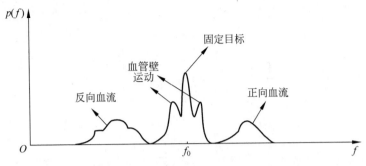

图 9-23　血流的多普勒超声功率谱

中包含的正、反向流速信息检测出来。解决思路是设计具有不同特性的滤波器滤除部分频率成分,保留含有方向信息的频率成分。常用的滤波器实现方法有 3 种,即单边带滤波法、外差式滤波法和正交相位检测法。其中,正交相位检测法的应用范围最为广泛。

设超声探头发射的声波信号为 $\cos\omega_0 t$,且探测到的正向血流和反向血流的流速是恒定而不同的值,回波信号为 $V_r(t)$,则有:

$$V_r(t) = A_f\cos(\omega_0 + \omega_f)t + A_r\cos(\omega_0 - \omega_r)t \tag{9-32}$$

式中,A_f——正向血流形成的回波幅度;

　　ω_f——正向血流形成的回波频移;

　　A_r——反向血流形成的回波幅度;

　　ω_r——反向血流形成的回波频移。

对该回波信号进行正交解调,可以得到正向速度 V_a 和反向速度 V_b:

$$\begin{cases} V_a = \sin\omega_0 t[A_f\cos(\omega_0 + \omega_f)t + A_r\cos(\omega_0 - \omega_r)t] \\ V_b = \cos\omega_0 t[A_f\cos(\omega_0 + \omega_f)t + A_r\cos(\omega_0 - \omega_r)t] \end{cases} \tag{9-33}$$

将这两个信号经过带通滤波器,高端滤去 $2\omega_0$ 的高频信号,低端滤去 $200\,\mathrm{Hz}$ 以下的血管壁回波信号,可得:

$$\begin{cases} V_a = -\dfrac{1}{2}A_f\sin\omega_f t + \dfrac{1}{2}A_r\sin\omega_r t \\ V_b = \dfrac{1}{2}A_f\cos\omega_f t + \dfrac{1}{2}A_r\cos\omega_r t \end{cases} \tag{9-34}$$

可见,正向血流与反向血流之间存在 90°的相位差,要将二者分离开来,需要先对其中的一个信号进行 90°的相移处理,然后再进行一个简单的信号加减运算。这里,对 V_a 进行 90°的相移处理,可以得到:

$$V_a' = \frac{1}{2}A_f\cos\omega_f t - \frac{1}{2}A_r\cos\omega_r t \tag{9-35}$$

这样,正、反向血流信号可以按照下式提取:

$$\begin{cases} V_a' + V_b = A_f\cos\omega_f t \\ V_a' - V_b = -A_r\cos\omega_r t \end{cases} \tag{9-36}$$

正交相位检测法采用带通滤波器,可以消除血管壁运动产生的强回波信号,明显改善血流检测效果。

2. 提取血流速度信息

血流速度的测量可以采用回波频率分析法、过零计数法和平均频率解调法。

1）回波频率分析法

如前所述，运动目标的速度取决于回波信号中包含的各种频移量的大小，因此，需要对含有不同频移分量的回波信号进行频率分析。

设经过射频放大后的回波信号为：

$$V_r(t) = A(t)\cos[\omega_0 t + \varphi(t)] \tag{9-37}$$

式中，$\varphi(t)$——由血流运动引起的相位改变。

正向和反向的血流速度分别为：

$$\begin{cases} V_a(t) = A(t)\cos[\omega_0 t + \varphi(t)] \cdot 2\cos\omega_0 t \\ V_b(t) = A(t)\cos[\omega_0 t + \varphi(t)](-2\sin\omega_0 t) \end{cases} \tag{9-38}$$

对其进行滤波，得到的信号为：

$$\begin{cases} V_a(t) = A(t)\cos\varphi(t) \\ V_b(t) = A(t)\sin\varphi(t) \end{cases} \tag{9-39}$$

可以证明，$V_a(t)$ 和 $V_b(t)$ 是窄带回波信号 $V_r(t)$ 的两个正交分量。以 $V_a(t)$ 为实部，$V_b(t)$ 为虚部，构造复信号 $V(t)$：

$$V(t) = V_a(t) + jV_b(t) \tag{9-40}$$

该信号是回波信号 $V_r(t)$ 的复数包络函数 $A_r(t)$：

$$\begin{aligned} V(t) &= V_a(t) + jV_b(t) \\ &= A(t)\cos\varphi(t) + jA(t)\sin\varphi(t) \\ &= A(t)e^{j\varphi t} \\ &= A_r(t) \end{aligned} \tag{9-41}$$

设 $A_r(t)$ 为平稳随机信号，其功率谱为 $P(\omega)$，则平均频率为：

$$\bar{\omega} = \frac{\int_{-\infty}^{+\infty} \omega \cdot P(\omega)\mathrm{d}\omega}{\int_{-\infty}^{+\infty} P(\omega)\mathrm{d}\omega} \tag{9-42}$$

将平均频移代入多普勒频移的计算公式，可以得到：

$$\bar{v} = \frac{C}{2\cos\theta \cdot w_i}\bar{\omega}_d \tag{9-43}$$

式中，$\bar{v}$——血流的平均速度。

$\bar{\omega}_d$——估计的平均频移；

ω_i——超声换能器的发射频率。

回波频率分析法是多普勒信号处理中最可靠和使用最多的方法，但是，系统比较复杂，频率分析器价格昂贵。

2）过零计数法

标准正弦波的频率等于波形通过其平均电平次数的一半，所以，可以近似估计单位时间内波形通过其平均电平的次数来估计信号的频率。过零计数法的基本原理就是统计输入信号波形在单位时间内的过零次数，用过零次数来近似估计血流的平均速度。

假设输入信号的幅度变化服从高斯分布的平稳随机过程,过零计数器的输出 N 与信号的功率谱 $P(\omega)$ 之间的关系为:

$$N = 2\sqrt{\dfrac{\displaystyle\int_0^\infty \omega^2 P(\omega)\,\mathrm{d}\omega}{\displaystyle\int_0^\infty P(\omega)\,\mathrm{d}\omega}} \tag{9-44}$$

可见,过零计数的结果 N 并不与平均频率 $\bar{\omega}$ 成比例,而是与频率的均方根成比例,二者只有在信号为单一频率的标准正弦波时才相等。所以,对于不是单一频率的超声多普勒回波信号而言,回波信号的平均电平也不一定是零,过零计数法提取血流速度存在理论上的误差。但是,由于过零计数法的电路简单,很多普及型多普勒超声血流仪都采用该方法。

具体实现过零计数器时,需要采用高通滤波器滤除由血管壁等引起的低频杂波信号,否则血流的过零点可能会消失。另外,设计过零检测系统时,需要采用滞回特性比较器来减小噪声的误触发,在一个正向过零点后,信号必须达到某一负向的阈值后,才能对第二个正向过零点计数。

3) 平均频率解调法

由式(9-42)可知,通过计算多普勒信号功率谱的一阶矩可以得到平均频率,进而通过式(9-43)估算出血流的平均速度,这种估算方法需要对多普勒信号进行完整的功率谱分析,计算量较大。一种解决方案是在正交相位检测的基础上,利用模拟平均频率计算器代替功率谱分析。设回波信号 $V_r(t)$ 包含两个多普勒频移分量 A 和 B,则有:

$$V_r(t) = A\cos[(\omega_0 + \omega_A)t + \varphi_A] + B\cos[(\omega_0 + \omega_B)t + \varphi_B] \tag{9-45}$$

式中,ω_A——分量 A 的频移;

ω_B——分量 B 的频移;

φ_A——分量 A 的相位;

φ_B——分量 B 的相位。

将 $V_r(t)$ 经正交相位解调后得到的两个信号为:

$$\begin{cases} v_a = R(t)\cos\omega_0 t \\ v_b = R(t)\sin\omega_0 t \end{cases} \tag{9-46}$$

将 v_a、v_b 经低通滤波器滤除高频分量后,得到:

$$\begin{cases} V_a = A\cos[\omega_A t + \varphi_A] + B\cos[\omega_B t + \varphi_B] \\ V_b = -A\sin[\omega_A t + \varphi_A] - B\cos[\omega_B t + \varphi_B] \end{cases} \tag{9-47}$$

对 V_a 取微分得到 V_a',变成余弦表达式,将 V_a' 和 V_b 两个余弦表达式经过两个乘法器运算后,得到:

$$\begin{cases} X(t) = V_a' V_b = \omega_A A^2 \sin^2(\omega_A t + \varphi_A) + \omega_B B^2 \sin^2(\omega_B t + \varphi_B) + \\ \quad AB(\omega_A + \omega_B)\sin(\omega_A t + \varphi_A)\sin(\omega_B t + \varphi_B) \\ Y(t) = V_b V_b = A^2 \sin^2(\omega_A t + \varphi_A) + B^2 \sin^2(\omega_B t + \varphi_B) + \\ \quad 2AB\sin(\omega_A t + \varphi_A)\sin(\omega_B t + \varphi_B) \end{cases} \tag{9-48}$$

由于两个分量在时间上不相关,所以式(9-48)中两式的最后一项的积均为 0,再将 $X(t)$ 和 $Y(t)$ 通过低通滤波器滤除高频成分后得到:

$$\begin{cases} |X(t)| = \omega_A A^2 + \omega_B B^2 \\ |Y(t)| = A^2 + B^2 \end{cases} \tag{9-49}$$

式中，$|X(t)|$ 反映回波信号的加权功率函数，作分子；$|Y(t)|$ 反映回波信号的功率，作分母。在模拟除法器中实现 $|X(t)|$ 除以 $|Y(t)|$，输出的商就是回波信号多普勒频谱的归一化一阶矩，等于平均多普勒频谱：

$$\bar{\omega} = \frac{|X(t)|}{|Y(t)|} = \frac{\omega_A A^2 + \omega_B B^2}{A^2 + B^2} \tag{9-50}$$

9.4.3 超声多普勒血流测量仪

基于多普勒效应制成的超声诊断仪称为多普勒超声诊断仪，主要适用于心脏、血管、血流和胎儿心率等诊断。超声多普勒仪器种类繁多，根据显示方式可以大致分为 3 类，即连续多普勒血流仪（Continuous Wave Doppler，CWD）、脉冲多普勒血流仪（Pulsed Wave Doppler，PWD）和彩色多普勒血流显像仪。其中，连续多普勒血流仪有两个换能器：一个连续发射超声波，另一个不断接收回波，无最大流速检测限制，因此，可以显示高速血流频谱。但是，连续多普勒血流仪显示的频谱是声束通道上所有血流信息的混合血流频谱，缺乏距离选通功能，不能进行确切的定位诊断。脉冲多普勒血流仪具有距离选通功能，可以探测某一深度局部的血流速度、方向、性质，进行定位诊断。但是，脉冲多普勒血流仪的脉冲重复频率较低，影响高速血流的测定。彩色多普勒血流显像是在多普勒二维显像的基础上，以实时彩色编码显示血流的方法，在屏幕上以不同的颜色显示不同的血流方向，增加了血流的直观感。

1. 连续波超声多普勒血流成像

如图 9-24 所示为连续波超声多普勒血流仪的结构原理，该仪器使用双晶片探头，振荡器发出高频连续振荡，送至双晶片探头中的一片，被激励的晶片发出连续超声波。当连续超声波遇到活动目标如红细胞，反射回发生频移的连续超声波。另一个晶片连续接收反射回声，并转换为电信号，此信号与高频振荡器产生的信号混合以后，送至高频放大单元，经幅度放大后再送至混频解调器解调。混频解调器是一个非线性差频处理电路，有 2 路输入信号端口和 1 个信号输出端口。2 路输入信号分别是高频放大单元传来的电信号 f' 和主频振荡器分出的参照电信号 f。在混频解调器内，2 路信号进行混频和相差处理，将差频信号 $\Delta f = f' - f$ 从输出端口送出。由于频移 f' 中已经包含了相对运动速度 v、夹角 θ 和声速 c 等变量的信息，因此，解调出的 Δf 即为 $2f\cos\theta \cdot v/c$ 的最终结果。

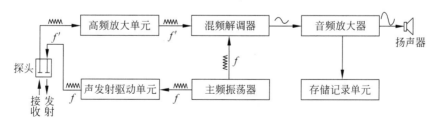

图 9-24 连续波超声多普勒血流仪的结构原理图

连续波超声多普勒血流仪的灵敏度和速度分辨率高，不受检测深度的限制，测量高速血流有优势，只要在波束内运动的任何物体的回声信号都能探查。连续波超声多普勒血流仪的主要缺点是所有运动目标都产生多普勒信号并混叠在一起,无法辨识信号产生的确切部位,缺乏距离分辨能力,对所显示的频移信号无法确定其来源,不能做定位诊断。

2. 脉冲超声多普勒血流成像

如果对超声探头发射的连续波进行脉冲幅度调制,可以得到脉冲多普勒超声系统,用于定量检查血管深度和血流速度。

1) 脉冲超声多普勒血流仪的系统结构

如图 9-25 所示,脉冲超声多普勒血流仪主要由主控单元(包括主控制器、主振荡器、门控电路和收、发切换电路)、发射单元(包括脉冲发射驱动器和探头)、接收处理单元组成。接收处理单元分两路,一路经高频放大器处理后,通过距离选通门、相位调解器、模数转换、快速傅里叶变换、数模转换后以 D 型或 M 型超声显示;一路经高频放大器处理后,通过检波器、视频放大器、模数转换、数字扫描转换器和数模转换后,以 B 型超声显示断面影像。

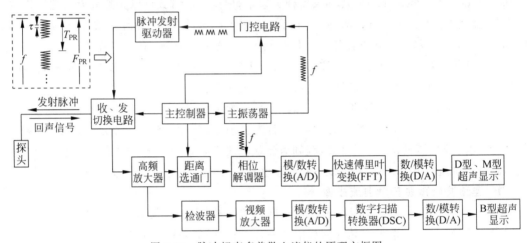

图 9-25　脉冲超声多普勒血流仪的原理方框图

主控单元是以主控制器和主振荡器为核心的中枢机构,它可以改变振荡器发生的频率,控制发射单元中脉冲形成的周期或脉冲重复频率(Pulse Repetition Frequency,PRF)、协调探头的收、发工作状态以及启、闭接收电路中的距离选通门。脉冲重复频率指单位时间内发射脉冲群的次数。振荡器产生的超声波信号分为两路:一路送至发射电路中的门控电路,供其调制成脉冲信号送出;另一路送至接收电路中作为原始信号的相位参考。

脉冲超声多普勒血流仪的超声发射是以脉冲方式间歇进行,所以发射和接收信号可以由探头中的同一片晶体完成。探头中排列许多的晶体阵元,可以同时完成许多通道的收/发工作。超声探头在发射完第 1 个脉冲后即处于接收状态,入射超声穿过人体各层组织时会产生一系列回声,被探头接收后,转换成一系列电脉冲信号。通过收/发切换电路送进接收放大电路处理。至下一个发射脉冲到来时,切换电路状态反转,换能器停止接收,重新工作于发射状态,周而复始。

发射单元中的脉冲波源来自振荡器送来的超声频率信号。门控电路执行主控电路的命令,将连续波截取成重复频率为 PRF 的脉冲段,也可以按照主控器的程序调成其他频率或函数形式的波形,送至发射驱动器转换成超声波发射。发射脉冲的宽度比较窄,只有 $1 \sim 2\mu s$,但前后 2 个脉冲之间的间隔时间较脉冲宽度大得多。

2）距离选通

由于血液流速在血管的横断面上存在一个空间分布,血管中心处的血液流速最大,靠近血管壁的流速最小。所以,需要利用脉冲超声多普勒的距离选通功能测量血液流速在血管中的分布。

距离选通的依据是超声波在软组织中的传播速度差别不大,可以将平均声速视为常数,从发射脉冲的前沿至返回脉冲到达,时间的长短与运动器官距离探头的深度成正比。通过调节取样脉冲的延迟时间,就能控制探测距离,选择接收感兴趣目标的回波信号,滤除无关信号。单道距离选通的时序脉冲如图 9-26 所示。

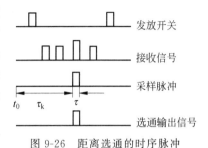

发放开关
接收信号
采样脉冲
选通输出信号

图 9-26　距离选通的时序脉冲

假设超声探头发射超声脉冲,经过一个选择性时间延迟 τ_k,探头才作为接收器接收回波信号。已知 τ 为采样脉冲宽度,c 为声速,S 为声束截面积,则超声多普勒血流仪利用脉冲选通功能检测某一深度采样单元的流程为:

(1) t_0 时刻,超声探头发出单载频脉冲信号经过功放和换能器,形成超声脉冲信号进入人体目标。

(2) 调节取样脉冲延迟时间 τ_k(决定回波深度),接收门控电路选出深度为 $d = c \cdot \tau_k / 2$,轴向分辨单元厚度为 $\Delta d = c \cdot \tau / 2$ 的探测部位回波信号,送入后续电路处理,提取出采样单元内的血流信号,抑制其他深度的信号。

(3) 不同深度处的采样容积为 $\Delta d \cdot S$,采样容积的宽度正比于探查区域处超声束的宽度,与探头的直径、频率和聚焦技术有关,大多数仪器的超声束宽度不可调。采样容积的长度取决于脉冲群长度,即脉冲波波长乘以脉冲波数目。当选定探头频率后,波长不可变,可以通过改变发射脉冲波的数目来调节采样容积长度,使之适合所要探查的解剖结构。

另外,还可以采用“多重门控”多普勒技术进行多道距离选通,即采用一道发射和多道选通测量电路,调节延迟使距离选通 $1 \sim n$ 采样容积位置,该位置沿声束路径均匀分布于血管内,可以同时得到一系列不同回波时间频移信号,通过带通滤波器滤去残留的脉冲重复频率成分和低频杂波干扰,输出多普勒信号供扬声器监听或者频谱分析。

3）最大探测深度和最大可测流速

脉冲超声多普勒血流仪采用距离选通可以在不同探测深度及每个深度的不同长度进行定位调节,提高血流定位探测的准确性。受采样定理限制,脉冲超声多普勒的探头发出一组超声脉冲后,要经过一个时间延迟,等待最远距离的目标回波到达之后,再发出下一组超声脉冲。因此,声束路径上的最大可测深度为:

$$d_{\max} = \frac{1}{2} c \cdot T = \frac{c}{2 \mathrm{PRF}} \tag{9-51}$$

根据采样定理,为避免发生波形重叠,当发射和接收共用一个探头时,有:

$$v \leqslant \frac{\mathrm{PRF}}{4} \cdot \frac{c}{f_0 \cos\theta} \tag{9-52}$$

所以,最大可测流速 $v_{\max}$ 和最大可测深度 $d_{\max}$ 具有以下关系:

$$v_{\max} d_{\max} \leqslant \frac{c^2}{8 f_0 \cos\theta} \tag{9-53}$$

可见,脉冲超声多普勒系统中,最大可测流速与最大可测深度是相互制约的,提高其中的一个要以降低另一个为代价。

3. 多普勒信息的表达方式

超声多普勒信号经过频谱分析之后,可以通过音频或图像两种方式输出。

对人体组织或者器官反射的超声回波进行解调,得到的多普勒频移数值范围一般为1~20kHz,所以,多普勒超声仪器可以直接将频移信号放大转换成声信号供医师监听,由医师根据听到的声信号即时分析血流性质并辨别声束方向。通常,正常血流红细胞的流速方向基本一致,频谱频带窄,声信号听起来呈音调单纯的音乐样。当生理、病理和外界机械因素等异常情况出现时,会导致血流紊乱并出现某种湍流,血管中不同位置的血流速度和方向都会有变化,声信号输出频带变宽,听起来像是粗糙搔抓样的噪音。在音频输出中,高调而尖锐的音表示高速血流,低调而沉闷的音表示低速血流。使用音频输出只能通过音调等信息来估计血流的速度、性质和方向,难以进行定量血流测量。

超声多普勒信号的图像输出包括振幅显示和频谱显示两种方式。在振幅显示方式中,横坐标表示时间,代表血流持续时间,单位为秒。纵坐标表示振幅,一般用信号振幅的对数值表示,代表血流速度的大小,单位为 m/s。振幅显示主要用于单一多普勒超声检查时确定取样容积的位置,协助判断异常血流的起源。频谱显示也称为多普勒信号的三维显示,横坐标 X 轴表示时间,纵坐标 Y 轴表示频率,信号灰阶用 z 轴表示,所以,频谱显示方式可以表达超声多普勒信号的振幅、频率和时间之间的相互关系,直观地显示多普勒信号的全部信息。由于频移和速度具有一一对应关系,因此,很多超声多普勒仪器直接用速度单位(m/s)标定频谱图中的纵坐标。

频移方向指以频谱中间的零位基线区分,零频率上方的为正,表示血流方向朝向探头;零频率以下的为负,表示血流方向背离探头。频移辉度指频谱的亮度,反映采样容积内具有相同流速红细胞的相对数量的多少。速度相同的红细胞数量越多,回波信号强度越大,频谱灰阶越深;反之,速度相同的红细胞数量越少,频谱的灰阶越浅。频移离散度指频谱在垂直距离上的宽度,表示某一瞬间探查声束内红细胞速度分布范围的大小,如果速度分布范围大,则频谱增宽。血流正常时,速度分布的梯度改变小,频谱较窄。出现湍流时,速度分布的梯度增大,频谱变宽。当频谱增宽至整个频谱标度时,称为频谱填充。

4. 彩色超声多普勒血流成像

脉冲多普勒探测的只是一维声束上的血流信息,它的频谱反映流过采样容积的血流速度变化。一维多普勒在测定某一位置的血流时很方便。但是,如果要了解瓣口血流流动的具体分布,一维多普勒很局限——只能通过逐点观测,把每一个点的血流速度记录下来,最后得到一个大致的血流轮廓。

彩色超声多普勒血流成像也称为彩色血流图(Color Flow Mapping,CFM),简称为"彩超",是二维多普勒成像的形式。1983 年,日本 Aloka 公司首先研制成功彩色血流图(Color Flow Mapping,CFM),利用彩色多普勒系统判别心脏分流、血管回流和血管狭窄。"彩超"的面世,标志着超声诊断从形态学向血液动力学的过渡,也标志着从获取人体脏器解剖信息向获得功能信息的过渡。"彩超"能够同时显示 B 型超声图像和血流方向、流速及流速分布。彩色血流图已经成为中高档超声诊断仪器不可或缺的功能。

1) 彩色多普勒血流成像仪的工作原理

彩色多普勒血流成像仪采用脉冲超声多普勒成像系统,利用多通道选通技术,在同一时间内获得多个采样容积上的回波信号,结合相控阵扫描对某断层采样容积的回波信号进行频谱分析或自相关处理,其结构系统的功能单元如图 9-27 所示。

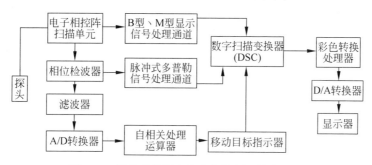

图 9-27 彩色多普勒血流成像仪原理结构图

彩色多普勒血流成像仪的工作过程为:振荡器产生相位差为 π/2 的两个正交信号,分别与多普勒血流信号相乘,其乘积经 A/D 转换器转变成数字信号,经运动目标检测滤波器 (Moving Target Indication,MTI)滤波,消除血管壁或瓣膜等血流迟缓部位产生的低频分量后,送入自相关器做自相关检测。由于每次取样都包含了许多个红细胞产生的多普勒血流信息,因此,经自相关检测后得到的是多个血流速度的混合信号,包括血流速度大小、方向及方差信息。把自相关检测结果送入速度和方差计算器求得平均速度,连同经 FFT 处理后的血流频谱信息以及 B 超图像信息一起存放在数字扫描转换器中。最后,根据血流的方向和速度大小,由彩色处理器对血流信息进行彩色编码,将平均血流速度转变为红色、蓝色和绿色的彩色显示,B 超与 FFT 分析得到的血流数据转换为黑白显示,与伪彩色血流同屏显示。

观察"彩超"图像时,需要注意:第一,彩色多普勒血流成像仪的彩色影像是同时叠加在 B 型黑白影像上的,这两种显示方式的取样信息必须完全重合,因此两种方式共用一个高速相控阵扫描探头实现声波的发射和信号的接收。B 型显像时,一般有 128 条声束线。彩色血流显像时,通常只有 48 条发射和接收通道。当探头在二维平面上扫描时,不断从每条声束线的多个位置提取多普勒频移信息,提取的信号在仪器中被分为两路:一路用于形成黑白的 B 型图像,另一路用于多普勒血流显像。第二,在二维多普勒成像中,要在一条声束的多个位置上取样,且两个相邻取样信号所包括的血流信息都不相同,所以,采用自相关技术做信号处理。为了以彩色显示血流,经自相关技术获得的血流信息,必须送入一个彩色处理器,经过编码后再送彩色显示器显示。

2) 彩色多普勒血流成像的关键技术

(1) 运动目标检测技术。首先,对超声探头接收的回波信号进行正交解调,得到解析的多普勒回波信号。正交解调信号中包含一些由呼吸、体动、血管管壁慢速运动形成的高幅低频回波成分。普通的多普勒超声血流仪一般采用模拟或数字高通滤波器滤除这些噪声。对于"彩超"而言,由于要求声束快速扫描和实时血流成像,高通滤波器过长的冲击响应难以适应实时成像的要求。为此,人们提出利用高通运动目标检测滤波器处理后再进行自相关处理以准确提取血流特征信息。

运动目标检测滤波器前后两次发射相位一致的超声脉冲,然后,将两次接收到的回波信号相减。由于运动缓慢的界面形成的回波一样,相减后基本抵消,而快速运动的目标在两次回波中的位置不同,相减后不会抵消,相当于把感兴趣目标的回波信号保留下来。理想的运动目标检测滤波器能够将低速干扰界面形成的回波信号全部滤除。

(2) 自相关技术。常规的多普勒血流测量大都采用频谱分析法提取血流的特征信息,一个心动周期可以分析数百个频谱,频谱分析耗时在毫秒数量级。但是,对于彩色多普勒血流图而言,每帧图像有 $32\sim128$ 条扫描线,每条扫描线上通过多道距离选通可以有 $250\sim500$ 个采样点,形成每帧彩超血流图像需要处理一万个以上的频谱计算,采用常规 FFT 等频谱分析技术无法满足实时处理的需要。因此,必须设计更快的频谱分析方法,自相关技术就是为了解决这个问题而提出的。

设超声射频回波信号经正交解调后输出两个正交分量 $x(t)$ 和 $y(t)$,由 $x(t)$ 和 $y(t)$ 复合构造复信号 $z(t)=x(t)+\mathrm{j}y(t)$。$z(t)$ 是一个平稳随机信号,功率谱为 $P(\omega)$,其频率平方的平均值为:

$$\overline{\omega^2}=\frac{\int_{-\infty}^{+\infty}\omega^2 P(\omega)\mathrm{d}\omega}{\int_{-\infty}^{+\infty}P(\omega)\mathrm{d}\omega} \tag{9-54}$$

频率的方差为:

$$\overline{\sigma^2}=\frac{\int_{-\infty}^{+\infty}(\omega-\bar{\omega})^2 P(\omega)\mathrm{d}\omega}{\int_{-\infty}^{+\infty}P(\omega)\mathrm{d}\omega}=\overline{\omega^2}-(\bar{\omega})^2 \tag{9-55}$$

平均频率和方差分别反映血流的平均速度和速度的离散程度。通过功率谱的方法可以求出血流的主要统计特征值。但是,直接利用上面的公式计算功率谱耗时费力,难以满足实时实现的要求。根据维纳-钦欣定理(Wiener-Khintchine theorem),随机信号的功率谱与自相关函数是一对傅里叶变换对。

设 $z(t)$ 的自相关函数为 $R(\tau)$,可以由功率谱做傅里叶逆变换得到:

$$R(\tau)=\int_{-\infty}^{+\infty}P(\omega)\mathrm{e}^{\mathrm{j}\omega\tau}\mathrm{d}\omega \tag{9-56}$$

$R(\tau)$ 的一阶导数和二阶导数分别为:

$$R'(\tau)=\int_{-\infty}^{+\infty}\mathrm{j}\omega P(\omega)\mathrm{e}^{\mathrm{j}\omega\tau}\mathrm{d}\omega \tag{9-57}$$

$$R''(\tau)=-\int_{-\infty}^{+\infty}\omega^2 P(\omega)\mathrm{e}^{\mathrm{j}\omega\tau}\mathrm{d}\omega \tag{9-58}$$

当 $\tau=0$ 时,两个信号的时间差为零,自相关函数取最大值:

$$R(0)=\int_{-\infty}^{+\infty}P(\omega)\mathrm{d}\omega \tag{9-59}$$

该点的一阶导数和二阶导数分别为:

$$R'(0)=\mathrm{j}\int_{-\infty}^{+\infty}\omega P(\omega)\mathrm{d}\omega \tag{9-60}$$

$$R''(0)=-\int_{-\infty}^{+\infty}\omega^2 P(\omega)\mathrm{d}\omega \tag{9-61}$$

这样,信号的平均频率和方差可以根据信号的自相关函数进行估算:

$$\bar{\omega} = \frac{R'(0)}{jR(0)} \tag{9-62}$$

$$\overline{\sigma^2} = \left[\frac{R'(0)}{R(0)}\right]^2 - \frac{R''(0)}{R(0)} \tag{9-63}$$

可见,利用自相关函数可以代替功率谱得到血流的平均速度和离散程度。但是,直接采用上述公式计算仍然比较费时。因此,可以进一步简化计算方法。

将式(9-56)改写为:

$$R(\tau) = |R(\tau)| e^{j\varphi(\tau)} = A(\tau)e^{j\varphi(\tau)} \tag{9-64}$$

根据数字信号处理中 DFT 的共轭对称性,已知 $P(\omega)$ 是实函数,则式(9-64)中的 $A(\tau)$ 应为偶函数,$\varphi(\tau)$ 为奇函数。对式(9-64)中的 $R(\tau)$ 求一阶导数,有:

$$R'(\tau) = [A'(\tau) + jA(\tau)\varphi'(\tau)]e^{j\varphi(\tau)} \tag{9-65}$$

$$R'(0) = jA(0)\varphi'(0) \tag{9-66}$$

因为有 $R(0) = A(0)$,所以将 $R(0)$ 和 $R'(0)$ 代入式(9-62),有:

$$\bar{\omega} = \varphi'(0) \approx \frac{1}{T}[\varphi(T) - \varphi(0)] = \frac{\varphi(T)}{T} \tag{9-67}$$

式中,T——超声脉冲的发射间隔。

若对 $R(\tau)$ 求二阶导数并令 $\tau = 0$,则有:

$$R''(0) = -[\varphi'(0)]^2 A(0) + A''(0) \tag{9-68}$$

整理后有:

$$\sigma^2 = -\frac{A''(0)}{A(0)} \tag{9-69}$$

为了计算 $A''(0)$ 和 $A(0)$,可以将 $A(\tau)$ 做泰勒级数展开,因为 $A(\tau)$ 为偶函数,所以有:

$$A(\tau) = A(0) + \frac{\tau^2}{2}A''(0) + \cdots \tag{9-70}$$

如果只保留等式右边的前两项,忽略其余各项,则有:

$$A(\tau) \approx A(0) + \frac{\tau^2}{2}A''(0) \tag{9-71}$$

将式(9-71)代入式(9-69),并令 $t = \tau$ 时,有:

$$\sigma^2 \approx \frac{2}{T^2}\left[1 - \frac{A(\tau)}{A(0)}\right] = \frac{2}{T^2}\left[1 - \frac{|R(T)|}{R(0)}\right] \tag{9-72}$$

以上分析说明,利用随机信号 $z(t)$ 自相关函数的幅值和相位在 $\tau = 0$ 和 $\tau = T$ 时刻的值,可以求出多普勒频率的平均值和方差,用于反映血流的平均速度和流速湍流程度。

理论上,求一个函数 $z(t)$ 在延迟时间为 T 时的自相关函数 $R(T)$,包括"T 延迟-相乘-积分"几个过程,离散情况下的积分为求和运算。该过程可以用如图 9-28 所示的自相关器完成。

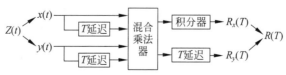

图 9-28 自相关器的工作原理

假设来自正交解调电路的两个正交分量分别为 $x(t) = A\cos\omega_d(t)$，$y(t) = A\sin\omega_d(t)$，将二者均分为两路：一路直接送入混合乘法器，另一路通过一个延迟电路后送入混合乘法器。设置延迟电路的延迟时间刚好等于超声波的脉冲发射间隔 T。例如，脉冲重复频率为 5kHz，则延迟时间应为 $T = 0.2\text{ms}$。设直接送入混合乘法器的信号相位为 $\varphi_1 = \omega_d t_1$，经过延迟电路的多普勒信号的相位为 $\varphi_2 = \omega_d t_2$，$t_1 - t_2 = T$，所以，相位差 $\varphi_1 - \varphi_2 = \omega_d T$，混合乘法器对输入信号及其延迟信号完成如下运算：

$$A\cos\varphi_1 A\cos\varphi_2 + A\sin\varphi_1 A\sin\varphi_2 = A^2\cos(\varphi_1 - \varphi_2) = A^2\cos\omega_d T$$

$$A\sin\varphi_1 A\cos\varphi_2 + A\cos\varphi_1 A\sin\varphi_2 = A^2\sin(\varphi_1 - \varphi_2) = A^2\sin\omega_d T \tag{9-73}$$

即，经过混合乘法器后输出的是一对正交信号 $A^2\cos\omega_d T$ 和 $A^2\sin\omega_d T$。自相关器利用积分过程对同一采样容积进行多次发射，然后将这些不同频移的回波信号加以平均获得平均血流速度。如果在采样容积内各个不同瞬间血细胞的流速都相等且不随时间变化，则积分器的输出就是混合乘法器的输出，也就是自相关器的正交输出 $R_x(T)$ 和 $R_y(T)$。

将自相关器的两个正交输出分量相除，得到：

$$\frac{A^2\sin\omega_d T}{A^2\cos\omega_d T} = \tan\omega_d T = \tan\Delta\varphi \tag{9-74}$$

这里，$\omega_d T = \Delta\varphi$ 就是延迟前后信号的相位差，也可以看成某采样容积内连续两个脉冲产生回波的相位差。所以，经过自相关处理后的多普勒频移信号是与振幅无关的相位差的函数。利用反正切函数，即可求出该相位差的值。根据 $\omega_d T = \Delta\varphi$，$\omega_0 = 2\pi f_0$，$\omega_d = 2\pi f_d$，有：

$$v = \frac{c}{2\omega_0 T\cos\theta}\Delta\varphi \tag{9-75}$$

可见，通过测定相位差就可以估计血流速度。

3）血流彩色显示技术

血流图像在结构上应该与 B 超图像保持对应，B 超图像用黑白灰度显示血管的位置，血流信息如平均速度、运动方向以及方差等需要送入频率彩色编码器转换为伪彩色，实时地叠加在 B 超的灰度图像上，以便与脏器组织区分开。通过数字电路和计算机处理，可以方便地将血流的某种信息参数转换成任何一种色彩模拟量。如图 9-29 所示，为了统一显示标

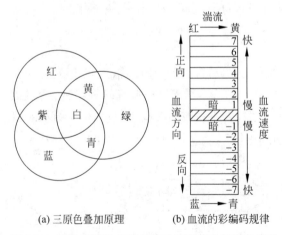

(a) 三原色叠加原理   (b) 血流的彩编码规律

图 9-29　彩色多普勒血流显像对血流信息的彩色编码

准,彩色多普勒血流成像仪都采用国际照明委员会规定的彩色图,即采用红、绿、蓝三原色分别表示血流的方向、速度及湍流程度,其他颜色由这 3 种颜色混合而成。常见的彩色多普勒血流显像有 3 种输出方式。

（1）**血流速度的显示方式**。血流速度在二维显示中表现为位于扫描声线平行和垂直方向的两个分量。声线平行方向上的血流速度,当 $0° < \Delta\varphi <$ 180°时,表示血流是朝向探头运动的正向血流,用红色表示。当 $-180° < \Delta\varphi < 0°$ 时,表示血流是远离探头运动的反向血流,用蓝色表示。颜色的亮度表示血流速度的大小,流速越快,色彩越亮,无流速则不显色。如图 9-30 所示,如果被测的血流速度很高,超过限速范围,相位差超过 180°,例如 180° + $\Delta\varphi$ 时,自相关输出的结果会落到 $-180° \sim 0°$ 范围,此时用相反的颜色表示。这种现象称为彩色多普勒血流显示中的混叠现象或色彩反转,例如在红色中夹带蓝色。扫描线垂直方向的血流速度,黑色表示多普勒频移为零。

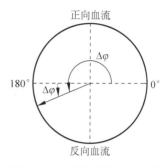

图 9-30　血流速度的显示方式

（2）**血流方差的显示方式**。在"彩超"中,由于血流的方向决定血流的颜色,同一流向的血流处在与声束不同角度时血流的颜色也可能不同,有时同一血管中的血流会呈现出 3 种不同的颜色。如图 9-31 所示,当朝向探头方向运动的血流出现湍流,会表现为以红色为主,红黄相间的血流频谱。湍流速度很快,则出现色彩逆转,以红色为主,五彩镶嵌状的血流频谱。远离探头方向运动的血流,出现以蓝色为主,五彩镶嵌的血流频谱。所以,有时彩色显示中会出现紫色、白色等颜色。用绿色色调表示血流湍流或者紊乱的程度,反映血流速度的方差大小。在血液流动过程中,当速度超过所规定的显示范围或血流方向发生紊乱时,彩色血流图像中会出现绿色斑点。绿色的混合比率与血流的湍动程度成正比,方差越大,绿色的亮度越大。正向湍流的颜色是红色和绿色的混合,表现为接近黄色,反向湍流的颜色是蓝色和绿色的混合,表现为接近深青色。

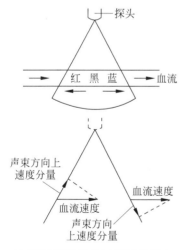

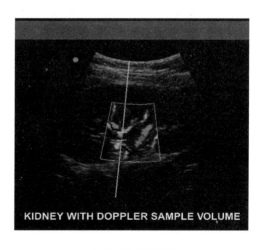

(a) 不同扫描角度对血流彩色的影响　　　　　(b) 肾脏的"彩超"图

图 9-31　血流速度与声束方向的不同关系与彩色编码显示

（3）**血流功率的显示方式**。血流功率指采样容积中具有相近流速红细胞相对数量的多少。在"彩超"中,通过对多普勒信号频率曲线下的面积进行彩色编码,显示脏器的彩色多普勒能量(Color Doppler Energy,CDE)图,以反映血流中血球后散射能量的大小。彩色多普勒能量图从另一个角度描述体内的血流状态,不区分血流方向,与声束和血流间的夹角也无关,但是可以探测到其他方法不易检测的低速血流(如胎盘)和速度几乎为零的血液空间分布。彩色多普勒能量图中的色彩亮度表示功率的大小,功率越大,色彩亮度越大。彩色多普勒能量图克服了奈奎斯特频率极限的限制,不会出现彩色混叠现象,不受角度的影响,即使与声束垂直的血流信号也能显示,血流显示灵敏度高、范围广,有利于末梢血流和低速血流的显示。但是,功率型彩色血流成像不能显示血流速度和血流状态,容易产生由组织运动引起的闪烁伪像,对深部血流信号不易显示。彩色多普勒能量图的这些不足,可以通过与方向性能量多普勒、谐波多普勒以及三维多普勒相结合加以克服。

视频讲解

9.5 超声成像新技术

9.5.1 超声谐波成像技术

超声谐波成像技术(Harmonic Imaging,HI)是利用人体回声信号的二次谐波成分重构人体组织或器官的图像,基本原理是在基频范围内消除引起噪声的低频成分,使组织和器官的边缘成像更清晰。超声谐波成像技术由原来的基波线性检测成像向非线性谐波成像发展,是继"彩超"之后的又一次重要飞跃。

线性声学认为人体组织是一种线性的传声介质,例如,发射频率 f_0 的声波时,从人体内部脏器反射或散射并被探头接收的回声信号也是 f_0 附近的一个窄带信号。但是,实际成像时医学超声存在非线性现象。当超声波在人体组织内传播时,会产生非线性以及在组织界面入射和反射关系的非线性,使得回波频率中除了有基波频率 f_0 以外,还有 $2f_0$,$3f_0$,…等谐波成分,其中以二次谐波的能量最大。

超声波的谐波具有两个优点。一是谐波的强度随着深度的变化呈现非线性变化。谐波在体表皮肤层的强度实际为零,随着深度的增加谐波增强,直到某个深度时因组织衰减作用而超过组织的非线性参数的作用时,该点就成了幅度下降的转折点。而且,在所有的深度上,组织谐波的强度都低于基波。二是基波频率能量和谐波频率能量具有非线性关系,弱的基波频率几乎不产生谐波频率能量,而强的基波会产生相当大的谐波频率能量。

根据是否使用超声造影剂(Ultrasound Contrast Agent,UCA)超声谐波成像技术,可以分为组织谐波成像和对比谐波成像。

1. 组织谐波成像技术

组织谐波成像(Tissue Harmonic Imaging,THI)技术指超声波探测时,探头发射一个频率比较低的基频超声波,进入人体后不断产生谐波,基波和谐波同时经过体内界面和结构的反射,一起被超声探头接收。经过超声探头和电路的处理,滤除基波信号,用回波中的谐波成像显示。

组织谐波成像技术可以提高成像质量。如前所述,谐波的频率能量随着传播距离的增长而增加。超声波经过数厘米的传播距离后,将有足够的能量从基波频率转换而产生明显的二次谐波。由于声像图中的近场伪像干扰与腹壁以及接近腹壁的反射和散射有关,而这些伪影含有极少的谐波频率能量,如果使用谐波技术,使其在谐波范围内成像,将会消除大部分的近场伪像,明显提高图像质量。例如,许多囊腔内杂乱的回声会形成超声侧瓣,降低超声图像的质量。但是,二次谐波的侧瓣能量呈反比例下降。这样,通过谐波技术可以减小旁瓣水平和主瓣宽度,进一步消除伪像素紊乱。

在临床上,有 20%~30% 的病人由于肥胖、肺气过多、肋间隙狭窄、胃肠气体干扰、腹壁较厚或疾病等原因,常规超声的显像困难。对这部分患者,组织谐波成像技术可以采用超宽频带探头发射超声波,仅接收和处理机体组织产生的谐波高频信号,通过改善组织对比分辨率来提高图像清晰度和诊断能力。

2. 对比谐波成像技术

对比谐波成像技术(Contrast Harmonic Imaging,CHI)是指利用超声造影剂的谐波成像技术。当超声波照射到含有声学造影剂的组织,造影剂中气泡或悬浮颗粒的声阻抗比周围血细胞有很大的差别,微气泡在超声波交变声压的作用下会发生收缩与膨胀,产生共振现象。共振频率中包含发射的基波频率和基波的二次谐波频率,且二次谐波所产生的散射强度与基波差不多,所以,可以只提取二次谐波的回声信号进行成像。由于系统只接收微气泡造影剂产生的二次谐波信号,不接收组织结构产生的基波反射信号,因此,注射微气泡造影剂后,可以很清楚地看到组织器官的血流灌注情况。另外,超声造影剂的散射截面积很大,增强了背向散射信号的强度,即使是小血管中的血流也能清晰显示。

9.5.2 三维超声成像技术

三维超声成像技术显示直观、便于准确检测病变部位和精确测量器官大小。但是,三维超声数据的获取、处理、重建与可视化的计算量很大,三维超声成像技术在低成本系统上的实现受到限制。近年来,随着计算机性能和三维可视化技术的发展,极大地推动了三维超声成像技术的研发。三维超声成像技术根据数据采集方式的不同,可以大致分为 3 代。第一代技术指配备定位传感器的自由臂扫描成像方式,即在探头上固定一个能够测量探头位置和角度的传感器,移动探头扫描时,将获取的二维图像及对应的位置和方向信息存储于计算机中进行三维重建。这种技术原理简单,易于实现,需要声束校准以消除探头运动对定位精度的影响。第二代技术指采用机械扫描装置的三维成像方式。该技术通过在探头内部或外部安装微型马达,使探头产生平移,倾斜和旋转运动实现多截面扫描,然后根据每幅图像的相对位置和角度重建出三维图像。这种技术定位准确,重建速度快,可以观察运动器官的变化,但是图像采集和处理耗时,空间分辨率较差,改装探头比常规探头大而重。第三代技术指基于二维超声阵列换能器的实时三维超声成像技术。该技术可以产生对称聚焦的超声束,实时获取和显示三维数据,实现灵活的多平面成像,便于动态观察 3 个正交方向上任一切面的心脏结构,所以,尽管硬件系统成本高,电路设计复杂,仍然成为最具发展前景的三维超声成像技术。

1. 二维超声阵列换能器的扫描声束

与一维线性阵列换能器类似,二维超声阵列换能器同样采用脉冲回声相控阵电子扫描完成声束的发射和接收,不同的是二维超声阵列换能器可以在两个方向进行相控电子扫描。如图 9-32(a)所示,在水平和垂直方向一定激励角度范围内,均匀分布相当数量的声线,形成一个类似于平头金字塔的扫描区域。多个阵元发射的超声波传播服从惠更斯原理,如果同时激发所有阵元,波前垂直于换能器探头表面。如果施加一定的延时,则可以控制超声波束扫描感兴趣区域。二维超声阵列换能器两个方向的声束发射和接收都可以采用相控时延方式激励和聚焦。

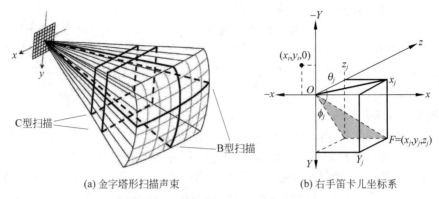

(a) 金字塔形扫描声束   (b) 右手笛卡儿坐标系

图 9-32 二维超声阵列换能器的扫描声束和声束激励坐标系

如图 9-32(b)所示,在右手笛卡儿坐标系中,任意阵元 i 位于$(x_i, y_i, 0)$处,焦点 F 位于(x_j, y_j, z_j)处,则声波从阵元 i 到焦点 F 的传播时间为:

$$t_{ij} = \frac{\sqrt{(x_i - x_j)^2 + (y_i - y_j)^2 + z_j^2}}{c} \tag{9-76}$$

式中,c——声速。

为了使每个阵元发射的声波同时到达焦点 F,相应的时间延迟为:

$$\Delta t_{ij} = t_{oj} - t_{ij} \tag{9-77}$$

式中,t_{oj}——常数,$t_{oj} > t_{ij}$。

为了提高三维数据的采集速度,声束接收通道可以采用并行接收方式。Explososcan 技术就是在一定角度间隔的发射声束两侧设计多条角度间隔较小的接收声束,从而实现一次脉冲发射产生多条接收声线。将每个波束中的背向散射回声投影到共同的投影平面上即可进行 C 型、B 型或体成像显示。

2. 二维超声阵列换能器的设计

设计二维超声阵列换能器是一项非常复杂的工作,涉及的因素很多,例如阵列与阵元的几何形状和尺寸,工作频率与检测深度、回声信噪比等。归纳而言,主要考虑以下几方面:

(1) **阵列与阵元的几何尺寸**。二维超声阵列和阵元的几何尺寸主要根据对阵元振动模式的要求选择。对于二维超声阵列换能器,各阵元应采用棒的振动模式,棒在两个方向的边界条件是自由振动。为了减小阵元之间的交叉干扰,阵元的长宽要小于厚度,厚度应小于最大半波长。阵元尺寸的减小会使回声信噪比降低,探头灵敏度变差。如果阵列的几何结构不能改变,可以考虑采用声束控制技术提高探头灵敏度,例如发射声束与接收声束的聚焦区域分开,接收采用动态聚焦等。此外,阵列孔径尺寸还受检测部位的"声窗"限制。

(2) **超声波束特征**。从成像质量角度看,超声波束的主瓣越窄,旁瓣幅度越小,图像的空间分辨率和对比度越好。但是,主瓣宽度和旁瓣幅度的指标是互相制约的。为了减小主瓣宽度,阵列孔径尺寸应该大一些。为了保证低旁瓣,又要求阵列间距小于半波长,这样,孔径增大就意味着阵元数量和连接通道增多,给阵列制作带来问题。所以,主瓣宽度和旁瓣幅度指标如何折中,是设计二维超声阵列时需要考虑的关键问题。由于制作成本高,成品率低,需要利用声场计算和仿真工具进行二维超声阵列波束的优化设计,所以,二维超声阵列换能器的声场计算与仿真很重要。

(3)**发射和接收阵元通道数**。从原理上讲,二维超声阵列换能器要想达到与一维线阵换能器接近的空间分辨率,阵元数量应是线阵阵元数量的平方。以 128 阵元的线阵为例,二维超声阵列换能器应有 16 384 个阵元。但是,目前的阵列制作水平和电路连接工艺,无法完成如此众多阵元的阵列制作,这也是多年来限制二维超声阵列换能器发展的主要因素。所以,实际制作二维超声阵列换能器时,要么直接减小阵列孔径和阵元数量,要么设计稀疏阵列。现在许多实验室和企业都选择稀疏阵列方案,但是,稀疏阵列会展宽声束的主瓣,难以保证轴外声束垂直于换能器表面,需要设法消除其负面效应。

(4)**工作频率**。超声换能器的工作频率一般根据检测部位而变化。提高工作频率有利于改善声束的轴向分辨率,但是检测深度会因衰减影响而减小。对于二维超声阵列换能器,由于阵元尺寸小、数量多,增加工作频率会加大阵元之间的电耦合干扰,对背衬材料的厚度和焊接工艺要求也会提高。常选的工作频率为 2~4MHz。

如图 9-33 所示为日本东芝公司研制的二维超声阵列换能器内部结构的上视图和剖面视图。二维超声阵列换能器的结构分成 3 个子单元:换能器阵元、内部电路模板和集成电缆。比如 64×64 的二维矩形超声阵列,其中发射阵元 1024 个,接收阵元 1024 个,其余阵元不工作。

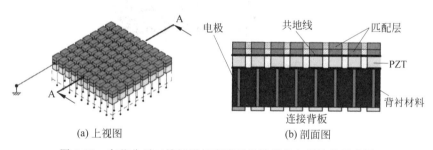

(a) 上视图　　　　　　　　(b) 剖面图

图 9-33　东芝公司二维矩形超声阵列换能器的内部结构示意图

如图 9-34 所示为荷兰飞利浦医疗器械公司设计的 X7-2 x-Matrix 面阵探头的结构示意图和外观图,该面阵探头将 Purewave 晶体技术与 xSTREAM 结构设计融合,使二维超声阵列探头在小型化、检测灵敏度、检测范围等方面取得了重要突破。

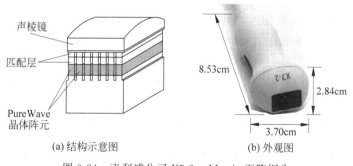

(a) 结构示意图　　　　　　(b) 外观图

图 9-34　飞利浦公司 X7-2 x-Matrix 面阵探头

3. 三维重建与显示

三维超声重建需要结合数据采集方式选择合适的重建方法。在自由臂三维超声成像技术中,由于采集平面的不规则分布和定位数据的采样限制,三维数据的组织需要进行多层坐标变换和校准,算法比较复杂。对于基于二维超声阵列换能器的三维超声成像技术,探头位置可以固定不动,由电子相控阵扫描系统以一定的规律控制扫描声线采集数据。

如图 9-35 所示为二维面阵超声探头的三维声束扫描示意图。二维面阵探头首先沿水平方向扫描,形成一帧图像。然后,沿垂直方向扫描其他帧,这种三维数据采集方式无需定位校准和多层坐标变换。目前,临床上主要采用基于特征或基于体素的重建方法。基于特征的重建需要首先确定剖面结构的特征值和表面值,然后进行三维图像重建。不同结构的表面可以设计成不同颜色或灰度,也可以消除一些结构来突出显示其余部分。这种方法可以优化结构的对比度,但是会丢失一些重要的精细结构和组织纹理。基于体素的重建首先把获得的多幅平面图像嵌入到体元图像中,三维图像每一点的体素值由二维图像的像素值根据最近邻加权平均计算插值得到。这种方法不仅可以恢复原有的二维图像,还可以产生原来图像序列中没有的新视图。

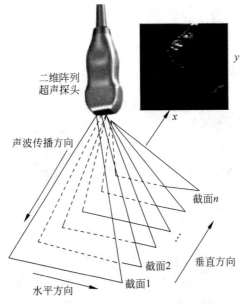

图 9-35　二维面阵探头的三维声束扫描示意图

早期的基于二维超声阵列换能器的三维超声成像技术沿用传统的 CRT 显示器,由专用接口软件实时控制水平和垂直方向的偏转电场。随着超声系统的全数字化和数字化显示技术的进步,不仅可以在超声系统配套的液晶显示器上显示,也可以同步传输到图形工作站显示。基于体素重建组织好的三维数据集,可以显示为互相正交的 B 型图像或 C 型扫描图像,也可以采用光线投射法进行体绘制显示,或者先进行体素分类或分割,提取感兴趣目标后再用面绘制技术显示。如图 9-36 所示为三维超声成像技术的不同显示方式。

基于二维超声阵列换能器的三维超声成像技术使用的体绘制算法主要有最大最小密度投影(MIP)和半透明渲染。最大最小密度投影一般是只显示每条射线上密度最大的体素,简单省时,可以在低成本计算机上实时操作 MIP 图像。三维超声成像技术应用最广的体绘

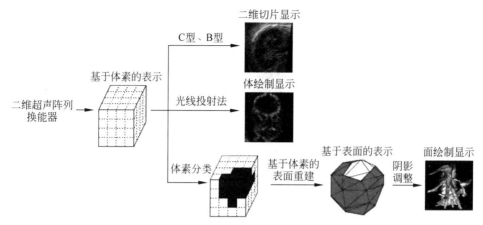

图 9-36　二维矩形超声阵列换能器采集三维数据的不同显示方式

制方法是半透明渲染,其原理是根据三维数据中射线的路径以及每条路径各个体素的贡献累加计算出累积亮度。

9.5.3　超声弹性成像技术

超声弹性成像技术的测量参数不是组织的声阻抗差异,而是与组织硬度或力学属性直接相关的参数,例如位移、应变、弹性模量等,所以,从超声弹性图像上可以提取常规超声图像不能反映的新信息。例如像肝硬化这样的弥散性病变,从组织切片观察可以看到许多小斑点,从常规超声图像上观察不到这些变化,而通过超声弹性图则可以鉴别出来。随着超声弹性成像技术应用领域的不断扩展,该技术越来越引人注目。目前,超声弹性成像技术的检测范围不仅包括乳房、前列腺、肾脏、血管、心脏和心肌等器官的病变检测,而且还可以对针灸治疗、高强度聚焦超声治疗、激光治疗、微波热疗过程和治疗效果进行监控。

目前,常见的超声弹性成像技术有基于低频振动激励的超声弹性成像技术、基于准静态压缩的超声弹性成像技术、基于聚焦超声辐射力的超声弹性成像技术、瞬态弹性成像技术(Transient Elastography)、超音剪切成像技术(SSI)和谐波运动成像技术(HMI)。

本章小结

本章介绍了超声成像技术的物理基础,包括超声波的基本物理量、传播特性及声场分布。然后,对不同类型的超声成像模式及其各自的特点进行了介绍,包括 A 型超声、M 型超声、B 型超声和多普勒超声成像技术。最后,介绍了几种超声成像新技术,包括超声谐波成像技术、三维超声成像技术和超声弹性成像技术等。

思考题

(1) 已知超声波检测器的增益为 100dB,水的吸收系数为 0.0022dB/cm,如果探头是发射、接收两用型,那么该检测器在水中的最大探测深度是多少?

(2) 在多普勒频谱分析技术中,何谓"采样容积"?多普勒频谱分析的主要技术指标是什么?

第 10 章
CHAPTER 10

其他现代成像技术

从现代成像技术的发展过程和发展趋势看,成像新技术的驱动力主要来源于新材料与传感技术、新的物理现象与信息技术,以及新应用领域的交叉融合。本章主要介绍几种新的成像技术。

10.1 太赫兹成像技术

太赫兹波(Terahertz,$1\text{THz}=10^{12}\text{Hz}$)泛指频率在 $0.1\sim10\text{THz}$ 波段内的电磁波,位于红外和微波之间。

太赫兹波与短波长的电磁波相比,具有以下特点:

(1) 太赫兹波的典型脉宽在亚皮秒量级,可以进行亚皮秒、飞秒时间分辨的瞬态光谱研究。

(2) 太赫兹波源通常包含若干周期的电磁振荡,频带覆盖范围很宽。单个脉冲的频带可以达到吉赫兹到几十太赫兹的范围,可以在大范围内分析研究物质的光谱特性。

(3) 太赫兹辐射的产生机制决定了太赫兹波具有很高的时间和空间相干性。运用太赫兹时域光谱技术可以直接测量太赫兹电场的振幅和相位,方便地提取测量样品相关物理信息。

(4) 太赫兹波段中对应许多特定材料,例如有机大分子、违禁易爆品等的能隙,它们的太赫兹光谱会存在明显的特征吸收和色散特性,可以用于生物探测、危险爆炸物品检测。

(5) 太赫兹波的光子能量很低,约为 X 射线光子能量的十分之一,对活体生物组织不会造成电离损伤。

(6) 太赫兹辐射对于很多非极性物质,如电解质材料及塑料、陶瓷、纸箱、布料、硅片、干木材等材料有很强的穿透能力,可以用来对已经包装的物品进行质检或安全检查。

太赫兹波与长波长的电磁波(比如微波)相比,具有以下特点:

(1) 太赫兹波的频率更高,相同条件下通信传输的容量更大,因此在作为通信载体时,单位时间内太赫兹波可以承载更多的信息量。同时,由于太赫兹波的波长更短,在实施同样传输功能的情况下,可以把天线的尺寸做得更小,相应的系统结构及设备也可以做得更简单、更经济,节省成本。

(2) 由于太赫兹波波长更短、波束更窄,方向性要远远好于微波,用于成像具有更高的空间分辨率,在保持同等空间分辨率时能够具有更长的景深。

（3）太赫兹波具有更好的保密性和抗干扰能力。

在电磁波谱上，太赫兹波段两侧的红外和微波成像技术已经非常成熟，但是太赫兹成像技术还在起步阶段。太赫兹成像是利用成像系统将检测物体的透射谱或反射谱信息，包括振幅和相位的二维信息记录下来，进行分析和处理，得到检测物体的太赫兹图像。太赫兹成像技术可以大致分为相干成像技术和非相干成像技术。如果按照成像系统对检测物体的作用方式，又可以分为透射式成像和反射式成像。这里主要介绍太赫兹时域光谱成像技术、太赫兹光电实时取样成像技术、太赫兹近场扫描光谱成像技术以及太赫兹连续波成像技术。

10.1.1　太赫兹时域光谱成像技术

太赫兹时域光谱成像技术（Terahertz time-domain Spectroscopy，THz-TDS）是最早出现的太赫兹成像技术。如图10-1所示为贝尔实验室（AT&T Bell Labs）设计的透射式太赫兹时域光谱成像系统示意图。系统结构主要包括飞秒激光器（Femtosecond Laser）、太赫兹发射器（THz Transmitter）、太赫兹检测器（THz Delector）、透镜（Lens）、光学扫描延迟线（Scanning Optical Delay Line）、前置放大器（Preamplifier）、模数转换器和DSP（A/D convertor）以及直流偏置（DC bias）。THz-TDS成像系统不需要专门的冷却装置或防护罩，便于做成紧凑、便携、可靠的实用太赫兹成像系统。THz-TDS成像系统适用于检测封闭包装盒内的物体，例如对太赫兹电磁波透明的硬纸板、大部分塑料制品、薄的干木头等。

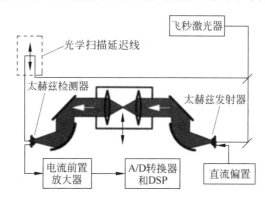

图10-1　贝尔实验室设计的透射式太赫兹时域光谱成像系统

飞秒激光器是THz-TDS系统的关键部件，大都采用800nm的近红外锁模钛蓝宝石激光器，脉冲重复率和稳定性好，操作方便。但是，噪声性能和抗震性能差。波长1550nm附近的飞秒激光源锁模光纤激光器是目前较为理想的替代品。

THz-TDS系统要求两束光即泵浦光和探测光之间的时间延迟能够改变，通常采用将一对反射镜加装在一个机械扫描台的方法来实现光学延迟系统。

太赫兹发射器采用超快速的光学脉冲进行门控制，可以产生亚皮秒级的太赫兹辐射，这些太赫兹瞬态冲击信号包含一个或两个周期的电磁波，信号带宽范围为100GHz～3THz。信号的幅度超过常规热源产生的信号幅度，远比常规热辐射测量幅度灵敏。THz-TDS系统的优点是高信噪比、大宽带，适合于做物理材料的光谱学研究。太赫兹发射器产生的太赫兹波通过光路引导穿过一对平行的高阻硅或高密度聚乙烯透镜，该透镜装在一个平板上，间距为二倍焦距，可以使检查样品移进或移出平行光束。检查的样品放在太赫兹光束照射区的中间焦点。

太赫兹检测器采用光电导天线(Photoconductive Antennas)接收。为了成像清晰,在放置样品的位置会对电磁波束进行聚焦,焦点处的物体会沿两个方向进行机械扫描,在每个位置用太赫兹检测器记录下透射过物体的太赫兹波信号,然后逐像素重构图像。这种逐点扫描记录的成像方式速度较慢,不能满足大样品成像以及需要检测动态信息变化的场合。成像的参数可以是接收波形的幅度、相位或任意组合量。数字信号处理器采用商用设备,附带有电流前置放大器和模数转换器,可以在接收波形的同时,同步做运动目标处理。将波形数字化并进行实时处理,可以提高成像速度。

如图 10-2 所示为日本国立信息通信技术研究所(National Institute of Information and Communications Technology,NiCT)设计的 THz-TDS 成像系统,光路调制更为复杂。其中,太赫兹发射器和太赫兹检测器同样使用光电导天线,抛物面镜用于引寻太赫兹电磁波,分光镜分离泵浦光和探测光束。样本沿 x 方向和 y 方向平移,扫描记录每一个位置的时域波形。

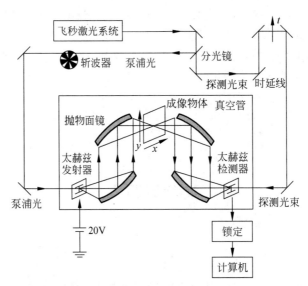

图 10-2　日本国立信息通信技术研究所设计的 THz-TDS 成像系统

10.1.2　太赫兹光电实时取样成像技术

太赫兹光电实时取样成像技术可以提高逐点扫描记录成像方式的成像速度。美国伦斯勒理工学院的研究小组利用二维电光信号转换器件(Electro-Optic,EO)结合商用 CCD 相机记录检测物体的太赫兹图像。

如图 10-3 所示,太赫兹光电实时取样成像系统包含一个飞秒激光器、一个太赫兹光源、电光晶体(ZnTe)、计算机控制的光学延迟线、光学器件和 CCD 相机。飞秒激光器分别激励驱动光(Pump light)和探测光(Probe Light),发射的激光脉冲宽度为 130fs,中心波长为 800nm,脉冲重复发射频率(PRF)为 1kHz。光源采用钛(Ti)蓝宝石(Sapphire)再生放大器。

驱动光束经光学延迟线激励大孔径光电导天线发射太赫兹电磁波。光电导天线是一个

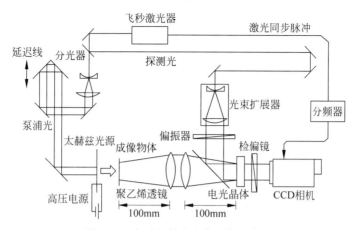

图 10-3　实时太赫兹成像系统示意图

620μm 厚的半绝缘砷化镓(GaAs)圆形晶片,电极之间是 15mm 宽的沟槽,加 5kV 的偏置电压后,飞秒激光脉冲照射电极之间的沟槽,光载载流子入射到沟槽后会使电流快速上升,然后按照半导体的载流子寿命(时间常数)衰减。太赫兹辐射的瞬态光电流向自由空间辐射,其幅度大小与该瞬态光电流的时间导数成比例。

太赫兹波透射物体后由两个聚乙烯透镜聚焦到电光晶体形成检测样本的图像。在太赫兹波的光路上,使用偏振器保证探测光束线性偏振,然后由电光晶体引导到太赫兹辐射的光轴。由于 CCD 相机不能直接响应太赫兹辐射,所以,采用二维电光采样技术把太赫兹图像转换成强度模式。在电光晶体(2mm 厚的碲化锌)的每一点,折射率会依据晶体内的太赫兹电场改变,导致双折射效应,改变探测光束的偏振方向,使太赫兹波通过交叉偏振子到达 CCD 相机。这样,电光晶体中的太赫兹电场分布就转化成能够由 CCD 相机接收的光强度分布。

CCD 相机采用帧转移方式输出图像,像素数为 384×288,最大帧率为 39fps,实际使用的帧率为 30fps。由于电光晶体和探测光束在空间上分布不均匀,所以 CCD 获得的图像强度分布也是非均匀的。从背景图像减去 CCD 相机获得的图像,就得到检测样品的太赫兹图像。

10.1.3　太赫兹近场扫描光谱成像技术

太赫兹近场扫描光谱成像技术(Scanning Near-field Optical Microscopy,SNOM)可以提高空间分辨率。根据阿贝定律,电磁波成像的空间分辨率由发射电磁波的波长限制。对于太赫兹脉冲成像来说,波长的变化范围比太赫兹脉冲带宽高一个数量级,成像分辨率依赖于频谱范围。一个比较直观的提高空间分辨率的方法是利用测量波形中最高频率成分蕴含的信息进行成像。对于每一个像素,获取一个波形,进行快速傅里叶变换(FFT),然后对幅度谱的高频部分进行积分。这种技术的限制来源于高频成分频谱幅度的指数衰减,所以需要考虑空间分辨率与信噪比的折中。利用近场显微镜的原理,可以在太赫兹成像系统的中间聚焦点处插入近场指示标记,该标记代表直径小于衍射限制声束宽度的孔径。

如图 10-4 所示为采用 SNOM 技术提高目标空间分辨率的示意图。太赫兹脉冲将在检查物体周围 500μm 的范围聚焦,入射角为 $70°$,电场 P 极化。为了确定系统的空间分辨率,制作了一个以半绝缘硅为底的金属条纹结构,条纹宽度为 $10\sim40\mu m$,厚度为 $2\mu m$。金属条纹的间距为不影响太赫兹波传播的绝缘体。金属条纹上面放置一个金属尖来指示空间分辨率。

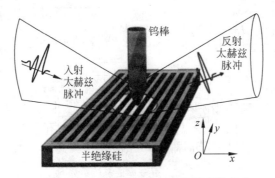

图 10-4　太赫兹近场扫描光谱成像方式

入射的太赫兹脉冲在金属尖-物体表面产生偶极矩,造成一部分太赫兹波的散射和吸收。透射过去的太赫兹信号由电光采样器或 4K 辐射热计探测。电光采样器可以将反射太赫兹脉冲的电场映射为带宽 2.5THz 的时域太赫兹波。如果是用辐射热计探测,则太赫兹波的带宽为 10THz。移动检测结构记录下条纹的图像。该系统的空间分辨率可达 150nm,可用于生物细胞内部成像。

10.1.4　太赫兹连续波成像技术

太赫兹连续波成像技术是利用物体缺陷或损坏导致太赫兹辐射的散射效应,对反映物体强度分布的太赫兹波场强进行采集与显示。太赫兹连续波成像本质上是一种强度成像模式,一般采用非相干的检测器或检测器阵列来记录信号分布,通常具有比脉冲太赫兹辐射源更高的辐射强度。与太赫兹脉冲波成像相比,太赫兹连续波成像具有高光谱功率、系统集成度高、体积小、成本低、成像速度快的优点。此外,太赫兹连续波成像技术与二维平移平台互相配合,可以进行反射式、透射式或远距离成像,可以快速进行大型样品的安全检查、无损检测、质量检测、雷达扫描等应用。如图 10-5 所示为首都师范大学太赫兹实验室设计的太赫兹连续波透射式成像系统。其中,太赫兹连续波辐射源为返波管或耿氏管,太赫兹检测器为热释电检测器、Golay 检测器或肖特基二极管。计算机控制二维平移平台实现对样本的二维扫描与成像。

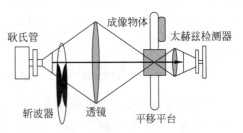

图 10-5　太赫兹连续波透射式成像系统

10.2　量子成像技术

量子成像技术(Quantum imaging)也称为“鬼”成像(Ghost Imaging)、强度关联成像或符合成像,是量子光学的一个重要分支,主要研究在光场量子特性下所能达到的光学成像极限的问题。不同于经典成像技术,量子成像是利用光场的量子力学性质及其内在的并行特点,在量子水平上发展起来的光学成像和量子信息并行处理技术。传统光学成像技术是通过记录辐射场的光强分布获取目标的图像信息,量子成像则是通过利用、控制或模拟辐射场的量子涨落来获得物体的图像。

量子成像技术按照技术路线和研究进展可以大致划分为 3 个阶段。第一阶段是 1994—2002 年,属于纠缠光量子成像理论及实验研究阶段;第二阶段是 2002—2008 年,属于经典光源量子成像实验研究阶段;第三阶段是 2008 年至今,属于经典光源量子成像工程化探索阶段。量子成像技术在显微成像、遥感成像、超分辨率成像、三维激光雷达成像等领域具有巨大的应用潜力。

1995 年,美国马里兰大学的史硕华小组,利用纠缠光子实验得到了世界上第一张量子成像图像,其成像原理如图 10-6 所示。纠缠光子对被分开后,信号光子通过物体,被没有空间分辨能力的桶检测器收集,然后用点检测器在空间上扫描以探测闲散光子,在某一位置通过光子计数的符合测量得到物体的像。该成像技术的特点是对比度可达 100%,突破经典的衍射极限实现亚波长成像。不足之处是纠缠光源亮度低,纠缠光子对产生效率低,探测效率低,探测环境要求高,实用性受到限制。

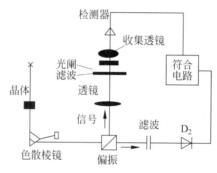

图 10-6　量子成像原理图

2002 年开始,人们开始探索利用经典光源进行量子成像。罗切斯特大学的 Boyd 小组采用随机扫描的激光光源实现热光量子成像。实验装置如图 10-7 所示。首先,将连续激光光束斩波成准脉冲激光,利用随机旋转反射镜实现对物体的扫描,由桶检测器收集物体的透射光强,另一束参考光直接被 CCD 相机拍摄。该实验通过对 CCD 相机和桶检测器信号进行关联,首次证实了利用经典光源可以实现量子成像。

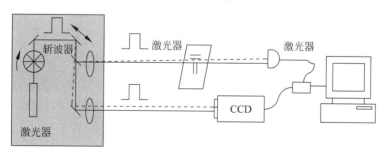

图 10-7　激光光源量子成像实验装置

2008 年,美国麻省理工学院的 Shaprio 教授提出可以用高斯态光模型理论统一解释纠缠光源量子成像和经典光源量子成像,激励人们开始采用经典光源量子成像工程化的探索,以提高成像质量和简化工程技术。采用的技术路线分为两类：一类是采用主动调制反射光场的前调制技术方案,例如计算量子成像技术。计算量子成像技术通过计算并预置光场空间分布,无须传统量子成像技术中的阵列相机作为参考光路,可以极大地提高成像速度。如图 10-8 所示为计算量子成像激光雷达方案。

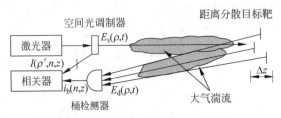

图 10-8　计算量子成像激光雷达方案

量子成像激光雷达的优势有：

(1) 成像质量优于传统激光雷达;

(2) 只需要单像素光电检测器,容易获得高性能指标;

(3) 组建激光雷达网的成本低,传感网络简单。

另一类是接收端调制接收图像的后调制技术,主要是单像素相机技术方案。首先,将目标物体成像到空间光调制器上,由桶检测器接收调制后的总光强,然后采用压缩感知理论解算出物体的灰度图像。

10.3　光场成像技术

光场成像技术(Light Field Photography,LFP)指记录光辐射在传播过程中的四维位置和方向信息,然后通过数字计算重建图像。相比于只记录二维信息的传统成像方式,光场成像技术能够获得更加丰富的图像信息。2005 年,斯坦福大学的 Ren Ng 发明了第一台手持式光场相机,原理简单,使用方便。2006 年,Levoy 将光场渲染理论(Light Field Rendering,LFR)运用于显微成像,并研制出光场显微镜(Light Field Microscopy,LFM),能够一次曝光获得多个视角多组焦平面图像,从而得到大景深的显微图片,并可以进行三维重建。光场成像技术适合拍摄高速运动或者多主体较大间距物体,正在逐步渗透到航空拍摄、动画渲染、安全监视、科学仪器、摄影传媒、立体显示等各个领域。

10.3.1　光场定义及其获取方式

光场是空间中同时包含位置和方向信息的四维光辐射场的参数化表示,其实质是空间中所有光线光辐射函数的总体。如图 10-9 所示,光线携带二维位置信息 (u,v) 和二维方向信息 (θ,φ) 在光场中传递,根据光场渲染理论,空间中携带强度和方向信息的任意光线,都可以用 2 个平行平面参数化表示,光线与这 2 个平面相交于 2 点,形成一个四维光场函数 $L(u,v,x,y)$。

目前获取光场的方式主要分为以下 3 种：

(1) **微透镜阵列**。微透镜阵列是最简单常用的光场获取方式。在普通成像系统的一次像面处插入一个微透镜阵列,每个微透镜元记录的光线对应相同位置不同视角的场景图像,从而得到一个四维场。如图 10-9 所示,微透镜阵列所在平面可以看作 u-v 面,检测器面可看作 x-y 面。Adobe 公司的光场相机将透镜和棱镜集成为一个光学元件,外接在普通相机上,即可获取光场数据,比传统的微透镜阵列方式,可移植性更强。

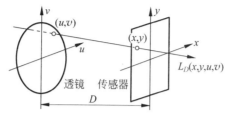

图 10-9　光场的四维参数化

（2）**相机阵列**。指通过相机在空间的一定排布来同时抓取一系列视角略有差别的图像,从而重构出光场数据的方法。斯坦福大学设计的 128 相机阵列,采用不同的空间排布,能够获得一些异于普通相机的特性,包括空间分辨率、动态范围、景深、帧速、光谱敏感性等。其中,大尺度空间排布的相机阵列主要用于合成孔径成像,实现"透视"监测,或通过拼接实现大视角全景成像。

（3）**掩膜及其他**。典型的有 Veeraraghavan 的光场相机,通过在普通相机光路中插入一个掩膜实现。由于掩膜是非折射元件,不管是从后期成像质量还是硬件方面考虑,都比微透镜阵列更容易实现。可编程孔径相机插入的是一个特殊的遮光板,它可以通过编码来提高图像的空间分辨率和景深,也可以重构出四维光场。

获取四维光场数据后,可以采用不同的计算方法设计出不同目的和适用领域的成像技术。

10.3.2　基于光场的数字重聚焦技术

对一次曝光后获得的照片进行数字重聚焦可将失焦的图像进行反演,进而重建出焦距准确的目标图像。数字重聚焦技术可以减少自动调焦机构的设计难度,具有非接触、操作简单、多目标同时测量,以及适于测量复杂目标形状等优点。

将相机的光学系统抽象成四维光场,其中 u-v 面是光学系统的主面,x-y 面是检测器所在平面。$L_D(u,v,x,y)$ 代表给定光线的光辐射量,下标 D 代表两平面之间的距离,像面上接收到的光辐射量可以表示为:

$$E_D(x,y) = \frac{1}{D^2}\iint L_D(x,y,u,v)A(u,v)\cos^4(\theta)\,\mathrm{d}u\,\mathrm{d}v \tag{10-1}$$

式中,θ——光线 $L_D(x,y,u,v)$ 与 u-v 面法线的夹角;

$A(u,v)$——光瞳函数。

假设 x-y 面和 u-v 面无穷大,光瞳之外的光线 $L_D(x,y,u,v)=0$,引入近轴近似,式(10-1)可以简化为:

$$E_D(x,y) = \frac{1}{D^2}\iint L_D(x,y,u,v)\,\mathrm{d}u\,\mathrm{d}v \tag{10-2}$$

重聚焦目标像空间平面接收到的光辐射量可以表示为:

$$L_D(x,y,u,v) = L_D\left(u\left(1-\frac{1}{\alpha}\right)+\frac{x}{\alpha},v\left(1-\frac{1}{\alpha}\right)+\frac{y}{\alpha},u,v\right)$$

$$= L_D(B_\alpha \cdot [x,y,u,v]^{\mathrm{T}}) \tag{10-3}$$

式中，α——变焦倍率，$\alpha = D'/D$；

$\qquad D'$——重聚焦距离。

将其代入式(10-2)，定义切片算子 $\beta[f](x) = f(\beta x)$，则重聚焦后的图像表达式为：

$$E_{D'}(x,y) = \frac{1}{\alpha^2 D^2}\iint B_\alpha[L_{D'}]\mathrm{d}u\,\mathrm{d}v \tag{10-4}$$

根据傅里叶切片定理的推论，x-y 面上得到的光辐射量是光场 $L_D(x,y,u,v)$ 的一个切片的投影积分。即，通过一次曝光得到的四维光场信息，可以用于重建不同焦距处的图像。首先，将四维光场变换到频域：

$$G_D(f_x,f_y,f_u,f_v) = F(L_D(x,y,u,v)) \tag{10-5}$$

式中，F——四维傅里叶变换。

对 G_D 进行切片处理后，得到二维图像的频谱：

$$G_{D'}(f_x,f_y) = \frac{1}{D^2}F(L_D(x,y,u,v)) \tag{10-6}$$

进行二维傅里叶逆变换后，可以得到重聚焦后的二维图像空域表达式：

$$E_{D'}(x,y) = F^{-2}\{G_{D'}(f_x,f_y)\} \tag{10-7}$$

10.3.3　基于光场的合成孔径成像技术

基于光场的合成孔径成像技术也称为动态光场再参量化（Dynamically Reparameterized Light Fields）。当瞳孔的孔径远大于障碍物的空间尺寸时，从目标物体上发出的光线能够很容易地绕过障碍物进入人眼。所以，如果能够造一个"孔径足够大"的相机，那么就有可能透过一些常见的障碍物把被掩盖的目标物进行成像，例如人群中的监视对象、树丛后的目标物等。但是，孔径越大，边缘光线的像差也越难校正，因此，设计一个大孔径的相机不仅造价昂贵，成像质量往往达不到要求。解决该问题的思路是采用相机阵列，用多个相机排成阵列，虽然单个相机孔径很小，配置参数低，但是经过重构光场和计算成像，则可以达到数十倍于单个相机孔径的"超大孔径虚拟相机"。

考虑聚焦物面上任意目标物点，计算出该物点经过该"虚拟相机"后的像素点。对相机阵列获取的系列图像中的相关像素点进行采样，如果是 $N\times N$ 相机阵列，则有 $N\times N$ 个采样点，用特定算法计算出一个目标像素点。对每个目标像素点均做此操作，就可以得到一幅合成孔径图像。

相对于普通成像方法，基于光场的合成孔径成像技术有以下优点：

（1）聚焦是一个计算的过程，可以在曝光之后对未对焦的平面进行重聚焦；

（2）在不超过最大合成孔径的前提下，孔径大小可以任意调整，只需要在计算过程中使用不同的窗口函数，景深可调；

（3）计算过程相当于对多幅图像进行平均化处理，能够大大提高信噪比。

10.3.4　基于光场的显微成像技术

现有的光学显微镜成像存在 3 方面的局限性：一是衍射效应限制空间分辨率；二是无

法观察有一定空间结构的微小物体;三是显微镜景深非常小,尤其是在高分辨率和大数值孔径的条件下,微小的离焦就会造成目标丢失。

光场显微镜通过在传统光学显微镜的中继像面上插入一块能够捕获光场信息的微透镜阵列,然后根据四维光场数据的反演,重建多视角图像和多层焦平面图像,可以获取大景深图像。如果引入去卷积算法和断层重建能实现三维显微成像。

光场显微镜景深的近似计算公式为:

$$\Delta = \frac{(2 + N_u^2)\lambda n}{2N\Lambda^2} \tag{10-8}$$

式中,n——物方折射率;

λ——波长;

NA——显微物镜的数值孔径;

N_u——$N_u = \frac{a}{\delta M}$,表示单个微透镜面元成像在检测器上对应的像素数,下标 u 是变量,表示光学系统主面的一个方向,a 为微透镜面元的横向尺寸,$\delta = \frac{0.5\lambda}{NA}$ 是道威判据界定的分辨率大小,M 为视角放大率;

σ——分辨率大小。

随着光电器件技术的发展和光场理论的进一步完善,光场成像技术朝着集成化、实用化、多元化的方向迈进。但是,光场成像技术仍存在一些局限。例如,光场数据多出的二维信息是以牺牲一定的空间分辨率为代价的。现有的光场相机普遍存在图像空间分辨率不能满足需求的问题,如果要在加大图像空间分辨率的同时,兼顾轴向分辨率,则会对光电检测器件提出更高的要求。此外,由于一次曝光获取的数据量巨大,对存储设备的容量和处理器的速度都有较高要求。因此,光场成像技术在技术路线、软硬件处理能力、商业化成本以及使用便捷性等方面还有亟待解决的问题。

10.4　光声成像技术

光声成像(Photoacoustic Imaging 或 Optoacoustic Imaging,PA)技术指由激光激励产生超声振动进而成像的技术。该技术将光学成像的高对比度和光谱分析特性与超声成像的高空间分辨率结合起来,是一种混合成像模式(Hybrid Modality)。从本质上看,也可以将光声成像技术视为对比度依赖于组织的力学和弹性属性,以及光吸收属性的超声成像方式。这种成像方式不仅可以检查目标的形态结构,也能提供组织的功能信息,适合于检查血红蛋白、脂肪、水以及其他光吸收成分。

从 20 世纪 90 年代中期开始,光声成像技术的研究开始活跃并主要应用于生物医学成像。光声成像技术的主要原理是采用调制电磁辐射照射到人体组织产生超声波,一般为纳秒级的脉冲波。常用的激励光波波长为 550～900nm,位于可见光和近红外区(Near-infrared,NIR)。波长为 600～900nm 的近红外光波可以提供几厘米的穿透深度。当光波入射时,不同组织如血红蛋白、黑色素、水或脂肪会吸收入射的光波能量,产生微小的温度升高(低于 0.1K),不会对组织造成物理或生理伤害。入射的光波会在组织内产生压力,进而生成低幅(<10kPa)宽带(一般为几十 MHz)的声波。如果在组织表面放置机械扫描的超声接收器或接收阵列,就可以检测到组织表面的 A 型声线信号。在声速已知的情况下,通过测量声波到达的时间,就可以以类似于脉冲超声成像的方式重建出图像。根据成像模式的不同,采集到的 A 型声线可以直接用于形成图像,也可以根据反向投影或相控阵声束成形算法进行重建。

与脉冲超声成像技术相比,光声成像技术有两个明显不同之处:一是脉冲超声成像可以根据发射声束或接收声束定位检测目标,而光声成像只能根据接收声束定位;二是声压幅度的大小不同。诊断用的超声扫描仪产生的峰值声压可达 1MPa,而光声成像模式产生的峰值声压低于 10kPa,所以,光声成像技术无须考虑超声辐射的危害和谐波影响。

光声成像技术反映组织对光能量吸收能力的不同,图像对比度好,可以用于检测微血管结构。但是,光声成像的检测深度小,适用于检测乳腺癌、皮肤癌、小动物、皮肤烧伤等。在有造影剂的情况下,可以进行分子成像。此外,光声成像可以进行变光谱成像,即根据具体情况选择透过率高的光波波长。

10.4.1 光声层析成像技术

光声层析成像(Photo-Acoustic Tomography,PAT)技术是较早出现的光声成像技术,采用全场照射,即用宽径近红外波段的脉冲激光束照射组织表面,受照射的组织载色体会吸收入射的光能量,发热并快速产生宽带超声波,激发的超声波传输到组织表面并由机械扫描超声探头或阵列探头检测,检测到的时变超声信号可以反映组织结构的空间分布,采用反向投影可以重建为三维图像。常见的检测目标可以是球形、圆柱形和平面形。

图像重建算法是光声层析成像技术的一个关键环节。根据重建算法的不同,可以分成滤波反投影法、级数求和法和时间反转法。滤波反投影法在反投影之前或之后采用滤波处理,该方法可以对球形、圆柱形和平面形检测方式进行准确重建,不足之处是计算成本高。级数求和法对检测到的 PA 波进行时域和空域谱分解,然后将其映射为声压的空频成分。该方法可以对球形、圆柱形、平面形和立方形检测进行精确重建。但是,实际应用时只能对平面形和立方形检测进行快速计算。平面形检测方式可以利用快速傅里叶变换和简单的 k-空间插值提高计算效率,应用最广。时间反转法(Time-reversal Method)采用声学传播模型,根据测量的 PA 声波反向计算每个检测位置的声压。这种方式约束性最小,可以用于任何几何外形的检测,能够考虑检测器分布和声学异质性。实际应用时,需要考虑快速计算模型。大多数重建算法会存在由声束不均匀和衰减引起的伪像、图像模糊与畸变。

如图 10-10 所示为美国得州农工大学开发的 PAT 光声成像系统。可以看到,一个由触发器控制的 Nd:YAG 激光器产生 532nm 的激光脉冲,其全宽带半峰值(Full-width Half-maximum)为 6.5ns。激光束经过匀质处理,可以提供小于 10 mJ/cm^2 的入射能量密度,照射在小鼠头部会产生成比例的光声波。激发的超声波用 Panametrics 公司生产的 V383 换能器检测,该换能器是中心频率为 3.5MHz 的高灵敏度宽带超声换能器。换能器由计算机控制的步进电机驱动,环绕小鼠头部扫描,在每一个扫描位置记录下声光信号。换能器的聚焦直径约为 1mm,反映 z 轴方向的空间分辨率。声光信号由 Panametrics 公司生产的 500PR 脉冲放大器放大后传送到示波器,由计算机收集数字光声信号,重建出检测部位的光吸收分布,成像于 x-y 平面。

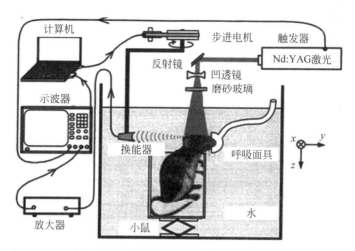

图 10-10　无损圆柱形扫描器 PAT 成像装置的小鼠脑部成像实验

如图 10-11 所示为利用该光声成像装置获取的小鼠头部浅层图像与实际解剖图的对比。在图 10-11 中,C 表示小脑(Cerebellum),H 表示大脑的两个半球(Cerebral Hemispheres),O 表示嗅球(Olfactory Bulbs),MCA 表示大脑中动脉(Middle Cerebral Artery),CS 表示脑十字沟(Cruciate Sulcus),FT 表示横裂(Fissura Transversa),V 表示血管(Blood Vessels)。成像区域的大小为 4cm×4cm,黑色部分反映光吸收较大的区域。

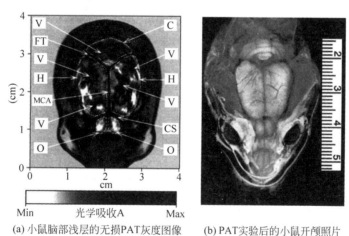

(a) 小鼠脑部浅层的无损PAT灰度图像　　(b) PAT实验后的小鼠开颅照片

图 10-11　小鼠脑部在体 PAT 图像与开颅解剖照片

10.4.2　光声显微成像技术

光声显微成像技术指利用机械扫描方式控制聚焦的超声换能器或激光光束来获得光声图像,该技术可以直接根据获取的 A 型扫描线重建图像,不需要像 PAT 方式那样采用重建算法。如果系统采用聚焦超声换能器,由于轴向和侧向空间分辨率由超声传播和检测的物理属性决定,一般称为声分辨率光声显微成像(AR-PAM)。如果采用聚焦激光光束,由于光波波阵面的空间分辨率由聚焦激光束在组织中的传播特性决定,一般称为光分辨率光声显微成像(OR-PAM)。

1. 声分辨率光声显微成像技术

声分辨率光声显微成像指利用一个机械式平移扫描或旋转的聚焦超声换能器来形成光声信号。如图 10-12 所示,AR-PAM 成像系统包含一个聚焦超声换能器,放置在一个弱聚焦的圆锥形光场中,这种弱聚焦的光束全场照射可以降低对激光能量的要求。为了获得三维图像,超声换能器和激发光束一起沿平面表面进行机械扫描,在扫描的每一步检测光声波。检测到的二维声信号序列或代表沿深度能量吸收分布的 A 型声线,经过矫正、包络检测、空间解析后映射成灰度,形成一幅三维图像。该系统是以机械扫描的形式完成 PAT 成像中重建算法实现的功能。

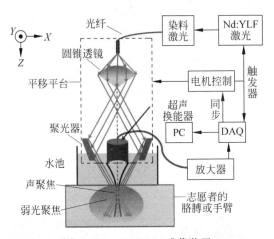

图 10-12　AR-PAM 成像装置

如图 10-13 所示为利用该装置对手掌局部区域成像的结果。激光光源为德国 Edgewave GmbH 公司生产的 INNOSLAB IS Nd:YLF 激光器,二次谐波波长 523nm,脉冲宽度小于 10ns,最大重复率为 3kHz。染色激光器为德国 Sirah Laser-und Plasmatechnik 公司生产的 Cobra,可调波长范围为 561~600nm 和 680~710nm,染色激光的输出能量不超过 3mJ,入射到目标表面的能量小于 1.5mJ。光学焦点弱聚焦直径为 2mm,一幅图像的成像时间为 5~10min。成像时的扫描步长为 20μm,激光脉冲的重复频率为 500Hz。超声换能器采用 Panametrics 公司生产的 V214-BB-RM,其中心频率为 50MHz,有效带宽为 70%,有效视野(FOV)为 8×8mm^2,通过减小换能器带宽,增加焦区长度,可以观察组织内部几厘米深度的器官。

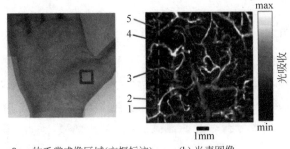

(a) 8mm×8mm的手掌成像区域(方框标注)　　(b) 光声图像

图 10-13　AR-PAM 系统对志愿者手掌的成像

AR-PAM 与 PAT 在成像性能、成本和复杂性方面都有明显差别。例如,PAT 成像的侧向空间分辨率最终由频率依赖的声衰减和对向伸展的检测孔径决定,即 PAT 三维视野内所有点的侧向分辨率都是由声束衍射决定的。但是,对于 AR-PAM 只是在超声换能器焦区由声束传播特性决定,在其他深度,侧向分辨率会快速变差。这个问题可以通过使用合成孔径聚焦技术改善。另外一种解决思路是采用轴棱镜或锥透镜接收器,根据贝塞尔声束的非散射理论,利用非发散接收焦点消除对扫描深度的限制。

AR-PAM 与 PAT 的另一个明显区别是成像过程的复杂度和成本。AR-PAM 对激光功率的要求比 PAT 小。在 PAT 中,三维有效视野内均需光照;而在 AR-PAM 中,每个扫描位置只有换能器的接收声束区域需要光照。通过弱聚焦使光束局限在接收声束区域,激光脉冲能量可以比 PAT 低一个数量级。这样,高脉冲重复率和可调制输出的激光源也能用来作激光源。

另外,AR-PAM 使用单个机械扫描接收器可以降低成本,成像速度也可以接受,适合用于实验室研究。PAT 使用阵列式接收器,价格昂贵,但是,可以容易地实现三维图像帧的实时获取。AR-PAM 不要求声接收器的尺度限制在几十微米,对于几毫米深度处目标的高分辨率检测具有优势。总之,PAT 成像在空间分辨率和获取速度方面表现良好,但是,成像系统比较复杂和昂贵。

2. 光分辨率光声显微成像技术

光分辨率光声显微成像(OR-PAM)利用光束来定位,提供基于光学吸收的图像对比度,最大检测深度约为 1mm。从成像机理上讲,OR-PAM 更类似于光学显微镜,因为其侧向分辨率由产生 PA 波的强聚焦激光声束决定。

如图 10-14 所示为 OR-PAM 成像原理图。OR-PAM 成像系统利用一个高数值孔径光学透镜在组织表面聚焦激光光束,一个光学透明的声反射镜将声光波导向一个超声换能器。对聚焦激励声束和超声换能器进行机械扫描,记录每个点的 A 型扫描声线,以类似于 AR-PAM 的方式重建三维图像。但是,与 AR-PAM 不同,对于 1mm 以内的检测深度,侧向分

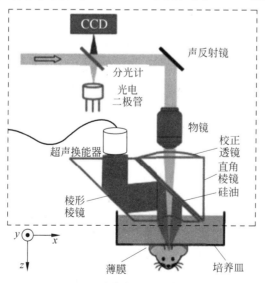

图 10-14 光分辨率光声显微成像系统

辨率由聚焦激光束决定,所以,OR-PAM 的侧向分辨率可以达到几微米,远高于 AR-PAM,但是受激励激光束的散射影响,最大检测深度约 1mm。

如图 10-15 所示为活体小鼠耳朵血管解剖结构的 OR-PAM 图像,图中小方框标识的区域在密集的毛细血管背景中可以看到单个红细胞,说明 OR-PAM 成像系统具有超高的侧向分辨率。但是,由于声衰减的限制,其轴向分辨率比侧向分辨率低一个数量级,约为 $10\mu m$。OR-PAM 轴向和侧向分辨率的偏差可以通过采用非线性光学激励方式缓解,但是需要采用三维扫描。为了提高扫描速度,有人采用光学扫描方式接收 PA 信号,但是有效视野会减小。也有人尝试利用自适应光学校正扫描透镜的光学像差,或扩展检测深度。尽管 OR-PAM 系统只能检测非常浅的部位,但是,该系统便于与光声多普勒血流计结合,用于检测毛细血管级别的血氧供应状况。

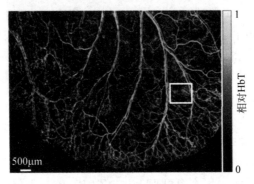

图 10-15 活体小鼠耳朵血管解剖结构的 OR-PAM 图像

10.4.3 光声成像的性能指标

1. 对比度

在光声成像中,图像的对比度主要受组织的光学散射和吸收属性的影响。激光入射到组织时会发生散射和吸收。组织吸收的激光能量会转换成热量,激发分子的振动和碰撞,形成超声波。所以,声波的声压大小可以根据简单的热动力学理论进行估算。事实上,声压是组织吸收系数的非线性函数。光声成像的对比度主要考虑两方面:一是不同组织的光吸收系数或光吸收能力不一样,例如血红蛋白、黑色素与周围组织具有明显的差别;二是可以根据感兴趣组织的不同,选用不同的激光波长,通过不同光谱提高组织的对比度。

2. 穿透深度

光声成像的穿透深度受限于光学和声学衰减。对于大多数软组织,光学衰减占主导地位,衰减程度依赖与波长密切相关的吸收和散射系数。在均匀散射介质中,一旦到达一定深度,光束开始发散,光照度随深度指数衰减。一般将光照度衰减 $1/e$ 的深度用有效衰减系数的倒数表示,并称之为穿透深度。假设平面声波的衰减系数为 $0.75\mathrm{dB} \cdot \mathrm{cm}^{-1} \cdot \mathrm{MHz}^{-1}$,则 10MHz 的声波传播 1cm,由声学衰减和光学衰减引起的衰减合计降低至少一个数量级。由于超声波在组织中传播几 cm 幅度便会衰减几个数量级,所以,光声成像技术的个巨大挑战就是如何能够有效检测到极其微弱的超声信号。事实上,在仔细筛选光波波长、优化光传递函数、换能器参数以及信号处理方法的基础上,穿透几厘米的深度是可以实现的。例如,在对乳房的光声成像检测中,采用 800nm 的激光波长,可以达到在体检测 4cm 的穿透深度。有研究结果表明,在加入造影剂的情况下,对仿体和离体组织能够达到 5～6cm 的检测深度。

3. 空间分辨率

与脉冲超声成像系统类似,光声成像的空间分辨率最终依赖于声波到达检测器的频率成分。在光声成像系统中,经常使用纳秒激光脉冲激励产生超宽带声波,频宽范围可达几十甚至几百兆赫兹。这样,空间分辨率的极限由软组织中传播的 PA 波的带宽决定。空间分辨率随穿透深度而变化。相关学者基于研究结果,得到一个经验性的规律:对于厘米级的穿透深度,空间分辨率可达亚毫米级,对于毫米级的穿透深度,空间分辨率可达百微米级,对于几百微米的穿透深度,空间分辨率可达十微米级。

本章小结

本章介绍了几项新的成像技术,并简单解释了各技术的物理原理和成像系统结构,有些技术尚处于研究阶段。另外,限于编者的水平和章节篇幅,还有很多其他类型的新的成像技术并未提及。

思考题

(1) 太赫兹波具有哪些特点?

(2) 太赫兹光电实时取样成像与太赫兹时域光谱成像有何区别?

(3) 简述量子成像的基本原理。

(4) 什么是光场成像技术?

(5) 光声成像技术的基本原理是什么? 目前主要有哪些应用?

参 考 文 献

请扫描下方二维码获取参考文献。

图 书 资 源 支 持

感谢您一直以来对清华大学出版社图书的支持和爱护。为了配合本书的使用，本书提供配套的资源，有需求的读者请扫描下方的"书圈"微信公众号二维码，在图书专区下载，也可以拨打电话或发送电子邮件咨询。

如果您在使用本书的过程中遇到了什么问题，或者有相关图书出版计划，也请您发邮件告诉我们，以便我们更好地为您服务。

我们的联系方式：

教学资源·教学样书·新书信息

地　　址：北京市海淀区双清路学研大厦 A 座 714

邮　　编：100084

电　　话：010-83470236　　010-83470237

资源下载：http://www.tup.com.cn

客服邮箱：tupjsj@vip.163.com

QQ：2301891038（请写明您的单位和姓名）

用微信扫一扫右边的二维码,即可关注清华大学出版社公众号。

人工智能科学与技术
人工智能|电子通信|自动控制

资料下载·样书申请

书圈